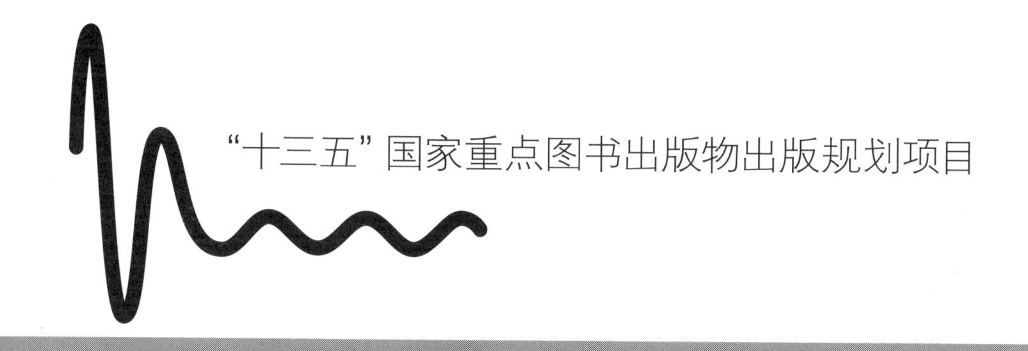

"十三五"国家重点图书出版物出版规划项目

绿色建筑模拟技术应用

Application of Simulation Technologies in Green Buildings

建筑采光

Daylighting Design of Buildings

何荣　袁磊　著

王立雄　审

图书在版编目（CIP）数据

建筑采光/何荥，袁磊著. —北京：知识产权出版社，2019.3

（绿色建筑模拟技术应用）

ISBN 978-7-5130-5841-4

Ⅰ.①建… Ⅱ.①何… ②袁… Ⅲ.①建筑照明—采光 Ⅳ.①TU113.6

中国版本图书馆 CIP 数据核字（2018）第 213372 号

责任编辑：张　冰　　**责任校对**：谷　洋

封面设计：张　悦　　**责任印制**：刘译文

绿色建筑模拟技术应用

建筑采光

何荥　袁磊　著

王立雄　审

出版发行：知识产权出版社有限责任公司　　**网　　址**：http：//www.ipph.cn

社　　址：北京市海淀区气象路 50 号院　　**邮　　编**：100081

责编电话：010-82000860 转 8024　　**责编邮箱**：zhangbing@cnipr.com

发行电话：010-82000860 转 8101/8102　　**发行传真**：010-82000893/82005070/82000270

印　　刷：三河市国英印务有限公司　　**经　　销**：各大网上书店、新华书店及相关专业书店

开　　本：787mm×1092mm　1/16　　**印　　张**：17.75

版　　次：2019 年 3 月第 1 版　　**印　　次**：2019 年 3 月第 1 次印刷

字　　数：300 千字　　**定　　价**：58.00 元

ISBN 978-7-5130-5841-4

《绿色建筑模拟技术应用》丛书
编写委员会

总　　序

绿色建筑作为世界的热点问题和我国的战略发展产业，越来越受到社会的关注。我国政府出台了一系列支持绿色建筑发展的政策，我国绿色建筑产业也开始驶入快车道。但是绿色建筑是一个庞大的系统工程，涉及大量需要经过复杂分析计算才能得出的指标，尤其涉及建筑物理的风环境、光环境、热环境和声环境的分析和计算。根据国家的相关要求，到2020年，我国新建项目绿色建筑达标率应达到50%以上，截至2016年，绿色建筑全国获星设计项目达2000个，运营获星项目约200个，不到总量的10%，因此模拟技术应用在绿色建筑的设计和评价方面是不可或缺的技术手段。

随着BIM技术在绿色建筑设计中的应用逐步深入，基于模型共享技术，实现一模多算，高效快捷地完成绿色建筑指标分析计算已成为可能。然而，掌握绿色建筑模拟技术的适用人才缺乏。人才培养是学校教育的首要任务，现代社会既需要研究型人才，也需要大量在生产领域解决实际问题的应用型人才。目前，国内各大高校几乎没有完全对口的绿色建筑专业，所以专业人才的输送成为高校亟待解决的问题之一。此外，作为知识传承、能力培养和课程建设载体的教材和教学参考用书在绿色建筑相关专业的教学活动中起着至关重要的作用，但目前出版的相关图书大多偏重于按照研究型人才培养的模式进行编写，绿色建筑“应用型”教材和相关教学参考用书的建设和发展远远滞后于应用型人才培养的步伐。为了更好地适应当前绿色建筑人才培养跨越式发展的需要，探索和建立适合我国绿色建筑应用型人才培养体系，知识产权出版社联合中国城市科学研究会绿色建筑与节能专业委员会、中国建设教育协会、中国勘察设计协会等，组织全国近20所院校的教师编写出版了本套丛书，以适应绿色建筑模拟技术应用型人才培养的需要。其培养目标是帮助学生既掌握绿色建筑相关学科的基本知识和基本技能，同时也擅长应用非技术知识，具有较强的技术思维能力，能够解决生产实际中的具体技术问题。

本套丛书旨在充分反映“应用”的特色，吸收国内外优秀研究成果的成功经验，并遵循以下编写原则：

- 充分利用工程语言，突出基本概念、思路和方法的阐述，形象、直观地表达教学内容，力求论述简洁、基础扎实。
- 力争密切跟踪行业发展动态，充分体现新技术、新方法，详细说明模拟技术的应用方法，操作简单、清晰直观。
- 深入剖析工程应用实例，图文并茂，启发学生创新。

本套丛书虽然经过编审者和编辑出版人员的尽心努力，但由于是对绿色建筑模拟技术应用型参考读物的首次尝试，故仍会存在不少缺点和不足之处。我们真诚欢迎选用本套丛书的师生多提宝贵意见和建议，以便我们不断修改和完善，共同为我国绿色建筑教育事业的发展做出贡献。

本书编委会

2018 年 1 月

前　言

太阳是万物之源，给地球提供了光和热，滋养了万物生长。由太阳产生的天然光是地球的宝贵财富，取之不尽，用之不竭，人类长期在天然光中进化发展而来，人眼更加适应天然光。动物的视觉、植物的趋旋光性以及动植物随昼夜循环、随季节变化而栖息等，都受到天然光的影响。

为了获取天然光，人们在房屋的外围护结构上开了各种形式的洞口，装上各种透光材料，这些装有透光材料的孔洞称为窗洞口或采光口，传统采光口有侧窗和天窗两种形式。由于建筑外部光环境复杂，且时刻发生变化，因此为了控制室外光线并改善室内光分布，将简易的玻璃窗与其他一些元素结合在一起，增强了光线的输送或控制，就形成了采光系统。采光系统的应用能在传统采光窗的基础上进一步扩展建筑采光性能，目前已经发展了具有不同功能的天然采光系统，并在建筑中广泛应用。

为了评价建筑天然采光，人们普遍采用采光系数（The Daylight Factor）作为采光设计的客观评价指标。我国目前的采光设计规范《建筑采光设计标准》（GB 50033—2013）就是采用采光系数标准值作为建筑天然光应用的评价标准，并将部分功能用房采光系数标准值作为强制标准，该标准的实施极大地推动了建筑中天然光的应用。

但由于采光系数是在全阴天条件下的采光评价，未考虑日光、朝向及地域气候等多方面因素的影响，因此很难反映地域气候对建筑天然采光的影响。近年来，建筑中天然采光的理论基础和实践应用基础正经历着根本性的重新评价：

（1）基于气候的采光模型的提出是采光评价体系的重大进展，该评价体系解决了现有采光标准下的建筑采光问题。

（2）一系列新的表皮和玻璃技术的出现为建筑天然采光的改善提供了新的手段，并对采光评价体系提供了重要的补充。

(3) 基于相机测量技术的成熟，使得研究工作者能以前所未有的宽度及广度来描述天然光环境。

(4) 日光暴露与生产效率、健康和生物节律等光生物研究成果的发现，使人们重新关注建筑物天然采光的非视觉效应。这些理论和技术进步有可能从根本上改善我们对建筑物天然采光的看法，并为健康和低能耗建筑的建造与发展提供理论基础与技术支撑。

在此背景下，本书编写不仅考虑天然采光的基本理论、天然采光设计原理及天然采光应用与计算，而且还关注建筑天然采光应用的新进展。使得读者通过本书的学习，不仅能熟练掌握天然采光的基本原理，还能了解天然采光技术及评价体系的发展趋势；进而能正确地应用控制建筑物光环境的技术措施及方法，创造出适宜的光环境，提高视觉功效，降低建筑能耗，实现节能和可持续发展。

本书共 6 章，第 1 章介绍了天然采光基本原理，第 2 章介绍了日光在大气中的传输与中国光气候状况，第 3 章介绍了采光设计基本原理及方法，第 4 章介绍了建筑中的天然采光系统，第 5 章介绍了模拟技术在建筑采光设计中的应用，第 6 章介绍了建筑采光设计实例。

本书第 1 章、第 2 章、第 3 章 3.1～3.2 节和 3.4～3.5 节以及第 4 章由何荣编写，第 3 章 3.3 节由何荣、袁磊编写，第 5 章和第 6 章由袁磊编写。本书编写过程中得到重庆大学、深圳大学和北京绿建软件有限公司以及中国建筑科学研究院郝志华的大力支持，许雪松建筑师提供了案例资料，黄珂博士以及硕士研究生张昕烁、邱卓涛、吴杰、米若祎、伍长生、陈怡锦、何成、李冰瑶、马健、吴域民完成了资料收集、插图绘制、资料翻译等工作，在此表示感谢。本书中的部分研究成果获得了重庆高校创新团队建设计划的支持（健康照明创新团队，编号 CXTDX201601005），在此一并致谢。

限于编者水平，书中错误和疏漏在所难免，恳切希望使用本书的读者批评指正。

作　者

2018 年 6 月

目　　录

1 天然采光基本原理

光创造了地球的第一个生命。在远古的混沌之中，紫外线及各种放射线利用海洋形成有机物，进而演化成生命，然后，光合作用使万物绵延不息。今日地球上所有的有机体都直接或间接地借此过程获取所需的有机物，也因此取得能量。

可见光是电磁波的一部分，而且只占非常小的一部分（电磁波的波长，可以从短于 0.001nm 的伽马射线，到长至数千米的无线电波，而可见光的波长只在 380～780nm，见图 1.1），但就这一小部分，已造就地球上的生物百态。同时，动物的视觉、植物的趋旋光性，以及动植物如何随昼夜循环、随季节变化而栖息等，都是在这一小段可见光影响下的现象。

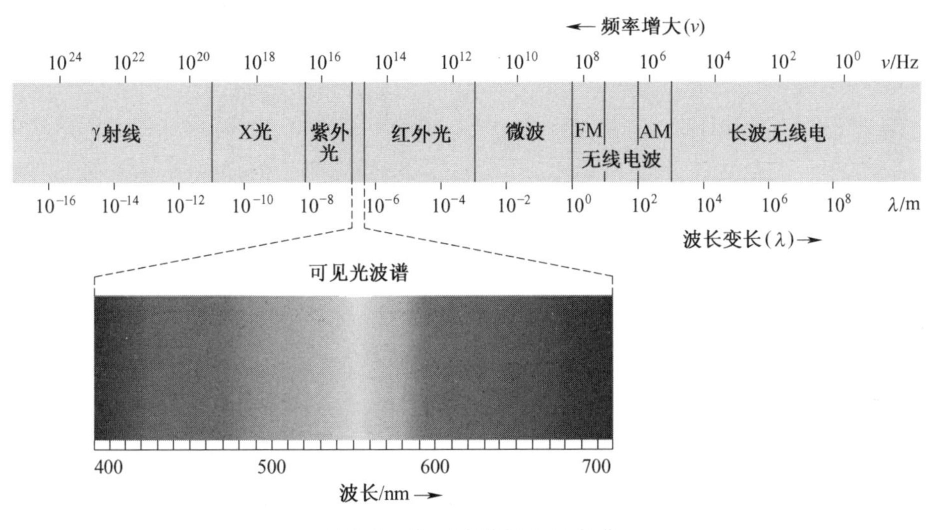

图 1.1　电磁波谱与可见光谱

在主要的十一门动物中，只有节肢动物（昆虫、蜘蛛）、软体动物（乌贼）及脊椎动物的眼睛发展甚好，即能成像。眼睛是人类最重要的感觉器官，人们从外界接收的各种信息80%以上是通过视觉获得的，而人眼视觉系统可以说是世界上最好的图像处理系统，但它却远远不是完美的。由于人眼的视觉系统对图像的认知是非均匀的和非线性的，所以人眼并不能感知图像中的所有变化。

1.1 眼睛与视觉

1.1.1 人眼的构造

视觉就是由进入人眼的辐射所产生的光感觉而获得的对外界的认识。人们的视觉只能通过眼睛来完成。眼睛好似一个很精密的光学仪器，它在很多方面都与照相机相似。图1.2是人的右眼剖面图。眼睛的主要组成部分和其功能简介如下。

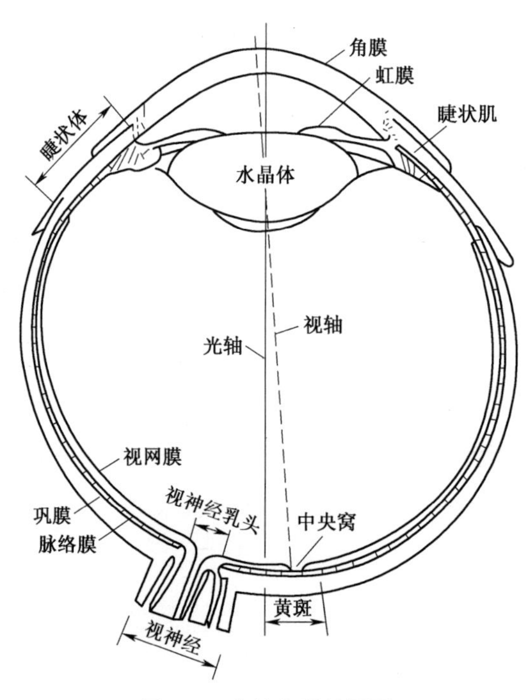

图1.2 人的右眼剖面图

1. 瞳孔

瞳孔是位于虹膜中央的圆形孔，可根据环境的明暗程度，自动调节其孔径，以控制进入眼球的光能数量，起照相机中光圈的作用。

2. 水晶体

水晶体是一扁球形的弹性透明体，它受睫状肌收缩或放松的影响，使其形状改变，从而改变其屈光度，使远近不同的外界景物都能在视网膜上形成清晰的影像。水晶体能够起到照相机的透镜作用，但其具有自动聚焦功能。

3. 视网膜

光线经过瞳孔、水晶体在视网膜上聚焦成清晰的影像。它是眼睛的视觉感受部分，类似于照相机中的胶卷。视网膜上布满了感光细胞——锥体感光细胞、杆体感光细胞和自主感光神经节细胞。锥体感光细胞、杆体感光细胞对光产生视觉效应，自主感光神经节细胞对光产生非视觉效应。

4. 感光细胞

锥体感光细胞和杆体感光细胞处在视网膜最外层上（见图 1.3），它们在视网膜上的分布是不均匀的：锥体感光细胞主要集中在视网膜的中央部位，称为“黄斑”的黄色区域；黄斑区的中心有一小凹，称为“中央窝”，在这里，锥体感光细胞达到最大密度，在黄斑区以外，锥体感光细胞的密度急剧下降。与此相反，在中央窝处几乎没有杆体感光细胞，自中央窝向外，其密度迅速增加，在离中央窝20°附近达到最大密度，然后又逐渐减少（见图 1.4）。

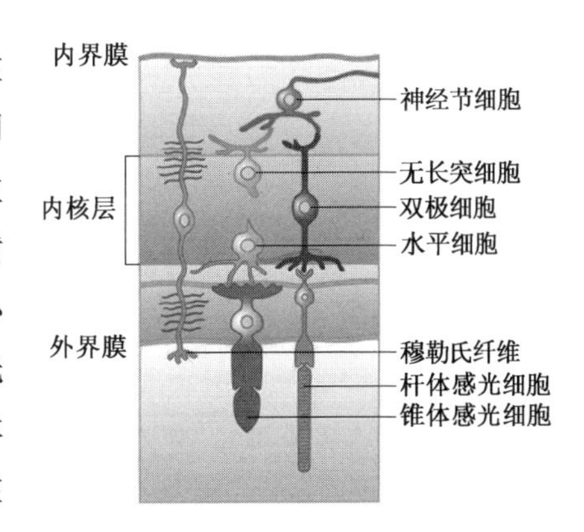

图 1.3 视网膜上的感光细胞示意图

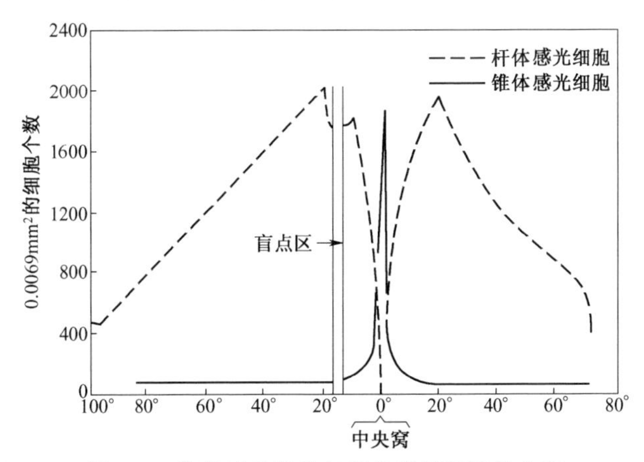

图 1.4 锥体感光细胞与杆体感光细胞的分布

两种感光细胞有不同的功能特征。锥体感光细胞在明亮环境下对色感觉和视觉敏锐度起决定作用，即这时它能分辨出物体的细部和颜色，并对环境的明暗变化做出迅速的反应，以适应新的环境。而杆体感光细胞在黑暗环境中对明暗感觉起决定作用，它虽能看到物体，但不能分辨其细部和颜色，对明暗变化的反应缓慢。

自主感光神经节细胞能够合成感光蛋白——黑视素（melanopsin），因此具备了自主感光的能力。与锥体感光细胞和杆体感光细胞相似，自主感光神经节细胞对不同波长的光的灵敏度也是不同的，其峰值波长位于460～490nm的蓝光附近。自主感光神经节细胞与视觉无关，它与人脑内的生物钟相连接，能抑制松果体分泌褪黑激素（也称为“睡觉的荷尔蒙”）。人们已经发现褪黑激素水平不仅影响人们的睡眠质量，而且对于衰老及痴呆甚至是老年人记忆力的提升都有影响，同时还与抑制癌细胞生长等生物功能有关。

1.1.2 人眼的视觉特点

由于感光细胞的上述特性，故人们的视觉活动具有以下特点。

1. **视看范围（视野）**

由于感光细胞在视网膜上的分布，以及眼眉、脸颊的影响，使得人眼的视看范围有一定的局限。双眼不动的视野范围为：水平面为180°，垂直面为130°；上方为60°，下方为70°［见图1.5（a），白色区域为双眼共同视看范围；未画斜线区域为单眼视看最大范围；灰色区域为被遮挡区域］。黄斑区所对应的角度约为2°，它具有最高的视觉敏锐度，能分辨最微小的细部，称为“中心视野”。由于这里几乎没有杆体感光细胞，故在黑暗环境中这部分几乎不产生视觉。从中心视野向外直到30°范围内是视觉清楚区域［见图1.5（b）］，这是观看物体的有利位置。通常站在离展品高度1.5～2倍的距离观赏展品，就能使展品处于上述视觉清楚区域内。

2. **明、暗视觉**

由于锥体、杆体感光细胞分别在不同的明、暗环境中起主要作用，故形成明、暗视觉。根据国际照明学会（CIE）1983年的定义，明视觉指亮度超过几个cd/m^2（通常认为超过$3cd/m^2$）的环境，此时视觉主要由锥体感光细胞起作用；暗视觉指环境亮度低于$10^{-3}cd/m^2$时的视觉，此时杆体感光细胞是起主要作用的感光细胞；中间视觉介于明视觉和暗视觉亮度之间，此时人眼的锥

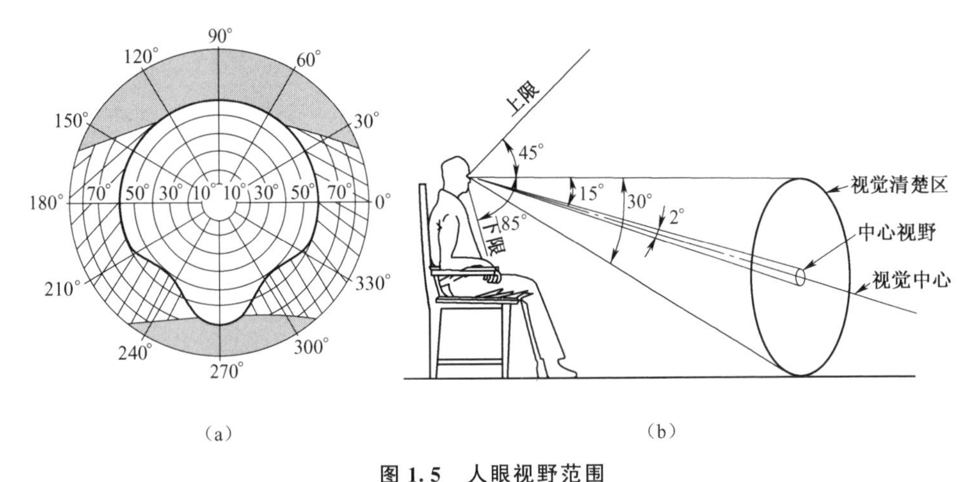

(a)　　　　(b)

图 1.5　人眼视野范围

(a) 人眼视野范围；(b) 处于放松姿态，坐着的人的视野

体和杆体感光细胞同时响应，并随着亮度的变化，两种细胞的活跃程度也相应发生变化。而且它们随着正常人眼的适应水平变化而发挥的作用大小不同：中间视觉状态在偏向明视觉时较为依赖锥体感光细胞，在偏向暗视觉时则对杆体感光细胞的依赖程度变大。一般白天晴朗的天空、夜晚台灯的功能照明为明视觉状态，道路照明和明朗的月夜下则为中间视觉状态（见图 1.6），昏暗的星空下就是暗视觉状态。

图 1.6　道路照明为中间视觉状态

3. 光谱光视效率

人眼观看同样功率的辐射，在不同波长时感觉到的明亮程度不一样。人眼

的这种特性常用光谱光视效率 $V(\lambda)$ 曲线来表示（见图 1.7）。它表示在特定光度条件下产生相同视觉感觉时，在视亮度匹配实验里，波长 λ_m 和波长 λ 的单色光辐射通量之比，λ_m 为视感最大值处（见图 1.8，明视觉时为 555nm，暗视觉时为 507nm）。明视觉的光谱光视效率以 $V(\lambda)$ 表示，暗视觉的光谱光视效率用 $V'(\lambda)$ 表示。

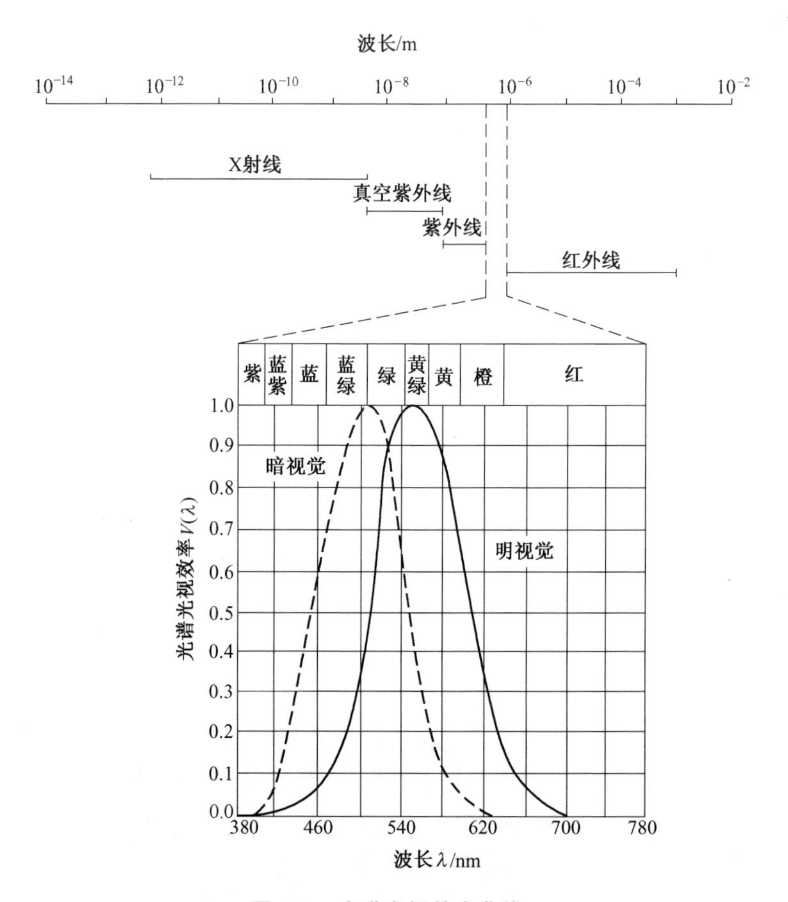

图 1.7　光谱光视效率曲线

由于在明、暗环境中，分别由锥体、杆体感光细胞起主要作用，所以它们具有不同的光谱光视效率曲线。这两条曲线代表等能光谱波长 λ 的单色辐射所引起的明亮感觉程度。明视觉曲线 $V(\lambda)$ 的最大值在波长 555nm 处，即在黄绿光部位最亮，越趋向光谱两端的光显得越暗。$V'(\lambda)$ 曲线表示暗视觉时的光谱光视效率，它与 $V(\lambda)$ 相比，整个曲线向短波方向推移，长波端的能见范围缩小，短波端的能见范围略有扩大。

在中间视觉状态下，当适应亮度逐渐由明到暗时，光谱灵敏度曲线逐步向短波方向移动，这种现象称为普尔金偏移(Purkinje Shift)。我们在设计室内颜色装饰时，就应根据其所处环境可能的明暗变化程度，利用上述效应，选择相应的明度和色彩对比；否则就可能在不同时候产生完全不同的效果，达不到预期目的。

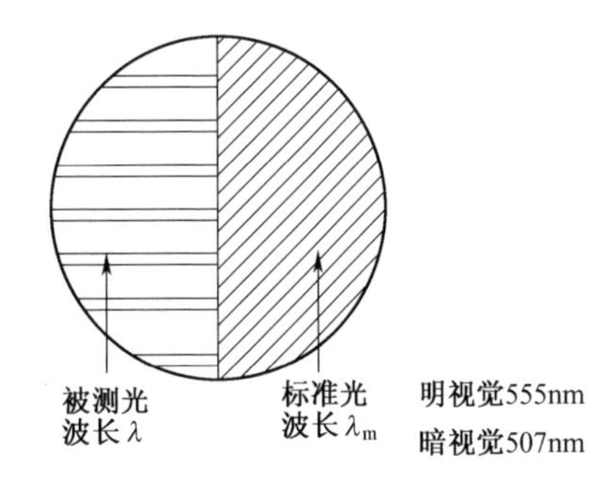

图1.8　视亮度匹配实验原理

1.2　基本光度单位及应用

1.2.1　光通量

人眼观看同样功率的辐射，在不同波长时感觉到的明亮程度不一样。例如，同样功率下555nm单色光就比620nm单色光感觉亮（见图1.9）。因此，我们就不能直接用光源的辐射功率或辐射通量来衡量光能量，而必须采用以标准光度观察者对光的感觉量为基准的单位——光通量来衡量，即根据辐射对标准光度观察者的作用导出的光度量。对于明视觉，有

$$\Phi = K_m \int_0^{\infty} \frac{d\Phi_e(\lambda)}{d\lambda} V(\lambda) d\lambda \qquad (1.1)$$

式中　Φ——光通量，流明（lm）；

$d\Phi_e(\lambda)/d\lambda$——辐射通量的光谱分布，瓦（W）；

$V(\lambda)$——光谱光视效率，可由图1.7查出；

K_m——最大光谱光视效能，在明视觉时$K_m=683\text{lm/W}$。

在计算时，光通量常采用下式算得：

$$\Phi = K_m \sum \Phi_{e,\lambda} V(\lambda) \qquad (1.2)$$

式中　$\Phi_{e,\lambda}$——波长为λ的辐射通量，瓦（W）。

建筑光学中，常用光通量表示一光源发出的光能的多少。光通量成为光源的一个基本参数；100 W普通白炽灯约发出1179lm的光通量；36W日光色荧光灯约发出2750lm的光通量，24W白光LED灯约发出3360lm的光通量。

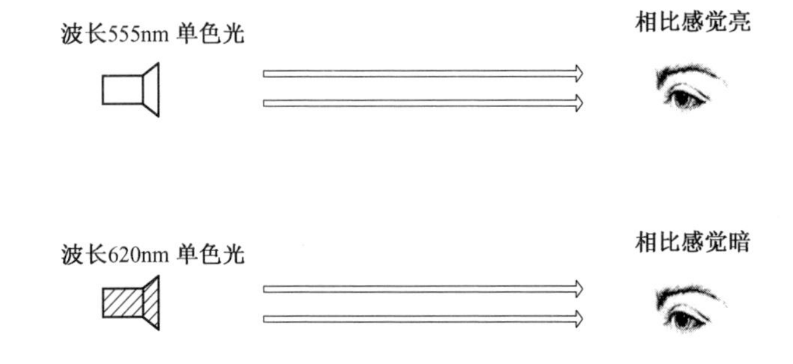

图 1.9　人眼对不同波长光线的感觉

例 1.1

已知低压钠灯发出波长为 589nm 的单色光，设其辐射通量为 10.3W，试计算其发出的光通量。

分析： 从图 1.7 的明视觉（实线）光谱光视效率曲线中或从附录 A 的 $\overline{y}(\lambda)$ 中可查出，对应于波长 589nm 的 $V(\lambda)=0.769$，则该单色光源发出的光通量为

$$\Phi_{589}=683\times10.3\times0.769\approx5410(\mathrm{lm})$$

例 1.2

已知 500W 汞灯的单色辐射通量值，试计算其光通量。

分析： 500W 汞灯发出的各种辐射波长如表 1.1 中第一栏所示，相应的单色辐射通量列于表 1.1 中第二栏。从附录 A 的 $\overline{y}(\lambda)$ 中查出表 1.1 中第一栏所列各波长相应的光谱光视效率 $V(\lambda)$，分别列于表 1.1 中第三栏的各行。将第二、三栏数值代入式（1.2），即得各单色光通量值，列于第四栏。最后求其总和得光通量为 15613.2lm。

表 1.1　500W 汞灯的光通量计算表

波长 λ/nm	单色辐射通量 $\Phi_{e,\lambda}$/W	光谱光视效率 $V(\lambda)$	光通量 Φ_{λ}/lm
365	2.2	—	—
406	4.0	0.0007	1.9
436	8.4	0.0180	103.3
546	11.5	0.9841	7729.6
578	12.8	0.8892	7773.7
691	0.9	0.0076	4.7
总　计			15613.2

1.2.2 发光强度

以上谈到的光通量是说明某一光源向四周空间发射出的总光能量。不同光源发出的光通量在空间上的分布是不同的。例如，悬吊在桌面上空的一盏100W白炽灯，它发出1179lm光通量，但用不用灯罩，投射到桌面的光线就不一样了。加了灯罩后，灯罩将向上的光向下反射，使向下的光通量增加，因此我们就感到桌面上亮了一些（见图1.10）。此例说明只知道光源发出的光通量还不够，还需要了解它在空间中的分布状况，即光通量的空间密度分布。

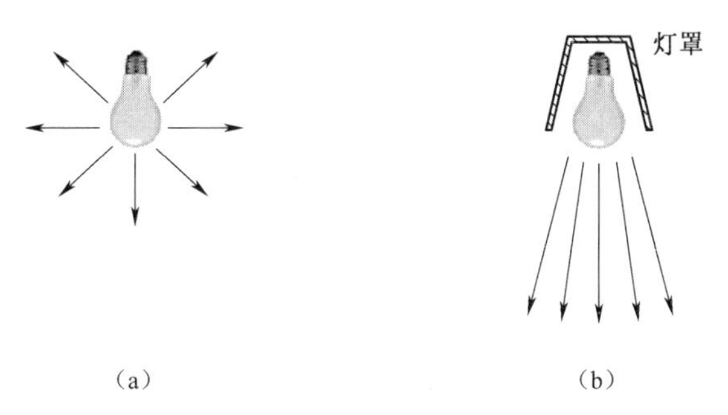

图1.10 灯罩影响光分布

(a) 普通白炽灯的光分布；(b) 加灯罩后向下的光通量增大

图1.11表示一空心球体，球心O处放一光源，它向由A_1、B_1、C_1、D_1所包围的面积A上发出Φ的光通量。而面积A对球心形成的角称为立体角，它以面积A和球的半径R的平方之比来度量，即

$$d\Omega=\frac{dA\cos\alpha}{R^2}$$

式中 α——面积A上微元dA和O点连线与微元法线之间的夹角。

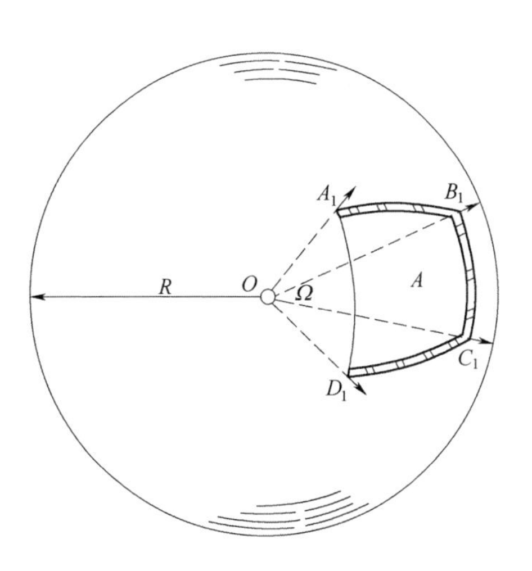

图1.11 立体角概念

对于本例，有

$$\Omega=A/R^2 \tag{1.3}$$

立体角的单位为球面度（sr），即当$A=R^2$时，它对球心形成的立体角为1sr。

光源在给定方向上的发光强度是该光源在该方向的立体角元 $d\Omega$ 内传输的光通量 $d\Phi$ 除以该立体角之商，发光强度的符号为 I。例如，点光源在某方向上的立体角元 $d\Omega$ 内发出的光通量为 $d\Phi$ 时，该方向上的发光强度为

$$I=\frac{d\Phi}{d\Omega}$$

当角 α 方向上的光通量 Φ 均匀分布在立体角 Ω 内时，则该方向的发光强度为

$$I_{\alpha}=\frac{\Phi}{\Omega} \tag{1.4}$$

发光强度的单位为坎［德拉］，符号为 cd，它表示光源在 1sr 内均匀发射出 1lm 的光通量，即

$$1\mathrm{cd}=\frac{1\mathrm{lm}}{1\mathrm{sr}}$$

40W 白炽灯泡正下方具有约 30cd 的发光强度。而在它的正上方，由于有灯头和灯座的遮挡，在该方向上没有光射出，故此方向的发光强度为零。如果加上一个不透明的搪瓷伞形罩，向上的光通量除少量被吸收外，都被灯罩朝下面反射，因此向下的光通量增加，而灯罩下方立体角未变，故光通量的空间密度加大，发光强度由 30cd 增加到 73cd 左右。

1.2.3 照度

在同一盏带灯罩台灯下的书，由于位置不同，明暗也不同（见图 1.12），为了描述该现象，引入“照度”概念。

图 1.12 台灯下的书，不同位置的明暗不同

对于被照面而言，常用落在其单位面积上的光通量的多少来衡量它被照射的程度，这就是常用的照度，符号为 E，它表示被照面上的光通量密度。表面上一点的照度是入射在包含该点面元上的光通量 $\mathrm{d}\Phi$ 除以该面元面积 $\mathrm{d}A$ 之商，即

$$E=\frac{\mathrm{d}\Phi}{\mathrm{d}A}$$

当光通量 Φ 均匀分布在被照表面 A 上时，此被照面各点的照度均为

$$E=\frac{\Phi}{A} \tag{1.5}$$

照度的常用单位为勒［克斯］，符号为 lx，它等于 1lm 的光通量均匀分布在 $1\mathrm{m}^2$ 的被照面上（见图 1.13），即

$$1\mathrm{lx}=\frac{1\mathrm{lm}}{1\mathrm{m}^2}$$

为了对照度有一个实际概念，下面举一些常见的例子。在 40W 白炽灯下 1m 处的照度约为 30lx，加一搪瓷伞形罩后照度就增加到 73lx；阴天中午室外照度为 $8\times10^3\sim2\times10^4$lx，晴天中午在阳光下的室外照度可高达 $8\times10^4\sim12\times10^4$lx。

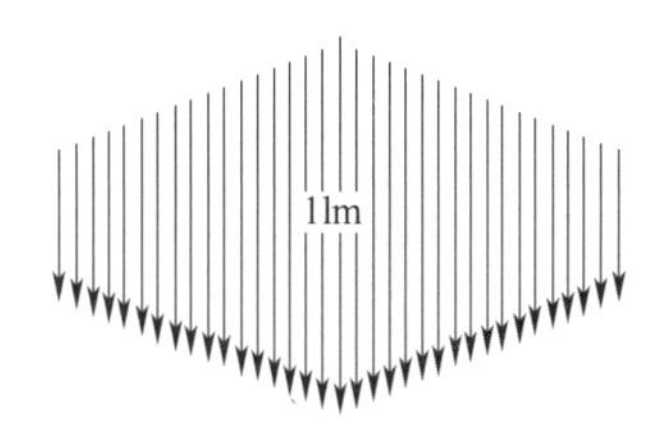

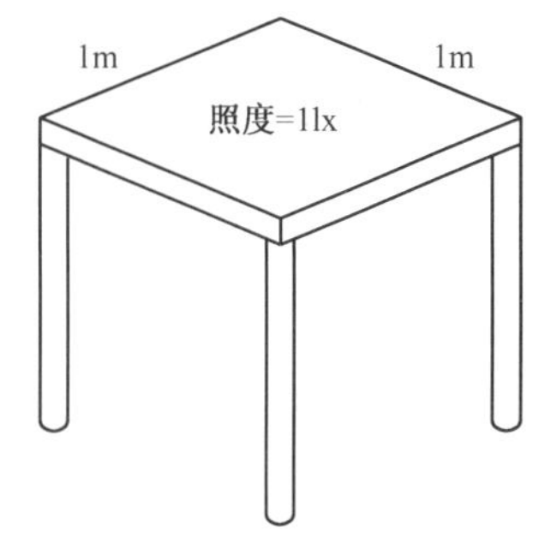

图 1.13　照度单位

照度的英制单位为英尺烛光（fc），它等于 1lm 的光通量均匀分布在 $1\mathrm{ft}^2$ 的表面上，由于 $1\mathrm{m}^2=10.76\mathrm{ft}^2$，所以 1fc=10.76lx。

1.2.4　发光强度与照度的关系

一个点光源在被照面上形成的照度，可由发光强度和照度这两个基本量之间的关系求出（见图 1.14）。由式（1.5）算得表面上的照度为

$$E=\frac{\Phi}{A}$$

由式（1.4）可知 $\Phi=I_\alpha\Omega$（其中 $\Omega=A/R^2$），将其代入式（1.5），则得

$$E=\frac{I_\alpha}{R^2} \tag{1.6}$$

式（1.6）表明，某表面的照度 E 与点光源在该方向的发光强度 I_α 成正

比，与光源的距离 R 的平方成反比。这就是计算点光源产生照度的基本公式，称为距离平方反比定律。

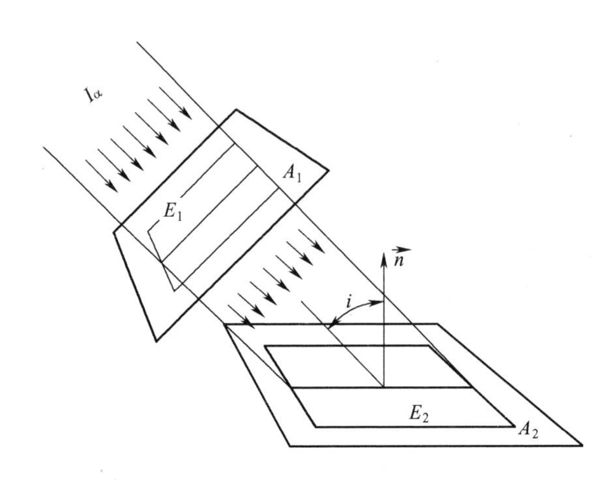

图 1.14　点光源产生的照度概念

以上所讲的是指光线垂直入射到被照表面即入射角 i 为零时的情况。当入射角不等于零时，如图 1.14 所示的表面 A_2与 A_1成 i 角，A_1的法线与光线重合，则 A_2的法线与光源射线成 i 角，由于

$$\Phi = A_1 E_1 = A_2 E_2$$

且
$$A_1 = A_2 \cos i$$

故
$$E_2 = E_1 \cos i$$

由式（1.6）可知，$E_1 = I_\alpha / R^2$

故
$$E_2 = \frac{I_\alpha}{R^2} \cos i \tag{1.7}$$

式（1.7）表示：表面法线与入射光线成 i 角处的照度，与它至点光源的距离的平方成反比，而与光源在 i 方向的发光强度和入射角 i 的余弦成正比。

式（1.7）适用于点光源。一般当光源尺寸小于光源至被照面距离的 1/5 时，即将该光源视为点光源。

例 1.3

如图 1.15 所示，在桌子上方 2m 处悬挂一个 40W 白炽灯，求灯下桌面上点 1 处照度 E_1以及点 2 处照度 E_2的值（设辐射角 α 在 0°～45°内该白炽灯的发光强度均为 30cd）。

分析： 因为 $I_{0\sim45}=30\text{cd}$，所以按式（1.7）算得

$$E_1=\frac{I_\alpha}{R^2}\cos i=\frac{30}{2^2}\cos 0°=7.5(\text{lx})$$

$$E_2=\frac{I_\alpha}{R^2}\cos i=\frac{30}{2^2+1^2}\cos 26°34'\approx 5.4(\text{lx})$$

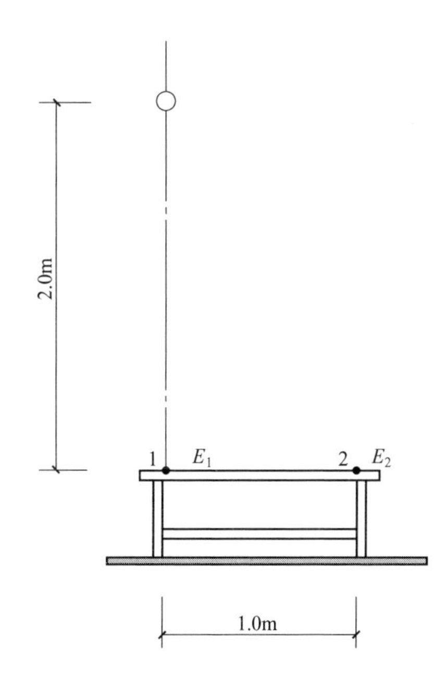

图 1.15 点光源在桌面上形成的照度

1.2.5 亮度

在房间内同一位置，放置了黑色和白色的卵石地砖（见图 1.16），虽然其照度相同，但在人眼中会引起不同的视觉感觉，看起来白色物体亮得多。这说明被照物体表面的照度并不能直接表明人眼对物体的视觉感觉。下面我们就从视觉过程来考查这一现象。

一个发光（或反光）的物体，在眼睛的视网膜上成像，视觉感觉与视网膜上的物像的照度成正比，物像的照度越大，我们觉得被看的发光（或反光）的物体越亮。视网膜上物像的照度是由物像的面积（它与发光物体的面积有关）和落在这面积上的光通量（它与发光体朝视网膜上物像方向的发光强度有关）所决定的（见图 1.17）。它表明：视网膜上物像的照度是和发光体在视线方向

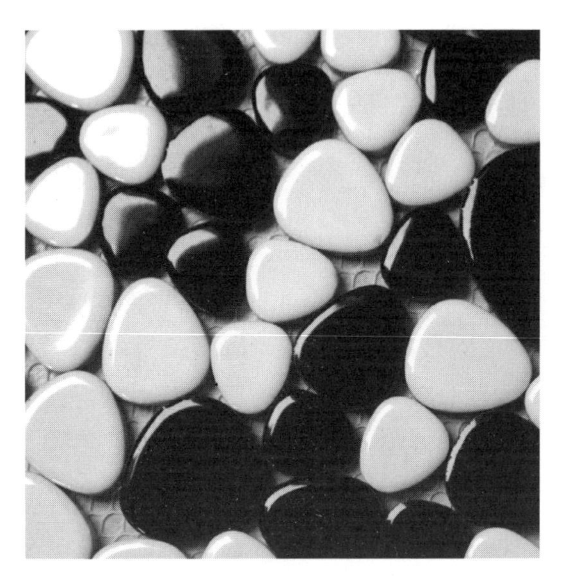

图 1.16　黑色物体和白色物体的视觉感觉

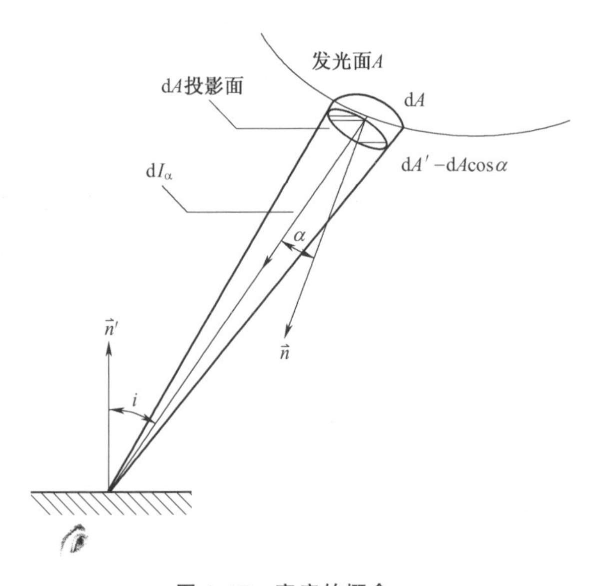

图 1.17　亮度的概念

的投影面积 $A\cos\alpha$ 成反比，与发光体朝视线方向的发光强度 I_α成正比，即亮度就是单位投影面积上的发光强度，亮度的符号为 L，其计算公式为

$$L=\frac{\mathrm{d}^2\Phi}{\mathrm{d}\Omega\,\mathrm{d}A\cos\alpha}$$

式中　$\mathrm{d}^2\Phi$ ——由给定点处的束元 $\mathrm{d}A$ 传输并包含给定方向的立体角元 $\mathrm{d}\Omega$ 内

传播的光通量；

dA ——包含给定点处的射束截面面积；

α——射束截面法线与射束方向间的夹角。

当角 α 方向上射束截面 A 的发光强度 I_α 均相等时，角 α 方向的亮度为

$$L_\alpha = \frac{I_\alpha}{A\cos\alpha} \tag{1.8}$$

由于物体表面亮度在各个方向不一定相同，因此常在亮度符号的右下角注明角度，它表示与表面法线成 α 角方向上的亮度。亮度的常用单位为 cd/m^2，它等于 $1m^2$ 表面上，沿法线方向（$\alpha=0$）发出 1cd 的发光强度，即

$$1cd/m^2 = \frac{1cd}{1m^2}$$

常见的一些物体亮度值如下：

白炽灯灯丝 $3\times10^6 \sim 5\times10^6\ cd/m^2$

荧光灯管表面 $8\times10^3 \sim 9\times10^3\ cd/m^2$

太阳 $2\times10^9\ cd/m^2$

无云蓝天(视距太阳位置的角距离不同，其亮度也不同) $2\times10^3 \sim 2\times10^4\ cd/m^2$

亮度反映了物体表面的物理特性。而我们主观所感受到的物体明亮程度，除了与物体表面亮度有关外，还与我们所处环境的明暗程度有关。例如，同一亮度的表面，分别放在明亮和黑暗环境中，我们就会感到放在黑暗中的表面比放在明亮环境中的亮一些。在图 1.18 中，三角形 1 和三角形 2 的表观亮度不同，看上去左边的三角形 1 要比右边的三角形 2 亮些。但实际上两者的物理亮度是相同的，读者可将上下部分的三角形 3、4、5、6 用同一种白纸进行遮挡后再进行观察对比，可以得出三角形 1 和三角形 2 的亮度相同的结论。为了区别这两种不同的亮度概念，常将前者称为“物理亮度”（或称为亮度），后者称为“表观亮度”（或称为明亮度）。

图 1.19 是通过大量主观评价获得的实验数据整理出来的亮度感觉曲线。从图 1.19 中可看出，相同的物体表面亮度（横坐标），在不同的环境亮度条件下（曲线），产生不同的亮度感觉（纵坐标）。从该图中还可看出，要想在不同适应亮度条件下（如同一房间晚上和白天的环境明亮程度不一样，适应亮度也就不一样）获得相同的亮度感觉，就需要根据以上关系，确定不同的表面亮度。

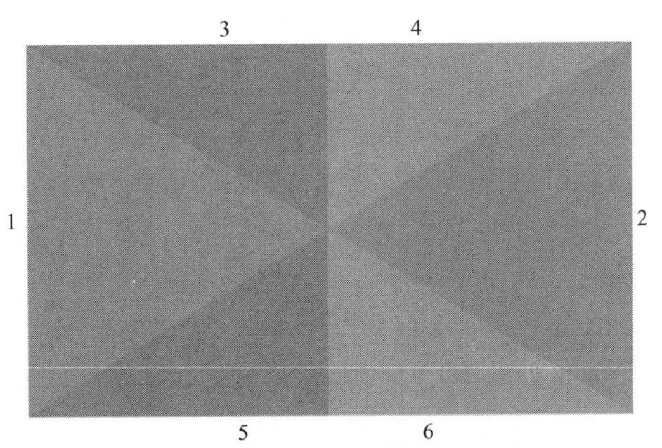

图 1.18　表观亮度与物理亮度区别与联系

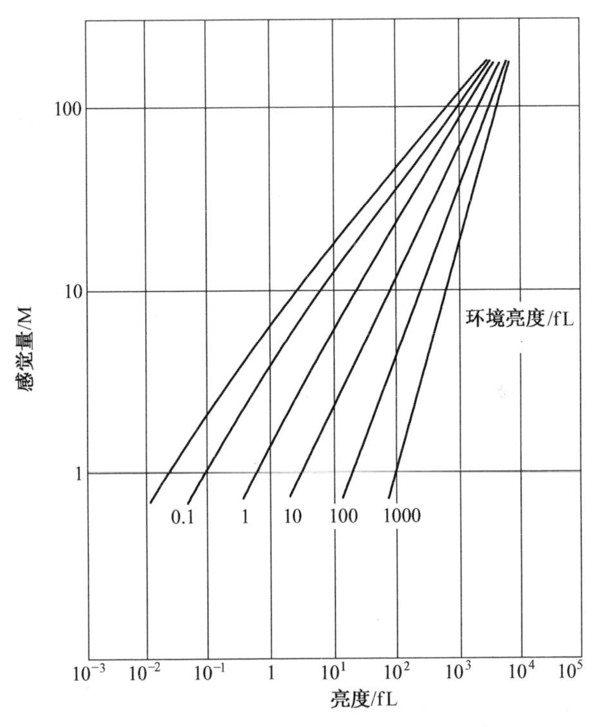

图 1.19　物理亮度与表观亮度的关系①

1.2.6　照度与亮度的关系

所谓照度与亮度的关系，指的是光源亮度和它所形成的照度间的关系。如

① 图中 fL 为英尺朗伯，是英制中的亮度单位，1fL＝3.426cd/m^2。

图 1.20 所示，设 A_1 为各方向亮度都相同的发光面，A_2 为被照面。在 A_1 上取一微元面积 dA_1，由于它的尺寸和它距被照面间的距离 R 相比显得很小，故可视为点光源。微元发光面积 dA_1 射向 O 点的发光强度为 dI_α，这样它在 A_2 上的 O 点处形成的照度为

$$dE = \frac{dI_\alpha}{R^2}\cos i \tag{1.9a}$$

对于微元发光面积 dA_1 而言，由亮度与光强的关系式（1.8）可得

$$dI_\alpha = L_\alpha dA_1 \cos\alpha \tag{1.9b}$$

将式（1.9b）代入式（1.9a），则得

$$dE = L_\alpha \frac{dA_1 \cos\alpha}{R^2}\cos i \tag{1.9c}$$

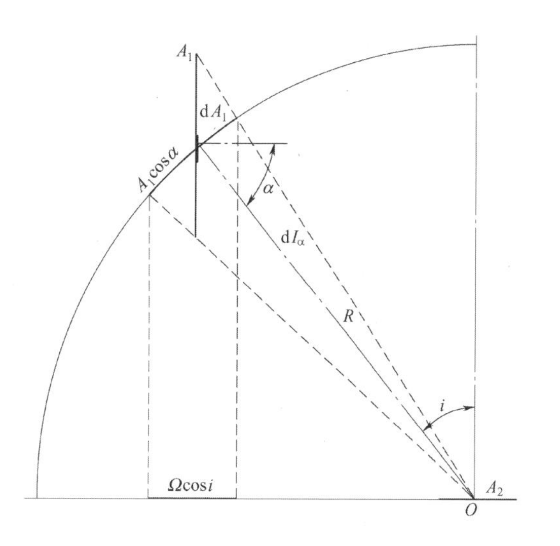

图 1.20 照度和亮度的关系

式中，$dA_1\cos\alpha/R^2$ 是微元面 dA_1 对 O 点所张开的立体角 $d\Omega$，故式（1.9c）可写成

$$dE = L_\alpha d\Omega \cos i$$

整个发光表面在 O 点形成的照度为

$$E = \int_\Omega L_\alpha \cos i \, d\Omega$$

因光源在各方向的亮度相同，则

$$E = L_\alpha \Omega \cos i \tag{1.9d}$$

这就是立体角投影定律，它表示某一亮度为 L_α 的发光表面在被照面上形成的照度值，等于这一发光表面的亮度 L_α 与该发光表面在被照点上形成的立体角 Ω 的投影（$\Omega\cos i$）的乘积。这一定律表明：某一发光表面在被照面上形成的照度，仅和发光表面的亮度及其在被照面上形成的立体角投影有关。在图 1.20中，A_1 和 $A_1\cos\alpha$ 的面积不同，但由于它对被照面形成的立体角投影相同，故只要它们的亮度相同，它们在 A_2 面上形成的照度就一样。因此，立体角投影定律适用于光源尺寸相对于它和被照点的距离较大时。

例 1.4

在侧墙和屋顶上各有一个 $1m^2$ 的窗洞，他们与室内桌子的相对位置如图 1.21所示，设通过窗洞看见的天空亮度均为 $1\times10^4 cd/m^2$，试分别求出各个窗洞在桌面上形成的照度（桌面与侧窗窗台等高）。

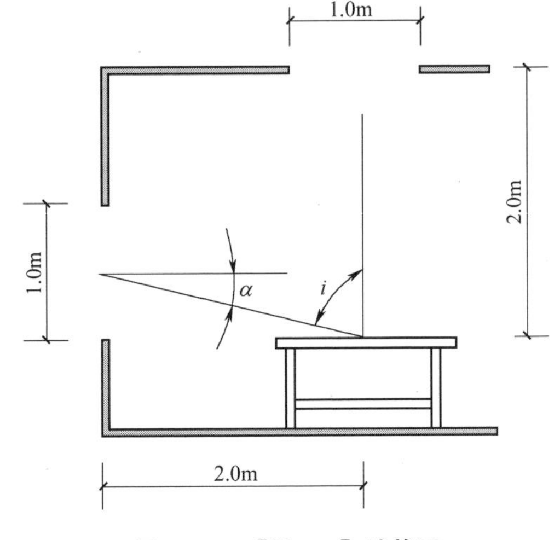

图 1.21 ［例 1.4］计算图

分析： 窗洞可视为一发光表面，其亮度等于透过窗洞看见的天空亮度，本例题中天空亮度均为 $1\times10^4 cd/m^2$。

按式（1.9d）计算，当为内侧窗时，有

$$\cos\alpha=\frac{2}{\sqrt{2^2+0.5^2}}\approx0.970$$

$$\Omega=\frac{1\times\cos\alpha}{2^2+0.5^2}\approx0.228(\mathrm{sr})$$

$$\cos i=\frac{0.5}{\sqrt{4.25}}\approx0.243$$

$$E_{\mathrm{w}}=1\times10^4\times0.228\times0.243\approx554(\mathrm{lx})$$

当为天窗时，有

$$\Omega=\frac{1}{4}(\mathrm{sr})\ ,\ \cos i=1$$

$$E_{\mathrm{m}}=1\times10^4\times\frac{1}{4}\times1=2500(\mathrm{lx})$$

1.3 材料的光学性质

在日常生活中，我们所看到的光，大多数是经过物体反射或透射的光。在窗扇上安装不同类型的玻璃，其采光及观景效果完全不同。当采光窗安装透明玻璃时，通过窗户能看到室外景色；如果安装磨砂玻璃，则只能看见发亮的磨砂玻璃，窗户外的景色几乎看不见了（见图 1.22），同时室内的采光效果也完全不同。因此，我们应对材料的光学性质有所了解，结合不同材料的特点，合理应用，才能达到预期的目的。

在光的传播过程中，遇到介质（如玻璃、空气、墙等）时，入射光通量（Φ）中的一部分被反射（Φ_r），一部分被吸收（Φ_α），一部分透过介质进入另一侧的空间（Φ_τ），如图 1.23 所示。

图 1.22 透明/磨砂玻璃窗

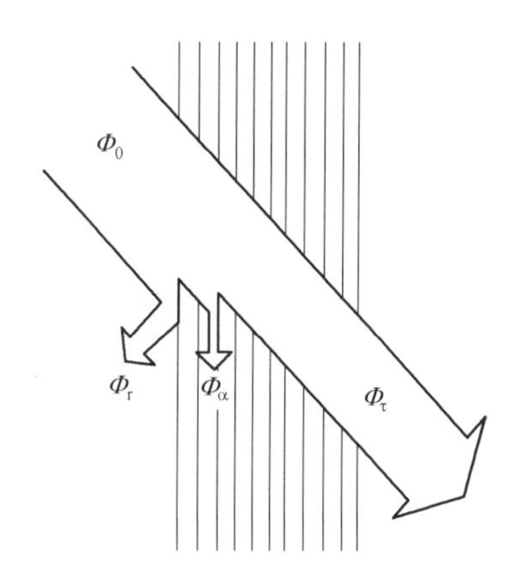

图 1.23 光波的反射、吸收和透射

反射、吸收和透射光通量与入射光通量之比，分别称为光反射比（曾称为反光系数）r、光吸收比（曾称为吸收系数）α 和光透射比（曾称为透光系数）τ 。

表 1.2、表 1.3 分别列出了常用建筑材料的光反射比和光透射比，供采光设计时参考使用，其他材料可查阅有关手册和资料。

表 1.2　　饰面材料的光反射比 r 值

材料名称		r 值	材料名称		r 值	材料名称		r 值
石　膏		0.91	瓷釉面砖	白　色	0.80	胶合板		0.58
大白粉刷		0.75		黄绿色	0.62	陶瓷地砖	白　色	0.59
水泥砂浆抹面		0.32		粉　色	0.65		浅蓝色	0.42
白水泥		0.75		天蓝色	0.55		浅咖啡色	0.31
白色乳胶漆		0.84		黑　色	0.08		绿　色	0.25
调和漆	白色和米黄色	0.70	无釉陶土地砖	土黄色	0.53		深咖啡色	0.20
	中黄色	0.57		朱砂色	0.19	铝板	白色抛光	0.83～0.87
红　砖		0.33	浅色彩色涂料		0.75～0.82		白色镜面	0.89～0.93
灰　砖		0.23	不锈钢板		0.72		金　色	0.45

续表

材料名称		r 值	材料名称		r 值	材料名称		r 值
大理石	白　色	0.60	塑料贴面板	浅黄色木纹	0.36	沥青地面		0.20
	乳白色间绿色	0.39		中黄色木纹	0.30	铸铁、钢板地面		0.15
	红　色	0.32		深棕色木纹	0.12	镀膜玻璃	金　色	0.23
	黑　色	0.08	塑料墙纸	黄白色	0.72		银　色	0.30
水磨石	白　色	0.70		蓝白色	0.61		宝石蓝色	0.17
	白色间灰黑色	0.52		浅粉白色	0.65		宝石绿色	0.37
	白色间绿色	0.66	广漆地板		0.10		茶　色	0.21
	黑灰色	0.10	菱苦土地面		0.15	彩色钢板	红　色	0.25
普通玻璃		0.08	混凝土地面		0.20		深咖啡色	0.20

表 1.3　　采光材料的光透射比 τ 值

材 料 名 称	颜色	厚度/mm	τ 值
普 通 玻 璃	无	3～6	0.78～0.82
钢 化 玻 璃	无	5～6	0.78
磨砂玻璃（花纹深密）	无	3～6	0.55～0.60
压花玻璃（花纹深密）	无	3	0.57
压花玻璃（花纹浅疏）	无	3	0.71
夹丝玻璃	无	6	0.76
压花夹丝玻璃（花纹浅疏）	无	6	0.66
夹层安全玻璃	无	3+3	0.78
双层隔热玻璃（空气层厚度 5mm）	无	3+5+3	0.64
吸热玻璃	蓝	3～5	0.52～0.64
乳白玻璃	乳白	1	0.60
有机玻璃	无	2～6	0.85
乳白有机玻璃	乳白	3	0.20
聚苯乙烯板	无	3	0.78
聚氯乙烯板	本色	2	0.60
聚碳酸酯板	无	3	0.74
聚酯玻璃钢板	本色	3～4 层布	0.73～0.77

续表

材料名称	颜色	厚度/mm	τ 值
聚酯玻璃钢板	绿	3～4 层布	0.62～0.67
小波玻璃钢板	绿	—	0.38
大波玻璃钢板	绿	—	0.48
玻璃钢罩	本色	3～4 层布	0.72～0.74
钢窗纱	绿	—	0.70
镀锌铁丝网（孔尺寸 20mm×20mm）	—	—	0.89
茶色玻璃	茶色	3～6	0.08～0.50
中空玻璃	无	3+3	0.81
安全玻璃	无	3+3	0.84
镀膜玻璃	金色	5	0.10
	银色	5	0.14
	宝石蓝色	5	0.20
	宝石绿色	5	0.08
	茶色	5	0.14

注 τ 值应为漫射光条件下测定值。

为了做好采光和照明设计，仅了解这些数值还不够，还需要了解光通量经过介质反射和透射后，在分布上起了什么变化。

光经过介质的反射和透射后，它的分布变化取决于材料表面的光滑程度和材料内部的分子结构。反光和透光材料均可分为两类：一类属于规则的，即光线经过反射和透射后，光分布的立体角没有改变，如镜子和透明玻璃；另一类为扩散的，这类材料使入射光不同程度地分散在更大的立体角范围内，粉刷墙面就属于这一类。

1.3.1 规则反射和透射

光线射到表面很光滑的不透明材料上，就会出现规则反射现象。规则反射（又称为镜面反射）就是在无漫射的情形下，按照几何光学的定律进行的反射。它的特点有：①光线入射角等于反射角；②入射光线、反射光线及反射表面的法线处于同一平面，如图 1.24 所示。玻璃镜、磨得很光滑的金属表面都具有这种反射特性，利用这一特性，将这种表面放在合适的位置，就可以将光线反射到需要的地方，或避免光源在视线中出现。例如，布置镜子和灯具时，必须使人获得最大的照度，同时又不能让刺眼的灯具反射形象进入人眼。这时就可利用这种反射法则来考虑灯的位置。如图 1.25 所示，人在 A 位置时，就能清晰地看到自己的形象，看不见灯的反射形象；而人在 B 处时，就会在镜中看到灯的明亮反射形象，影响照镜子的效果。

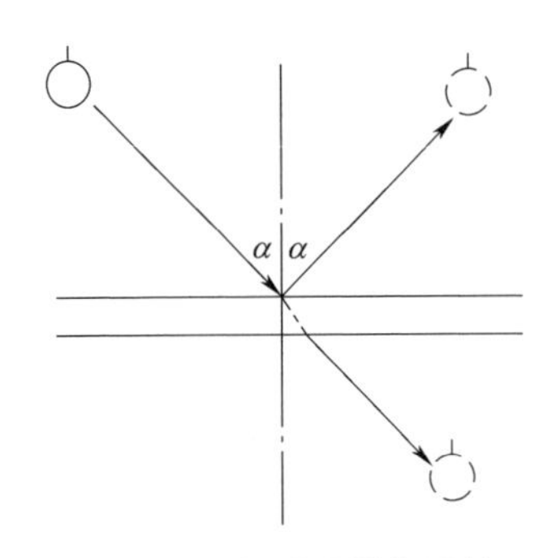

图 1.24　规则反射和透射

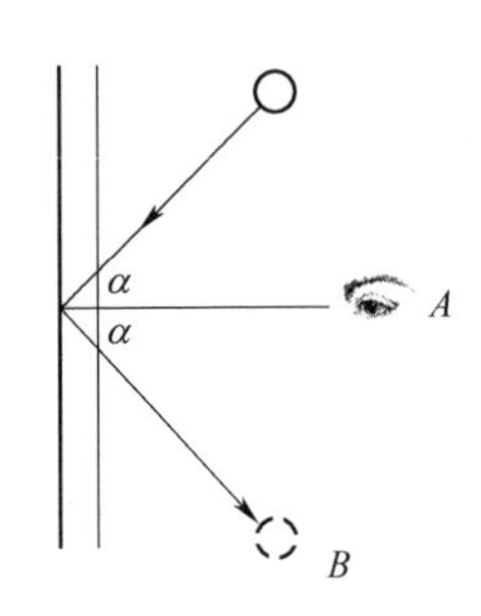

图 1.25　避免受规则反射影响的办法

光线射到透明材料上则产生规则透射。规则透射（又称为直接透射）就是在无漫射的情形下，按照几何光学的定律进行的透射。如果材料的两个表面彼此平行，则透过材料的光线方向和入射方向保持平行。例如，隔着质量好的玻璃窗就能很清楚地、毫无变形地看到另一侧的景物。

材料反射（或透射）后的光源亮度和发光强度，因材料的吸收和反射，而比光源原有的亮度和发光强度有所降低，其值为

$$L_{\tau}=L\tau \text{ 或 } L_{r}=Lr \tag{1.10}$$

$$I_{\tau}=I\tau \text{ 或 } I_{r}=Ir \tag{1.11}$$

式中　$L_{\tau}(L_{r})$、$I_{\tau}(I_{r})$——分别为经过透射（反射）后的光源亮度、发光强度；

L、I——分别为光源原有亮度、发光强度；

τ、r——分别为材料的光透射比、光反射比。

1.3.2　扩散反射和透射

半透明材料使入射光线发生扩散透射，表面粗糙的不透明材料使入射光线发生扩散反射，扩散反射和透射使光线分散在更大的立体角范围内。这类材料又可按它的扩散特性分为两种，即漫射材料和混合反射与混合透射材料。

1. **漫射材料**

漫射材料又称为均匀扩散材料。这类材料将入射光线均匀地向四面八方反射或透射，从各个角度看，其亮度完全相同，看不见光源形象。漫反射就是在宏观上不存在规则反射时，由反射造成的漫射。漫反射材料有氧化镁、石膏等，大部分无光泽、粗糙的建筑材料，如粉刷、砖墙等都可以近似地看成这一类材料。漫透射就是宏观上不存在规则透射时，由透射造成的漫射。漫透射材料有乳白玻璃和半透明塑料等，透过它看不见光源形象或外界景物，只能看见材料的本色和亮度上的变化，常将它用于灯罩、发光顶棚，以降低光源的亮度，减少刺眼程度。这类材料用矢量表示的亮度和发光强度分布如图 1.26 所示，图中实线为亮度分布，虚线为发光强度分布。漫射材料表面的亮度可用下列公式计算：

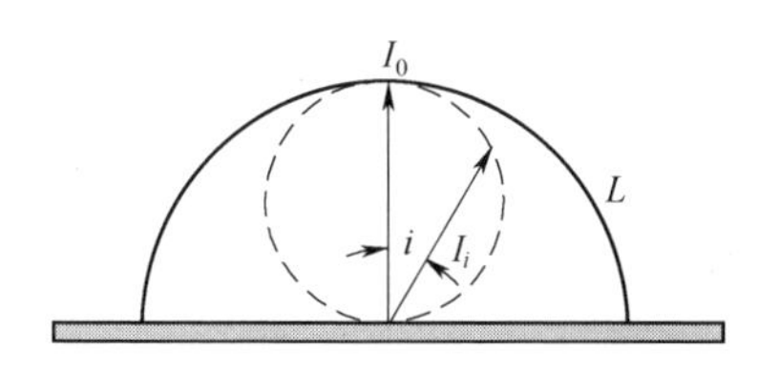

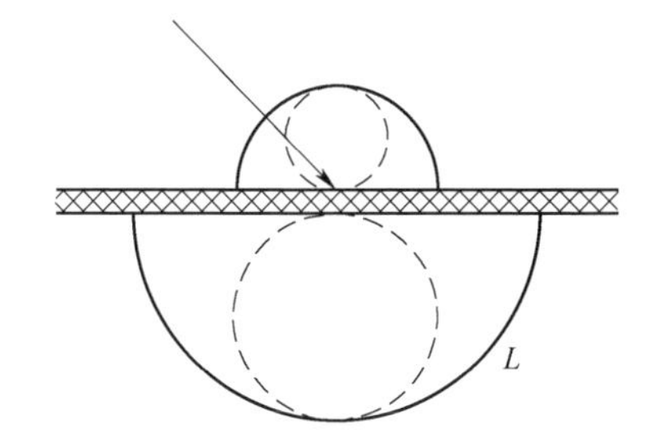

图 1.26 漫反射和漫透射

对于漫反射材料，有

$$L = \frac{E r}{\pi}\ (\mathrm{cd/m^2}) \tag{1.12}$$

对于漫透射材料，有

$$L = \frac{E \tau}{\pi}\ (\mathrm{cd/m^2}) \tag{1.13}$$

上两式中照度单位是勒 (lx)。

漫射材料的最大发光强度在表面的法线方向，其他方向的发光强度和法线方向的值有如下关系：

$$I_i = I_0 \cos i \tag{1.14}$$

该式中，i 为表面法线和某一方向间的夹角，这一关系式称为“朗伯余弦定律”。

2. **混合反射与混合透射材料**

多数材料同时具有规则反射和漫反射两种性质。混合反射就是规则反射和漫反射兼有的反射，而混合透射就是规则透射和漫透射兼有的透射。它们在规则反射（透射）方向，具有最大的亮度，而在其他方向也有一定亮度。这种材料的亮度分布如图 1.27 所示。

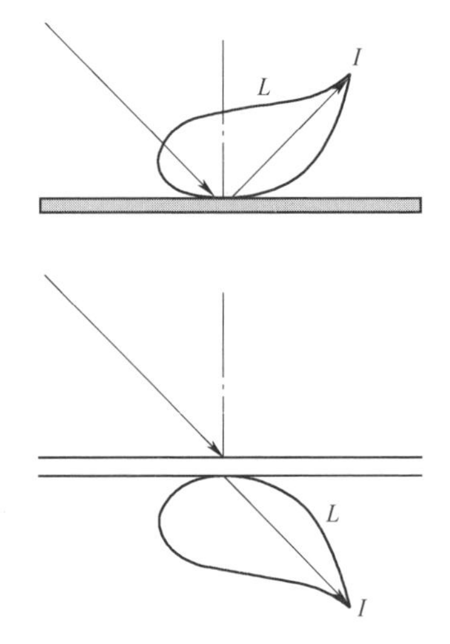

图 1.27 混合反射与混合透射

具有这种性质的反光材料有光滑的纸、较粗糙的金属表面、油漆表面等。这时在反射方向可以看到光源的大致形象，但轮廓不像规则反射那样清晰，如图 1.28 所示。而在其他方向又类似漫反射材料，具有一定亮度，但不像规则反射材料那样亮度为零。混合透射材料如磨砂玻璃，透过它可看到光源的大致形象，但不清晰。

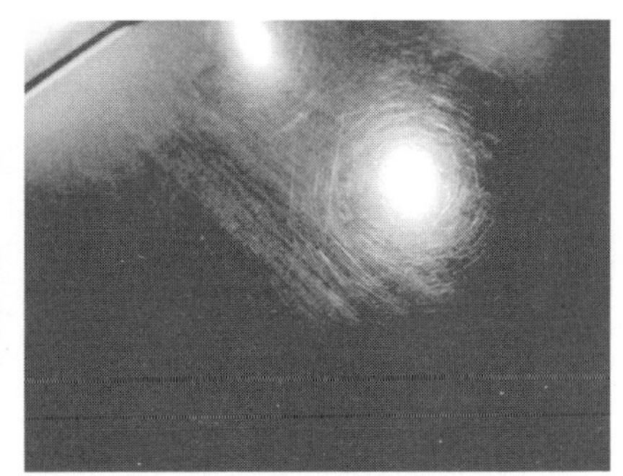

图 1.28 不同材料桌面的反射效果

1.4 可见度及其影响因素

可见度就是人眼辨认物体存在或形状的难易程度。在室内应用时，以标准观察条件下恰可感知的标准视标的对比或大小定义。在室外应用时，以人眼恰可看到标准目标的距离定义，故常称为能见度。可见度概念是用来定量表示人眼看物体的清楚程度（故以前又将其称为视度）。一个物体之所以能够被看见，它要有一定的亮度、大小和亮度对比，并且识别时间和眩光也会影响物体被看清楚的程度。

1.4.1　亮度

在黑暗中，我们如同盲人一样看不见任何东西，只有当物体发光（或反光）时，我们才会看见它。实验表明，人们能看见的最低亮度（称“最低亮度阈”）仅为 10^{-5}asb（1asb＝1/πcd/m^2）。随着亮度的增大，我们看得越来越清楚，即可见度增大。欧洲一些研究人员在办公室和工业生产操作场所等工作房间内进行了调查，他们调查在各种照度条件下，感到“满意”的人所占的百分比，研究人员获得的平均结果如图 1.29 所示。从该图中可以看出：随着照度的增加，感到“满意”的人数百分比也增加，最大百分比约在 1500～3000lx 范围内。照度超过此数值，对照明“满意”的人反而随照度的增加而减少，这说明照度（亮度）要适量。若亮度过大，超出眼睛的适应范围，眼睛的灵敏度反而会下降，易引起眼疲劳。例如，夏日在室外看书，会感到刺眼，不能长久地坚持下去。一般认为，当物体亮度超过 1.6×10^5cd/m^{2}时，人们就感到刺眼，不能坚持工作。

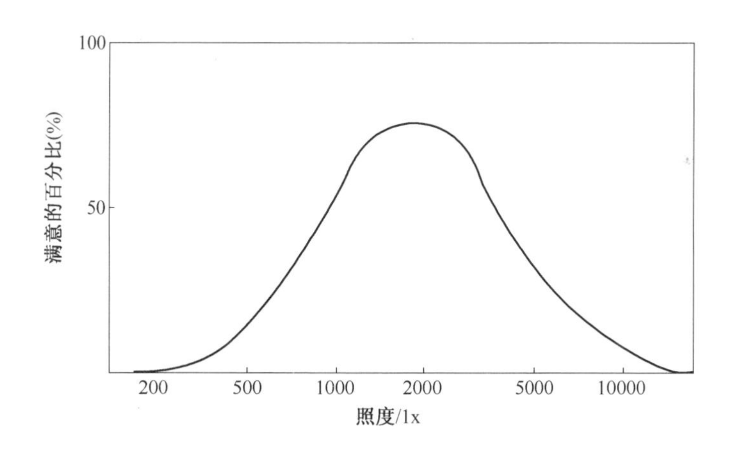

图 1.29　人们感到“满意”的照度值

1.4.2　视角

视角就是识别对象对人眼所形成的张角，通常以弧度单位来度量。视角越大，看得越清楚；反之则可见度下降。识别对象尺寸 d 和眼睛至物件的距离 l 形成视角 α，其关系如下：

$$\alpha = 3440\,\frac{d}{l}\,(')\tag{1.15}$$

在图 1.30 中需要指明开口方向时，识别对象尺寸就是开口尺寸。

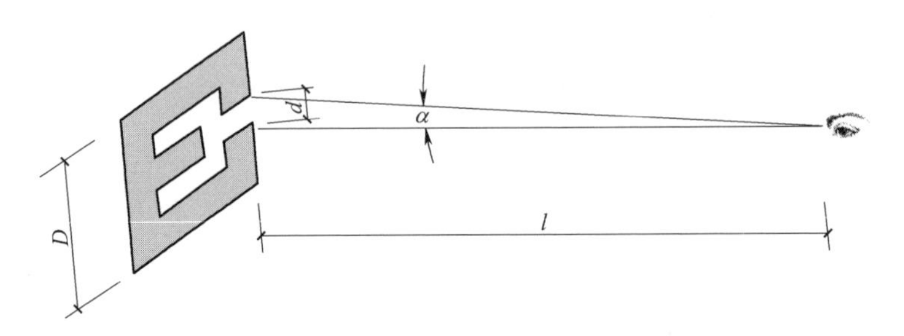

图 1.30 视角的定义

1.4.3 亮度对比

亮度对比即观看对象和其背景之间的亮度差异，差异越大，可见度越高（见图 1.31）。常用 C 来表示亮度对比，它等于视野中目标和背景的亮度差与背景亮度之比：

$$C = \frac{L_t - L_b}{L_b} = \frac{\Delta L}{L_b}\tag{1.16}$$

式中 L_t——目标亮度；

L_b——背景亮度；

ΔL——目标与背景的亮度差。

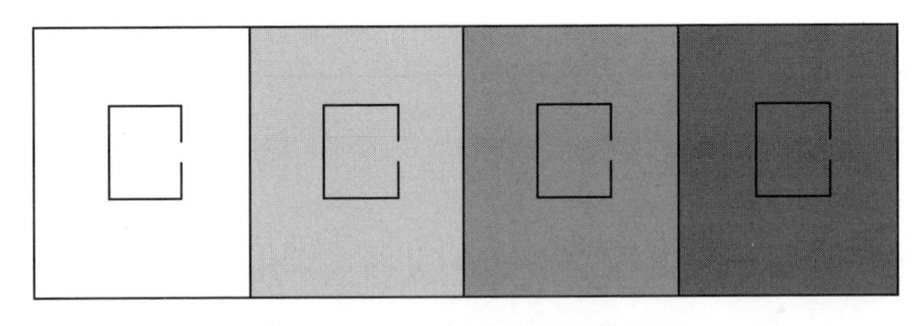

图 1.31 亮度对比和可见度的关系

对于均匀照明的无光泽的背景和目标，亮度对比可用光反射比表示：

$$C = \frac{r_t - r_b}{r_b}\tag{1.17}$$

式中 r_t——目标光反射比；

r_b——背景光反射比。

视觉功效实验表明：物体亮度（与照度成正比）、视角大小和亮度对比三个因素对可见度的影响是相互有关的。如图 1.32 所示为辨别概率为 95％（即正确辨别视看对象的次数为总辨别次数的 95％）时，三个因素之间的关系。

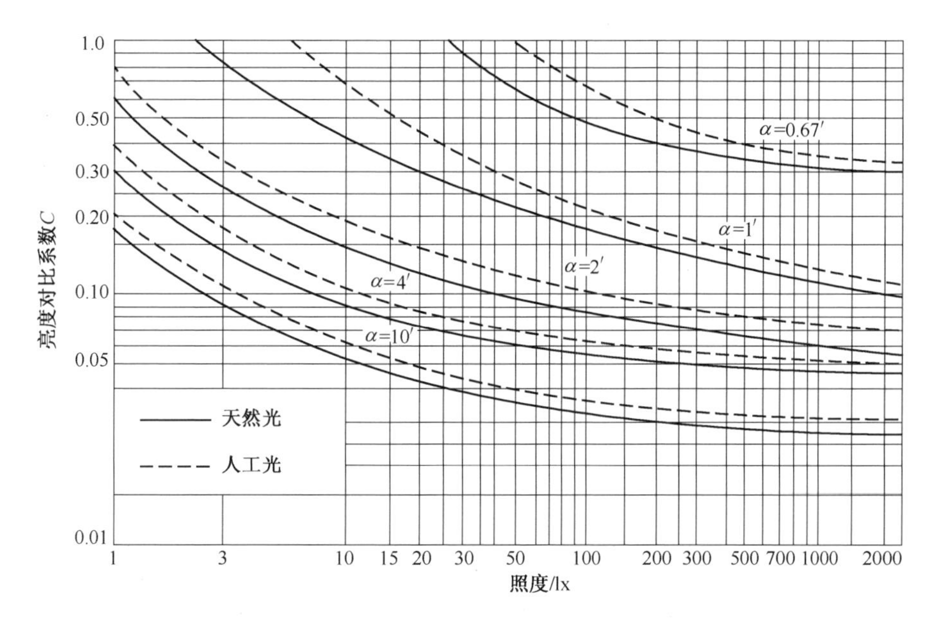

图 1.32 视觉功效曲线

从图 1.32 中的曲线可看出：

（1）从同一根曲线来看，它表明观看对象在眼睛处形成的视角不变时，若对比下降，则需要增加照度才能保持相同可见度。也就是说，对比的不足，可用增加照度来弥补。反之，也可用增加对比来补偿照度的不足。

（2）比较不同的曲线（表示在不同视角下）后看出：目标越小（视角越小），需要的照度越高。

（3）天然光（实线）比人工光（虚线）更有利于可见度的提高。但在视看大的目标时，这种差别不明显。

1.4.4 识别时间

眼睛观看物体时，只有当该物体发出足够的光能，形成一定刺激，才能产生视觉感觉。在一定条件下，亮度×时间＝常数（邦森-罗斯科定律），也就是说，呈现时间越少，越需要更高的亮度才能引起视感觉，图 1.33 显示了它们的关系。该图表明，物体越亮，察觉它的时间就越短。这就是为什么在照明标准中规定，识别移动对象，识别时间短促而辨认困难时，可按照度标准值分级提高一级。

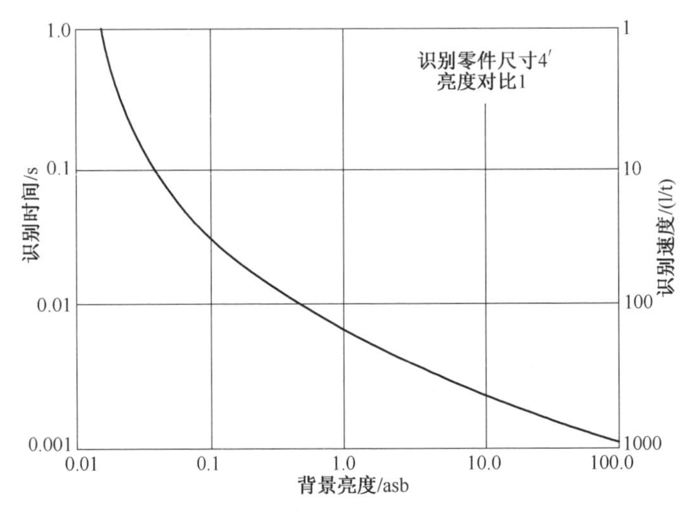

图 1.33　识别时间和背景亮度的关系

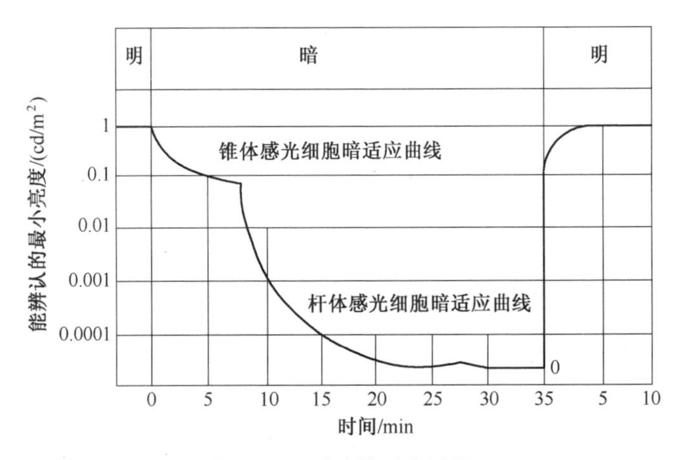

图 1.34　眼睛的适应过程

当人们从明亮环境走到黑暗处（或相反）时，就会产生一个原来看得清，突然变成看不清，经过一段时间才由看不清到逐渐又看得清的变化过程，这叫作“适应”。从暗到明的适应时间短，称“明适应”，即视觉系统适应高于几个坎每平方米亮度的变化过程及终极状态；从明到暗的适应时间较长，称作“暗适应”，即是视觉系统适应低于百分之几坎每平方米亮度的变化过程及终极状态。适应过程如图 1.34 所示。这说明在设计中应考虑人们流动过程中可能出现的视觉适应问题。暗适应时间的长短随此前的背景亮度及其辐射光谱分布等的不同而变化，当出现环境亮度变化过大的情况，应考虑在其间设置必要的过渡空间，使人眼有足够的视觉适应时间。在需要人眼变动注视方向的工作场所中，视线所及的各部分的亮度差别不宜过大，这可减少视疲劳。

1.4.5 避免眩光

眩光就是在视野中由于亮度的分布或亮度范围不适宜，或存在着极端的对比，以致引起不舒适感觉、降低观察细部或目标能力的视觉现象（见图 1.35）。根据眩光对视觉的影响程度，可分为失能眩光和不舒适眩光。降低视觉对象的可见度，但并不一定产生不舒适感觉的眩光称为失能眩光。出现失能眩光后，就会降低目标和背景间的亮度对比，使可见度下降，甚至丧失视力。而产生不舒适感觉，但并不一定降低视觉对象的可见度的眩光称为不舒适眩光。不舒适眩光会影响人们的注意力，长时间持续就会增加视疲劳，例如明亮的窗口在室内容易形成眩光。对于室内光环境来说，只要将不舒适眩光限制在允许的限度内，失能眩光也就消除了。

图 1.35　夜间汽车的前照灯形成的失能眩光

从形成眩光过程来看，可将眩光分为直接眩光和反射眩光。直接眩光是由视野中，特别是在靠近视线方向存在的发光体所产生的眩光；而反射眩光是由视野中的反射所引起的眩光，特别是在靠近视线方向看见反射像所产生的眩光。反射眩光往往难以避开，故不利影响比直接眩光更明显。

1. **减轻或消除直接眩光的方法**

（1）限制光源亮度。当光源亮度超过 $1.6\times10^5 cd/m^2$ 时，无论亮度对比如何，均会产生严重的眩光现象。在这种情况下，应考虑采用半透明材料（如乳白玻璃灯罩）或不透明材料将光源挡住，降低其亮度，减少眩光影响程度。

（2）增加眩光源的背景亮度，减少二者之间的亮度对比。当视野内出现明显的亮度对比，就会产生眩光，其中最重要的是工作对象和它直接相邻的背景间的亮度对比，如书和桌面的亮度对比，深色的桌面（光反射比为 0.05～0.07）与白纸（光反射比为 0.8 左右）形成的亮度对比常大于 10，这样就会形成一个不舒适的视觉环境。如将桌面漆成浅色，减小了桌面与白纸之间的亮度对比，就会有利于视觉工作，可减少视觉疲劳。

（3）减小形成眩光的光源视看面积，即减小眩光源对观测者眼睛形成的立体角。如将灯具做成橄榄形（见图 1.36），可减少直接眩光的影响。

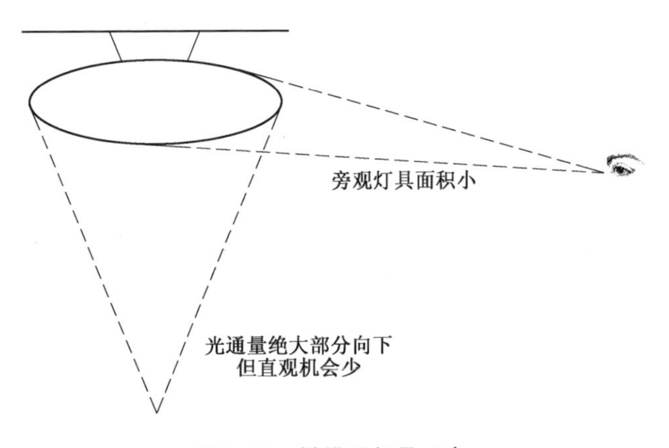

图 1.36 橄榄形灯具示意

（4）尽可能增大眩光源的仰角。当眩光源的仰角小于 27°时，眩光影响很显著；而当眩光源的仰角大于 45°时，眩光影响就大大减少了（见图 1.37）。通常可以提高灯的悬挂高度来增大仰角，但要受到房间层高的限制，而且把灯提得过高对工作面照明也不利，故有时用不透明材料将眩光源挡住更为有利。

2. **减弱反射眩光的方法**

（1）尽量使视觉作业的表面为无光泽表面，以减弱规则反射形成的反射眩光。

（2）应使视觉作业避开和远离照明光源同人眼形成的规则反射区域。

（3）使用发光表面面积大、亮度低的光源。

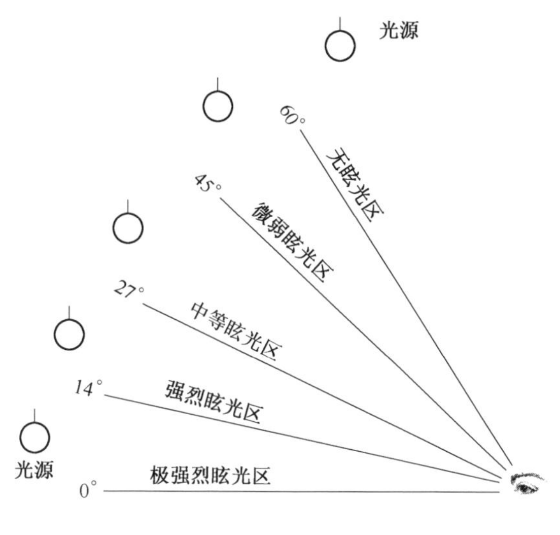

图 1.37　不同角度的眩光感觉

（4）使引起规则反射的光源形成的照度在总照度中所占比例减少，从而降低反射眩光的影响。

1.5　颜色

在人们的日常生活中，经常要涉及各种各样的颜色。颜色就是由有彩色成分或无彩色成分任意组成的视知觉属性。颜色是影响光环境质量的要素，同时对人的生理和心理活动产生作用，影响人们的工作效率。因此，为了合理地进行颜色设计，就要掌握色度学的基本知识，还要正确应用光学、视觉心理学和美学等方面的知识。

1.5.1　颜色的基本特性

1. 颜色的形成

在明视觉条件下，色感觉正常的人除了可以感觉出红色、橙色、黄色、绿色、蓝色和紫色外，还可以在两个相邻颜色的过渡区域内看到各种中间色，如黄红、绿黄、蓝绿、紫蓝和红紫等。从颜色的显现方式看，颜色有光源色和物体色的区别。

光源就是能发光的物理辐射体，如灯、太阳和天空等。通常一个光源发出的光包含有很多单色光，如果单色光对应的辐射能量不相同，那么就会引起不同的色感觉。所谓色感觉，就是眼睛接受色刺激后产生的视觉。辐射能量分布集中于光短波部分的色光会引起蓝色的视觉；辐射能量分布集中于光长波部分的色光会引起红色的视觉；白光则是由于光辐射能量分布均匀而形成的。由上可知，光源色就是由光源发出的色刺激。

物体色就是被感知的物体所具有的颜色。它是由光被物体反射或透射后形成的。因此，物体色不仅与光源的光谱能量分布有关，而且还与物体的光谱反射比或光谱透射比分布有关。例如，一张红色纸，用白光照射时，反射红色光，相对吸收白光中的其他色光，故这张纸仍呈现红色；若仅用绿光去照射该红色纸时，它将呈现出黑色，因为光源辐射中没有红光成分。通常把漫反射光的表面或由此表面发射的光所呈现的知觉色称为表面色。一般来说，物体的有色表面会比较多地反射某一波长的光，这个反射得最多的波长通常称为该物体的颜色。物体表面的颜色主要是从入射光中减去一些波长的光而产生的，所以人眼感觉到的表面色主要决定于物体的光谱反射比分布和光源的发射光谱分布。

2. **颜色的分类和属性**

颜色分为无彩色和有彩色两大类。无彩色在知觉意义上是指无色调的知觉色，它是由从白到黑的一系列中性灰色组成的。它们可以排成一个系列，并可用一条直线表示，如图 1.38 所示。它的一端是光反射比为 1 的理想的完全反射体——纯白，另一端是光反射比为 0 的理想的无反射体——纯黑。在实际生活中，并没有纯白和纯黑的物体，光反射比最高的氧化镁等只是接近纯白，约为 0.98；光反射比最低的黑丝绒等只是接近纯黑，约为 0.02。当物体表面的光反射比都在 0.8 以上时，该物体为白色；当物体表面的光反射比均在 0.04 以下时，该物体为黑色，如图 1.39 所示。对于光源色来说，无彩色的白黑变化相应于白光的亮度变化。当光的亮度非常高时，就认为是白色的；当光的亮度很低时，认为是灰色的；无光时则为黑色的。

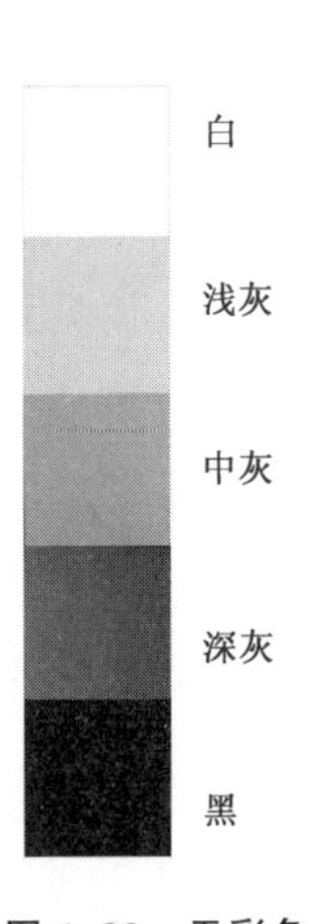

图 1.38　无彩色

有彩色在感知意义上是指所感知的颜色具有色调，它是由除无彩色以外的各种颜色组成的。根据颜色的心理概念，任何一种有彩色的表观颜色，均可以按照三种独立的属性分别加以描述，这就是色调（色相）、明度和彩度。

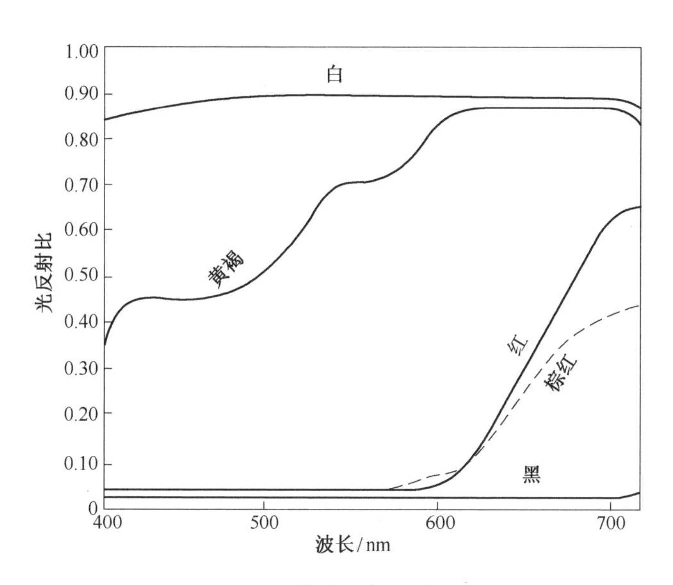

图 1.39　物体表面的光谱反射比

色调相似于红、黄、绿、蓝、紫的一种或两种知觉色成分有关的表面视觉属性，也就是各彩色彼此相互区分的视感觉的特性。色调用红、黄、绿、蓝、紫等说明每一种色的范围。在明视觉时，380～780nm 范围内的光辐射可引起人眼不同的颜色感觉。不同颜色感觉的波长范围和中心波长如表 1.4 所示。光源的色调取决于辐射的光谱组成对人产生的视感觉；各种单色光在白色背景上呈现的颜色，就是光源色的色调。物体的色调取决于光源的光谱组成和物体反射（透射）的各波长光辐射比例对人产生的视感觉。在日光下，若一个物体表面反射 480～550nm 波段的光辐射，而相对吸收其他波段的光辐射，那么该物体表面为绿色，这就是物体色的色调。

表 1.4　　光谱颜色中心波长及范围　　单位：nm

颜色感觉	中心波长	范围	颜色感觉	中心波长	范围
红	700	640～750	绿	510	480～550
橙	620	600～640	蓝	470	450～480
黄	580	550～600	紫	420	400～450

明度就是在同样的照明条件下，依据表观为白色或高透射比的表面的视亮度①来判断的某一表面的视亮度，它是颜色相对明暗的视感觉特性。彩色光的

① 视亮度：人眼知觉一个区域所发射光的多寡的视觉属性。

亮度越高，人眼感觉越明亮，它的明度就越高。物体色的明度则反映光反射比（或光透射比）的变化，光反射比（或光透射比）大的物体色明度高；反之则明度低。无彩色只有明度这一个颜色属性的差别，而没有色调和彩度这两种颜色属性的区别。

彩度就是在同样照明条件下，一区域根据表观为白色或高透射比的一区域的视亮度比例来判断的颜色丰富程度。它用距离等明度无彩点的视知觉特性来表示物体表面颜色的浓淡，并给予分度。简言之，彩度指的是彩色的纯洁性。各种单色光是最饱和彩色。单色光掺入白光成分越多，就越不饱和；当掺入的白光成分比例很大时，看起来就变成白光了。物体色的彩度决定于该物体反射（或透射）光谱辐射的选择性程度，如果选择性很高，则该物体色的彩度就高。

3. **颜色混合**

色度学是研究人的颜色视觉规律和颜色测量的理论与技术的科学。由色度学中的颜色视觉实验确定，任何颜色的光均能以不超过三种纯光谱波长的光来正确模拟。实验还证实，通过红、绿、蓝三种颜色可以获得最多的混合色。因此，在色度学中，将红（700nm）、绿（546.1nm）、蓝（435.8nm）三色称为加色法的三原色。

颜色可以相互混合。颜色混合分为光源色的颜色光相加混合（加色法）和染料、涂料的物体色的颜色光减法混合（减色法）。

颜色光的相加混合具有下述规律：

（1）补色律。每一种颜色都有一个相应的补色。某一颜色与其补色以适当比例混合得出白色或灰色，通常把这两种颜色称为互补色。例如，红色和青色、绿色和品红色、蓝色和黄色都是互补色。

（2）中间色律。任何两个非互补色相混合可以得出两色中间的混合色。如果将 400nm 紫色和 700nm 红色相混合，产生的紫红色系列是光谱轨迹上没有的颜色。中间色的色调取决于两种颜色的比例大小，并偏向比例大的颜色；中间色的彩度决定于两者在红、橙、黄、绿、蓝、紫等这种色调顺序上的远近，两者相距越近彩度越大，反之则彩度越小。

（3）代替律。表观颜色相同的色光，即使其光谱成分不相同，但在颜色混合中具有相同的效果，可以相互替代。如果颜色 A＝颜色 B，颜色 C＝颜色 D，那么有

$$颜色\ A+颜色\ C=颜色\ B+颜色\ D$$

上式称为颜色混合的加法定律，常称为格拉斯曼定律（代替律），这是 2°视场色度学的基础。

（4）亮度相加律。混合色的总亮度等于组成混合色的各颜色光亮度的总和。

颜色的相加混合应用于不同光色的光源的混光照明和舞台照明等方面。

染料和彩色涂料的颜色混合及不同颜色滤光片的组合，与上述颜色的相加混合规律不同，它们均属于颜色的减法混合。

在颜色的减法混合中，为了获得较多的混合色，应控制红、绿、蓝三色，为此，采用红、绿、蓝三色的补色，即青色、品红色、黄色三个减法原色。青色吸收光谱中红色部分，反射或透射其他波长的光辐射，称为“减红”原色，是控制红色的，如图 1.40（a）所示；品红色吸收光谱中绿色部分，是控制绿色的，称为“减绿”原色，如图 1.40（b）所示；黄色吸收光谱中蓝色部分，是控制蓝色的，称为“减蓝”原色，如图 1.40（c）所示。

当两个滤光片重叠或两种颜料混合时，相减混合得到的颜色总要比原有的颜色暗一些。如将黄色滤光片与青色滤光片重叠时，由黄色滤光片“减蓝”和青色滤光片“减红”共同作用后，即两者相减只透过绿色光；又如，品红色和黄色颜料混合，因品红色“减绿”和黄色“减蓝”而呈红色；如果将品红、青、黄三种减法原色按适当比例混在一起，则可使有彩色全被减掉而呈现黑色。

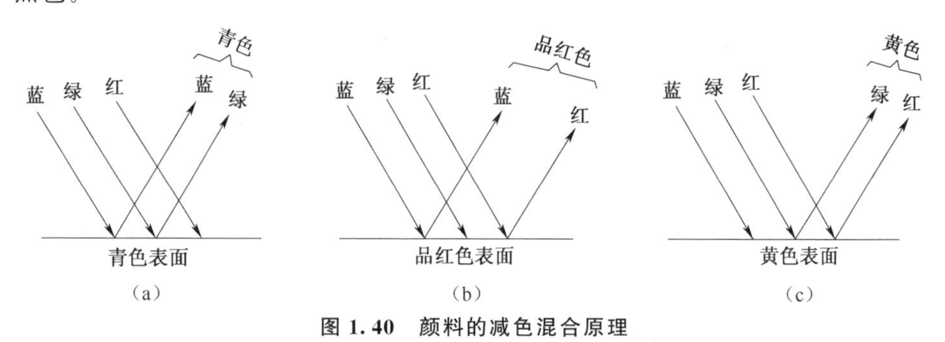

图 1.40 颜料的减色混合原理

（a）青色表面（减红）；（b）品红色表面（减绿）；（c）黄色表面（减蓝）

我们要掌握颜色混合的规律，一定要注意颜色相加混合［见图 1.41（a）］与颜色减法混合［见图 1.41（b）］的区别，切忌将减法原色的品红色误称为红色，将青色误称为蓝色，以为红色、黄色、蓝色是减法混合中的三原色，造成与相加混合中的三原色红色、绿色、蓝色混淆不清。

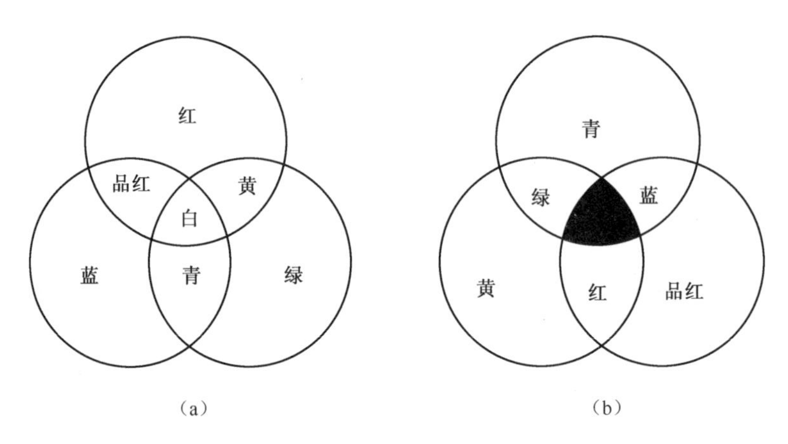

图 1.41 颜色的混合

(a) 相加混合(光源色);(b) 相减混合(物体色)

1.5.2 颜色定量

从视觉的观点来描述自然界景物的颜色时,可用白、灰、黑、红、橙、黄、绿、蓝、紫等颜色名称来表示。但是,即使颜色辨别能力正常的人对颜色的判断也不完全相同。有的人认为完全相同的两种颜色,若换另一个人判断,就可能会认为有些不同。

随着科学技术的进步,颜色在工程技术方面得到广泛应用,为了精确地规定颜色,就必须建立定量的表色系统。所谓表色系统,就是使用规定的符号,按一系列规定和定义表示颜色的系统,亦称为色度系统。表色系统有以下两大类。

1. CIE 标准色度系统

以光的等色实验结果为依据,由进入人眼能引起有彩色或无彩色感觉的可见辐射表示的体系,即以色刺激表示的体系,国际照明委员会(CIE)1931 标准色度学系统就是这种体系的代表(见图 1.42)。

CIE 标准色度学系统是一种以 RGB 光谱三刺激值为基础的混色系统,也经历了不断的补充和完善,是近代色度学的重要组成部分。CIE 标准色度学系统的核心内容是用三刺激值及其派生参数来表示颜色。任何一种颜色都可以用三原色的量,即三刺激值来表示。因此,采用三刺激值来定量描述颜色是一种可行的方法。为了统一颜色表示方法,1931 年 CIE 对三原色做了规定,将 700nm 的红光、546.1nm 的绿光和 435.8nm 的蓝光作为色光的三原色,规定

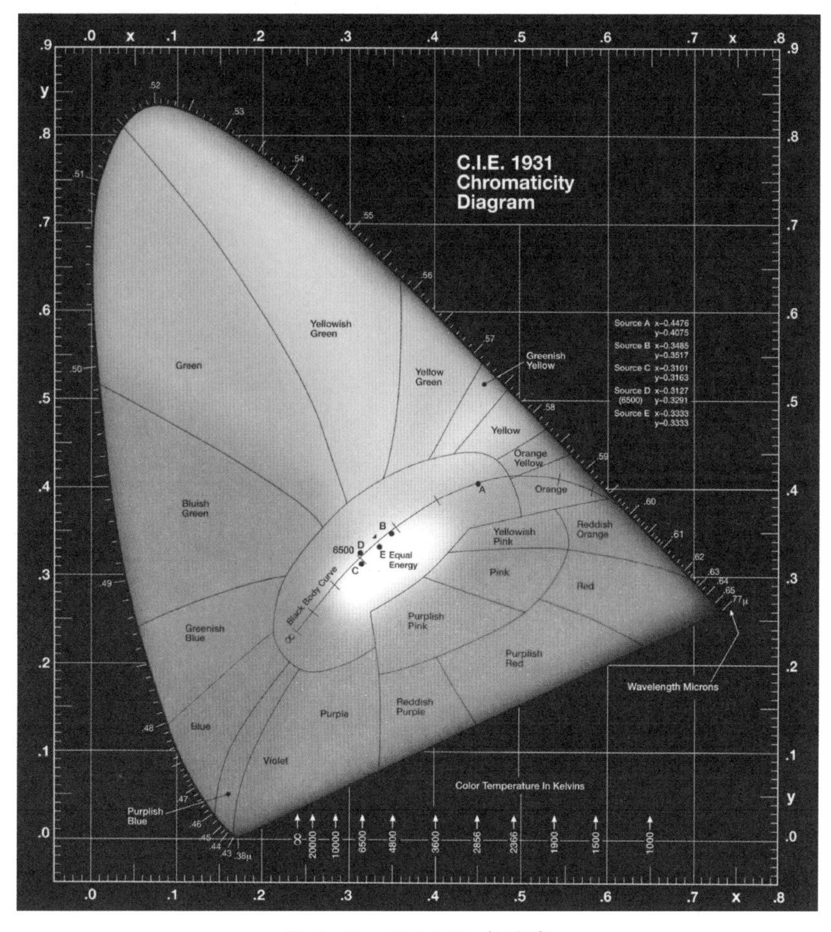

图 1.42　CIE 1931 色度表

了 CIE 1931 标准色度观察者的色匹配函数，建立了 CIE 1931 标准色度学系统。

每个标准色度系统又分为 RGB 和 XYZ 两个系统，由于 RGB 色度系统中，$\bar{r}$、$\bar{g}$、$\bar{b}$ 的色匹配函数和光谱轨迹的色品坐标有一部分出现负值，计算不便且不易理解，故通常采用转换后的 XYZ 系统。由于具体色度计算较为复杂，因此本书不详细介绍，有兴趣的读者可查阅相关资料。

2. **孟塞尔表色系统**

孟塞尔表色系统是建立在对表面颜色直接评价的基础上，用构成等感觉指标的颜色图册表示的体系。孟塞尔于 1905 年创立了采用颜色立体模型表示颜色的方法（见图 1.43）。它是一个三维类似球体的空间模型，把物体各种表面色的三种基本属性色相、明度、彩度全部表示出来。以颜色的视觉特性来制定颜色分类和标定系统，以按目视色彩感觉等间隔的方式，将各种表面色的特征表示出来。在孟塞尔颜色立体模型里，中央轴代表无彩色（中性色）的明度等级，理想白色为10，理想黑色为0，共有视知觉上等距离的11个等级。在实际应用中只用明度值1～9。

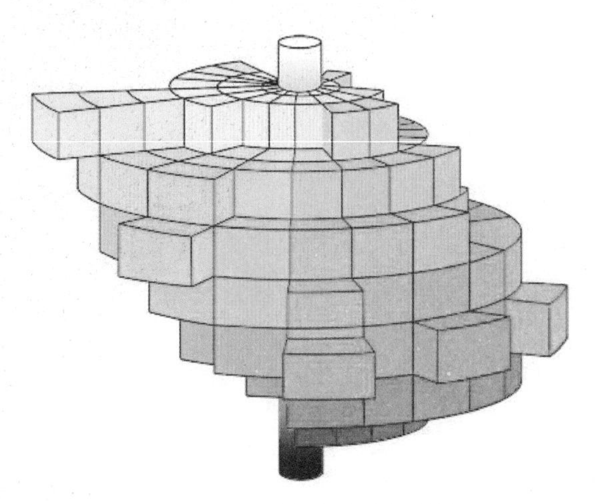

图1.43　孟塞尔颜色立体模型

颜色样品离开中央轴的水平距离表示彩度变化。彩度也分成许多视知觉上相等的等级，中央轴上中性色彩度为0，离中央轴越远彩度越大。各种颜色的最大彩度是不一样的，个别最饱和颜色的彩度可达20。目前，国际上已广泛采用孟塞尔表色系统作为分类和标定表面色的方法。

2　日光与光气候

2.1　太阳辐射

一般来说，环境光包括太阳光直射光、天空光漫射光和地面反射光。而所有这一切均来自太阳辐射，太阳辐射穿过大气时要发生复杂的转换。从大气外界到达地球表面的过程中要发生太阳辐射的吸收与散射。由于辐射能的散射，我们在地面上不仅可以看到来自太阳的平行直射辐射，而且也可以看到来自天穹的各个部分的散射辐射。到达地球表面的辐射能一部分被地球表面反射回去，便产生了反射辐射通量，而另一部分未被反射的直接太阳辐射和散射太阳辐射便为地球表面所吸收。

研究表明，太阳直接辐射、散射辐射和反射辐射通量的主要部分是在短波区域（主要是可见光谱区），因此，上述辐射通量就称为短波辐射通量。相反，大气和地面热辐射是长波辐射，其辐射通量也称为长波辐射通量。

到达人眼的光通常是由可见光谱区内的太阳辐射、散射辐射和反射辐射所产生，通常天空亮度是来自大气对太阳光的散射和吸收；由于大气粒子形态各异，且尺度范围很宽，涉及几个数量级，因此我们就能看到整个发亮的且亮度分布有差异的天空。

2.2　日光在大气中的传输

自古以来，大气的光学现象就引起了人们的注意。中国远在3000多年以前的殷墟甲骨文中，就有关于虹的记载，《诗经》中也写到过“朝隮于西，崇朝其雨”，意为早晨太阳东升时，如果西方出现了虹，到中午就要下雨了。关于晕、宝光环、海市蜃楼等大气光象，中国古代都有观测和解释。

通常到达人眼的大多数光都不是直接来自太阳，而是间接地来自散射过程。当我们看云或天空时，就能看到漫射的散射阳光。在大气中，我们能看到许多由分子、气溶胶，以及含有水滴和冰晶的云所产生的丰富多彩的散射现象。蓝天、白云、华丽的虹和晕，都是由于散射而造成的光象。而散射通常伴随有吸收，在大气分子中，对可见光谱几乎没有能量吸收，云也只吸收很少的可见光。

大气光学是研究光通过大气时的相互作用和由此产生的各种低层大气光象的一门学科。作为现代科学，大气光学的研究和发展与光学的研究进展有着密切的联系。19 世纪末，英国科学家瑞利首先解释了天空的蓝色：在清洁大气中，起主要散射作用的是大气气体分子的密度涨落。分子散射的光强度和入射波长的四次方成反比，因此，在发生大气分子散射的日光中，紫、蓝和青色彩光比绿、黄、橙和红色彩光更强，最后综合效果使天穹呈现蓝色，并建立了瑞利散射理论。20 世纪初，德国科学家米（Mie）从电磁理论出发，进一步解决了均匀球形粒子的散射问题，建立了米散射理论。这两个理论能够解释许多大气光象。

2.2.1 散射

从前面的讨论中，我们已经知道蓝天、白云、华丽的虹和晕，所有这些都是由于散射而造成的光象。散射是与光及光与物质相互作用有关的一种基本物理过程，位于电磁波路径上的粒子通过这种过程从入射波中连续地提取能量，并且将此能量向各方向重新辐射出去。因此，该粒子可以当作散射能量的点源。在大气中造成散射粒子的尺度很宽，从气体分子（约 $10^{-4}\mu m$）、气溶胶（约 $1\mu m$）、小水滴（约 $10\mu m$）、冰晶（约 $100\mu m$）到大雨滴和雹粒（约 1cm）。粒子的大小对散射的作用可用尺度参数的物理项来推算。对球形粒子而言，它的尺度参数定义为粒子周长与入射波长 λ 之比，即

$$x=\frac{2\pi a}{\lambda} \tag{2.1}$$

式中　a ——粒子半径。

若 $x \ll 1$，则散射称为瑞利散射，瑞利散射可以解释天空蓝色和天光偏振。当粒子尺度大于波长或可与波长相比拟时，即 $x \geqslant 1$ 时，散射习惯上称为洛伦茨-米散射。图 2.1 绘出了被 $0.5\mu m$ 波长的可见光照射时，粒径为

$10^{-4}\mu m$、$0.1\mu m$ 和 $1\mu m$ 的球形气溶胶粒子所产生的散射强度分布图。由该图可以看出，小粒子总是倾向于前向与后向两个方向上同等的散射。当粒子变大时，散射能量越来越集中于前向，并且散射能量也越来越复杂（$1\mu m$ 气溶胶的前向散射图案特别大，为了使图示清楚，已按比例缩小）。因为球状相对于入射光束的对称性，所以其他平面上的散射图案与图 2.1 所示完全相同。因此，阳光经过较大尺寸的云滴散射后，能形成我们日常生活中所常见的绚丽彩虹和光环。

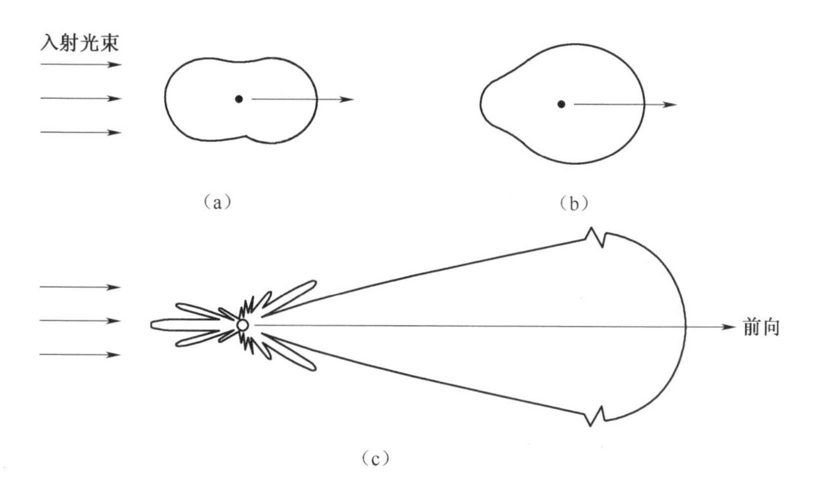

图 2.1　被 0.5μm 可见光照射的三种不同尺寸的球形气溶胶所产生的散射能量角分布

(a) $10^{-4}\mu m$；(b) $0.1\mu m$；(c) $1\mu m$

根据实地观测和电子显微镜成像显示，大气中的气溶胶不是简单的球形，而是各种各样的形状，从准球形到内结构极不规则的几何形状。由非球形和不均匀粒子产生的光散射，是当代的一个重要研究课题。

在一个包含许多粒子的散射体积中，每个粒子既能接收到又能散射掉那些已由其他粒子散射了的光。如图 2.2 所示，该图表示 P 点通过向各个方向自散射一次的单散射，减弱了入射光；与此同时，一部分单散射的光到达 Q 点的粒子上，在此再次发生向各个方向的散射，这称为二次散射；同样地，随后在 R 点的粒子上发生三次散射。多于一次的散射称为多次散射。由图 2.2 可以看出，一些由于单散射而离开 d 方向的入射光，由于多次散射的作用可以在此方向上重新出现，图中绘出了在 d 方向上的一次（P 点）、两次（Q 点）和三次（R 点）散射的情况。对大气中的可见光传输而言，多次散射是一个重要过程，当涉及云和气溶胶的时候尤其如此。

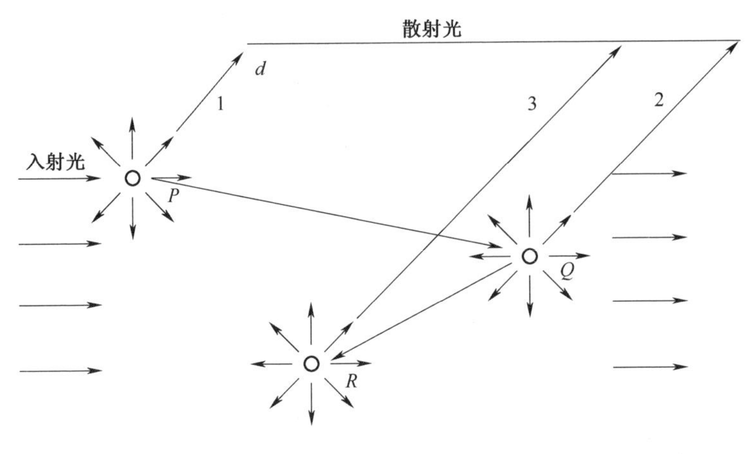

图 2.2　多次散射过程

2.2.2　吸收

散射时常伴有吸收。我们看到的草地呈现出绿色就是因为它散射绿光而吸收红光和蓝光。吸收的能量转化为其他形式而不再以红光和蓝光的形式存在。在分子大气中，对可见光谱几乎没有能量的吸收（除 NO_2 及 $O_2 \cdot O_2$ 对可见光有部分吸收），云和水蒸气只吸收很少的可见光。

2.2.3　消光

散射和吸收两种作用从介质中传播的光束内移除能量，光束被衰减，这种衰减叫作消光（extinction）。消光是散射加吸收的结果，在无吸收介质中，散射是唯一的消光过程。

2.2.4　色温

由于地球自转运动，使得天然光每时每刻都在发生着变化，它要受到时间、季节、气候、地理等条件的影响。这些变化都会影响着天然光的色温，各种不同变化状态下天然光的色温情况如下。

1. **天然光色温随时间变化规律**

由于地球的自转运动，使天然光的色温在一天的时间内不断地变化。早、午、晚以及日出时和日落时它们的色温是不同的。一般说来是这样的一种有节奏的变化：日出时＜早晨＜中午，中午＞傍晚＞日落时。

2. **天然光色温随气候变化规律**

气候变化包括晴、阴、昙、晦等。一般来说，阴天的色温比晴天要高些，多云蓝天色温也比日光高；但是到夜里时，由于天然光已很弱，有时甚至暗到伸手不见五指，此时也就没有色温了。

3. **典型状态下的天然光色温**

日光：5500K。

阳光（中午及中午前后）：5400K。

日出、日落时：2000～3000K。

日出后/日落前1小时：3000～4500K。

薄云遮日：7000～9000K。

阴天：6800～7500K。

晴朗的北方天空：10000K以上。

2.3 大气成分

2.3.1 大气的化学成分

现有的地球大气由两类气体组成：一类是具有几乎恒定浓度的气体；另一类是浓度有变化的气体。大气中还包括各种气溶胶、云和降水，这些成分的时空变化都很大。表2.1列出了地球大气恒定和变化成分的化学分子式和含量的体积比。氮、氧、氩这三种恒定气体的含量按体积比占大气的99.96%以上。实际上，体积比直到60km左右的高度都保持不变。

表2.1 大气成分①

恒定成分	体积比（%）	变化成分	体积比（%）
氮（N_2）	78.084	水汽（H_2O）	0～0.04
氧（O_2）	20.948	臭氧（O_3）	$0 \sim 12\times10^{-4}$
氩（Ar）	0.934	二氧化硫（SO_2）②	0.001×10^{-4}
二氧化碳（CO_2）	0.036	二氧化氮（NO_2）②	0.001×10^{-4}
氖（Ne）	18.18×10^{-4}	氨（NH_3）②	0.004×10^{-4}

续表

恒定成分	体积比（%）	变化成分	体积比（%）
氦（He）	5.24×10^{-4}	一氧化氮（NO）②	0.0005×10^{-4}
氪（Kr）	1.14×10^{-4}	硫化氢（H_2S）②	0.00005×10^{-4}
氙（Xe）	0.089×10^{-4}	硝酸蒸汽（HNO_3）	微量
氢（H_2）	0.5×10^{-4}	氯氟碳化物（$CFCl_3$、CF_2Cl_2、CH_3CCl_4、CCl_4等）	微量
甲烷（CH_4）	1.7×10^{-4}		
氧化亚氮（N_2O）②	0.3×10^{-4}		
一氧化碳（CO）	0.08×10^{-4}		

①按1976年美国标准大气，稍有修改。

②在地表附近的含量。

表2.1所列的可变气体含量很少，但它们在大气辐射收支中却极为重要。也影响了大气中可见光的散射。在晴天空中，由空气分子对可见光产生的瑞利散射，使得天空显现出蓝色，因此了解大气中分子的化学成分对了解天空亮度分布是重要的。

2.3.2 大气中的粒子

地球大气中含有多种多样的粒子，从气溶胶、水滴、冰晶到雨滴、雪花和雹块。它们是由大气中控制它们生成和增长的许多物理和动力过程产生的。

大气中包含着各种粒径（$10^{-3}\sim20\mu m$）的气溶胶粒子，这些气溶胶是由自然活动及人类活动产生的。自然源气溶胶包含火山尘、林火烟雾、海沫盐粒、风吹尘，以及自然界的气体发生化学反应而产生的小粒子。人为产生的重要气溶胶包括燃烧过程直接排放的粒子，以及由燃烧排放气体而形成的粒子。大气气溶胶浓度随地点而变化，最大浓度通常出现在城市和沙漠地区。

大气中气溶胶的尺度分布非常复杂，不过经常分成两类尺度，代表两种主要的生成机制。直径大于$1\mu m$的粒子是大块物质经风吹而破碎和悬浮而形成的（如海盐粒子和土壤尘埃粒子）。小于或等于$1\mu m$的细小粒子通常是气体粒子通过燃烧或化学转化变成液态或固体生成物时形成的。

大气中气溶胶的辐射特征与其折射率密切有关，而折射率是波长的函数，在太阳辐射光谱中的可见光区，海洋粒子和硫酸盐粒子的吸收是相当小的，而矿物粒子、尘状粒子及水溶性粒子，尤其是烟尘粒子的吸收则大得多。在较湿的环境中，气溶胶与周围的水蒸气相互作用，这种作用会对它们的尺度、形状和化学成分产生影响，最终会影响到它们的光学特征。湿度对气溶胶的尺度、形状和化学成分产生的影响很复杂，并且与水滴的形成有关。

通常，由水滴和（或）冰晶组成的云是按照它们在大气中的位置和外观来分类的。在中纬度，云底高度大约为 6km 的云定义为高云族，并且通常指卷云；云底高度低于约 2km 的低云族包括层云和积云；介于高云和低云之间的云称为中云族，包括高积云和高层云。在垂直方向上发展旺盛的云称为积雨云，如产生在热带地区的云。

表 2.2 按照等效半径（对非球形粒子）总结了大气粒子的典型尺度，以及关于太阳可见辐射波段典型波长的尺度参数。从表 2.2 所列数据中可见，所有的粒子尺度都相当于或大于太阳可见辐射的波长。因此，在大气粒子中，运用瑞利散射理论显然是不适合的，而应该运用粒子光散射的洛伦茨-米理论。

表 2.2　　大气粒子在可见光的尺度和尺度参数

类　型	尺　度	尺度参数（$2\pi a/\lambda$）
		λ_v(0.5μm)
气溶胶（S/NS）	≤1μm	1.26×10^{1}
水滴（S）	约≤10μm	1.26×10^{2}
冰晶（NS）	约≤10^2μm	1.26×10^{3}
雨滴（NS）	约≤1mm	1.26×10^{4}
雪花（雹块）（NS）	约≤1cm	1.26×10^{5}

注　S 表示球形，NS 表示非球形。

2.4　光气候

光气候就是由太阳直射光、天空扩散光和地面反射光形成的天然光平均状况。它是指室外天然光的自然状况，包括当地天然光的组成及其照度变化、天空亮度及其在天空中的分布状况等。影响光气候的因素很多，而且都处于不断变化的状态，难以用简单的公式准确地进行描述。

2.4.1　光气候的组成

由于地球与太阳相距很远，故可认为太阳光是平行地射到地球上。太阳光穿过大气层时，一部分透过它射到地面，称为太阳直射光，它形成的照度大，并具有一定方向，在被照射物体背后出现明显的阴影；另一部分碰到大气层中的空气分子、灰尘、水蒸气等微粒，产生多次反射，形成天空漫射光，使天空具有一定亮度，它在地面上形成的照度较小，没有一定方向，不能形成阴影；太阳直射光和天空漫射光射到地球表面上后产生反射光（见图 2.3），并在地球表面与天空之间产生多次反射，使地球表面和天空的亮度有所增加。在进行采光计算时，除地面被白雪或白沙覆盖的情况外，一般可不考虑地面反射光影响。因此，全阴天时只有天空漫射光；晴天及中间天空时室外天然光由太阳直射光和天空漫射光两部分组成。这两部分光的比例随天空中的云量①和云是否将太阳遮住而变化：太阳直射光在总照度中的比例由全晴天时的 90%到全阴天时的零；天空漫射光则相反，在总照度中所占比例由全晴天的 10%到全阴天的 100%。随着两种光线所占比例的不同，地面上阴影的明显程度也会改变，总照度大小也不一样。

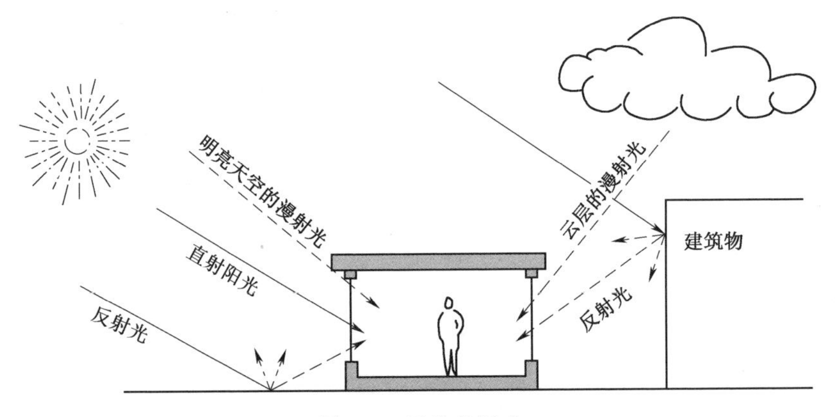

图 2.3 天然光组成

2.4.2 光气候的影响因素

光气候受到太阳高度角、云量、云状、大气透明度等因素的影响。按照国际照明委员会提出的国际采光测量计划（International Daylight Measurement Program，IDMP）的规定，在研究光气候时，应考虑太阳辐射，包括水平太

① 云量划分为 0～10 级，它表示将天空总面积分为 10 份，其中被云遮住的份数，即覆盖云彩的天空部分所张的立体角总和与整个天空立体角 2π 之比。

阳总辐射量、水平太阳直射辐射量、水平太阳散射辐射量等；室外照度，包括室外水平面照度及室外垂直照度；天空亮度分布，包括全阴天、全晴天和中间天空亮度分布。

太阳辐射表明了太阳光射到地球表面所带来的能量或热量；太阳是一个强大的辐射能源，地球接收到的太阳辐射包括可见光和不可见光。因为太阳辐射的可见光直接导致了天然光的形成，因此太阳辐射对于光气候的研究有着非常重要的作用。通过各国对太阳辐射及室外总照度实测值进行比较，人们发现了两者之间的规律。因此通过对太阳辐射的测量，结合各地具体情况，可得到室外总照度值。对于缺乏对照度进行观测的地区，通过太阳辐射得到室外照度的变化，了解光气候的分布是很便利的。

光照度是光的重要特性之一。如果知道室外水平面无遮挡照度，以及室外的垂直照度和开窗大小、形式、采光系数，就可以大致地得到室内工作面的照度。由于室外水平面照度的变化幅度非常大，因此室外光照度值的变化也相应影响室内光照度值。

由于大气中的空气分子、灰尘、水蒸气等微小颗粒将太阳光散射，形成了天空扩散光，这部分扩散光使得天空形成一个亮度非常大的发光面。而天空亮度决定了室外水平面的散射照度，因此，了解和掌握天空亮度分布的变化规律是必不可少的。如果我们了解了天空亮度分布，就可以利用立体角投影定律，方便地算得室外地面照度或根据室内某点所能看到的天空立体角，求得室内各点的照度值，从而使得采光计算更加准确，并能通过计算机快速模拟计算。

2.4.3 中国的光气候状况

从上述介绍可知，影响室外地面照度的因素主要有太阳高度、云状、云量和日照率（太阳出现时数和可能出现时数之比）。我国地域辽阔，同一时刻南、北方的太阳高度相差很大。从日照率来看，由北、西北往东南方向逐渐减少，而以四川盆地一带为最低。从云量来看，大致是自北向南逐渐增多，新疆南部最少，华北、东北少，长江中下游较多，华南最多，四川盆地特多。从云状来看，南方以低云为主，向北逐渐以高、中云为主。这些特点说明，天然光照度中，南方天空漫射光照度较大，北方和西北以太阳直射光为主。

为了获得较长期、完整的光气候资料，中国气象科学研究院和中国建筑科学研究院于1983～1984年组织了中国典型光气候区14个气象台站对室外地面照度进行了连续两年的观测。在观测中还对日辐射强度和照度进行了对比观测，并搜集了观测时的各种气象因素。通过这些资料，回归分析出日辐射值与照度的比值——辐射光当量与各种气象因素间的关系。利用这种关系就可算出各地区的辐射光当量值，通过各地区的辐射光当量值与当地多年日辐射观测值换算出该地区的照度资料。《建筑采光设计标准》（GB 50033—2013）附录A提供了利用这种方法从全国135个点的照度数据中绘制成的年平均总照度分布图。1991年，响应国际照明委员会的国际采光年计划（IDMP）的倡议，我国在北京和重庆地区分别建立了光气候观测站，对天然光气候进行连续观测。

通过各项研究可以看出我国各地光气候的分布趋势：全年平均总照度最低值在四川盆地，这是因为这一地区全年日照率低、云量多，并多属低云所致。

2.4.4 中国的光气候分区

我国地域辽阔，各地光气候有很大区别，Ⅰ类光气候区年平均总照度值（从日出后半小时到日落前半小时的全年日平均值）超过45klx；Ⅴ类光气候区年平均总照度值则小于30klx，相差达50%，若采用同一标准值是不合理的，故《建筑采光设计标准》（GB 50033—2013）根据室外天然光年平均总照度值大小将全国划分为Ⅰ～Ⅴ类光气候区。再根据所在地区采光系数标准值，乘以相应地区光气候系数 K 值。

3 采光设计原理

从人类利用能源的角度讲，太阳能是取之不尽，用之不竭的清洁能源。除太阳辐射热外，太阳还为人类提供了巨大的天然光能，而在建筑中充分利用天然光，能够非常显著地减少能耗和运行费用；再者，从视觉功效试验来看（参见图 1.32 视觉功效曲线），人眼在天然光下比在人工光下具有更高的视觉功效，并感到舒适和有益于身心健康，这表明人类在长期进化过程中，眼睛已习惯于天然光。太阳是一种巨大的、安全的清洁光源，室内充分地利用天然光，就可以起到节约资源和保护环境的作用。而我国地处温带，气候温和，天然光资源很丰富，也为充分利用天然光提供了有利的条件。

据国际照明委员会统计，全世界照明用电约占总发电量的 9%～20%，照明能耗为一次能源消耗的 4%；我国照明能耗约占我国总发电量的 12%。2016 年，我国电力装机容量达到 15.2527 亿千瓦，如果仍然保持 12%的照明消耗，那将有 1.83 亿千瓦的装机容量用于照明用电的供给，这相当于八个三峡工程的装机容量。如果考虑到因为照明用电产热而带来的空调等的负荷，那么因照明而消耗的电能将会大大增加。因此，充分利用天然光，节约照明用电，在提倡生态和可持续发展的今天，具有十分重要的意义。合理而充分地利用天然光，并在建筑中获得最佳采光效果也是十分迫切而重要的工作。

天空亮度分布是建筑物利用天然采光的最重要的因素之一，根据著名的立体角投影定律，散射光照度可以通过立体角投影定律从天空亮度分布计算得到

$$E=\int_{\Omega}L(\gamma_{S},\gamma,\chi)\cdot\cos\left(\frac{\pi}{2}-\gamma\right)\mathrm{d}\Omega \tag{3.1}$$

式中 γ_S ——太阳高度角；

γ ——天空元高度角；

χ ——太阳与天空元素的角距离；

Ω ——立体角。

只要知道了天空亮度分布，我们就可以方便地算得室外地面照度或根据室内某点所能看到的天空立体角，求得室内各点的照度值，从而使得采光计算更加准确。因此，天空亮度分布规律就成为天然光的主要研究对象。

3.1 参考天空的定义

天空亮度瞬息万变，不仅与当地地理纬度、地形地貌等方面相关联，同时也受到气候条件、太阳高度角、大气透明度等因素的影响。例如，我国北方晴天多、阴天少，南方特别是重庆、四川盆地及贵州等地则是阴天多、晴天少。因此，采用真实的天空来描述天空亮度分布是很困难的。通常，人们使用参考天空来表示代表众多变化的真实天空，并把参考天空作为采光设计和计算的基础。

参考天空应该是这样的一种天空：首先它必须有清楚的定义，其次是这种天空可用作采光设计和计算。

参考天空应具有尽量少的类型，却可以代表具有众多变化的真实天空。也就是把真实天空作为研究对象，利用时间加以统计平均得出的一类天空亮度分布模式作为参考天空，进行采光设计和其他理论计算。此处的平均天空观点是把真实的天空视为有统计平均效果的参考天空用以进行采光设计。

CIE 一般天空作为一种参考天空，其亮度分布模型来源于不同气候条件下的统计平均，既可以近似地描述它所对应的统计天空的平均结果，也可近似地描述它所对应的真实天空中的任何一个瞬时天空。但是如果将 CIE 一般天空模型与真实天空相对应，则瞬时天空与一般天空模型相一致的概率极小，甚至在一些条件下的模型在某些地区从来没有被观测到，因此参考天空只是所对应真实天空的一种平均效果。而采光设计与计算更多时候考虑的是平均效果，因此参考天空只要能代表不同气候条件下的天空亮度分布规律即可，并不需要完全精确地满足真实天空的瞬时亮度分布规律。

为了方便地研究天空亮度分布规律，CIE 一般天空亮度分布标准，按图 3.1来确定天空亮度研究地平坐标系，坐标系中对于任一天空元 P，以北向为零点绕顺时针方向旋转为正。

在图 3.1 中：

α ——P 点的方位角；

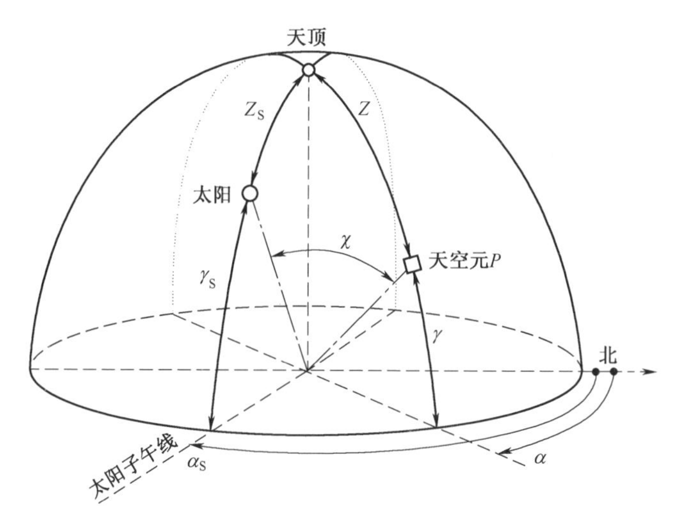

图 3.1 地平坐标系

γ——P 点的高度角；

Z——P 点到天顶的角距离；

α_S——太阳的方位角；

γ_S——同时刻太阳的高度角；

χ——P 点和太阳之间的最短角距离，有

$$\chi = \arccos(\cos Z_S \cdot \cos Z + \sin Z_S \cdot \sin Z \cdot \cos|\alpha - \alpha_S|)$$

该式中，高度角 γ 可以使用天顶角来代替，Z 定义了元素的位置：

$$Z = \frac{\pi}{2} - \gamma$$

相似地，太阳天顶角也可以通过太阳高度角得到

$$Z_S = \frac{\pi}{2} - \gamma_S$$

3.2 天空亮度分布

天空亮度分布研究涉及多学科运用，不仅涉及大气辐射、太阳能辐射及建筑采光的运用，而且涉及室内照明能耗及空调能耗的计算。因此，天空亮度分布研究是多个学科的综合，并对各个学科的发展均有一定的贡献。

国际照明委员会推荐了全阴天空亮度模型标准，模拟了在厚的多层云下的天空亮度从天顶到水平线渐变减少到1/3天空亮度的分布状况；1972年，国际照明委员会推荐了全晴天天空亮度模型标准，并于1996年被国际照明委员会（CIE）和国际标准化组织（ISO）作为标准采纳。但是以上两种推荐模型在实际天空类型中仅仅占很小的比例，为了研究真实天空亮度分布，1963年，CIE专门的专业委员会（Expert Committee E 3－2）开始研究真实天空亮度分布，并且于1983年提出在各种不同气候区收集采光数据的国际采光测量计划，该计划于1991年由CIE组织各成员在世界各地启动。1987年，CIE专门成立了一个TC－3－15委员会，以研究晴天空与阴天空之间的中间天空亮度分布，并于2003年2月推出涵盖各种天空类型的CIE新标准。

该模型是以在东京、伯克利和悉尼等地通过扫描测量得到的亮度数据为基础，公式模型也是以CIE晴天天空亮度分布公式为基础，将整个天空亮度分布认为是由大气吸收和大气散射所影响的，分别分析了具有代表性的典型的大气吸收函数（见图3.2）和大气散射函数（见图3.3），并把典型气候条件下的吸收函数和散射函数结合起来，提出了十五种天空类型，其中包括五种阴天天空、五种晴天天空和五种过渡天空（中间天空），并建立起相应的模型。该解决方案于2001年被提议作为CIE法规草案，并于2004年作为CIE标准出版。相比较以前的解决方案，该模型的采光条件的定义更加详细，物理意义更加明确。

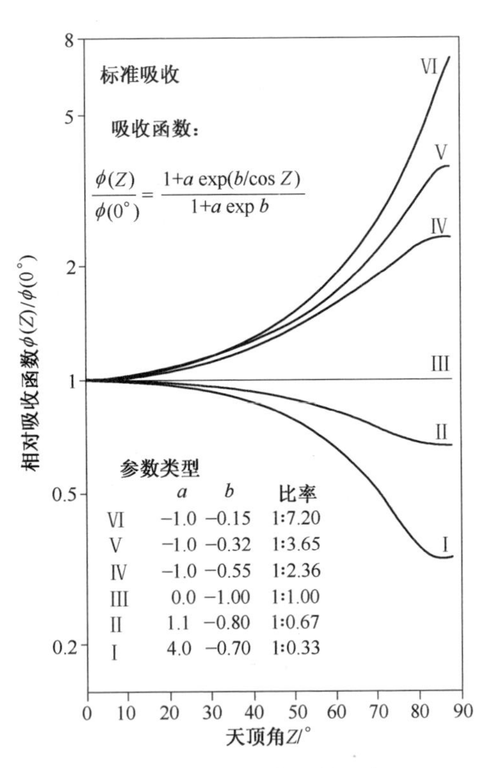

图3.2 标准吸收函数组合

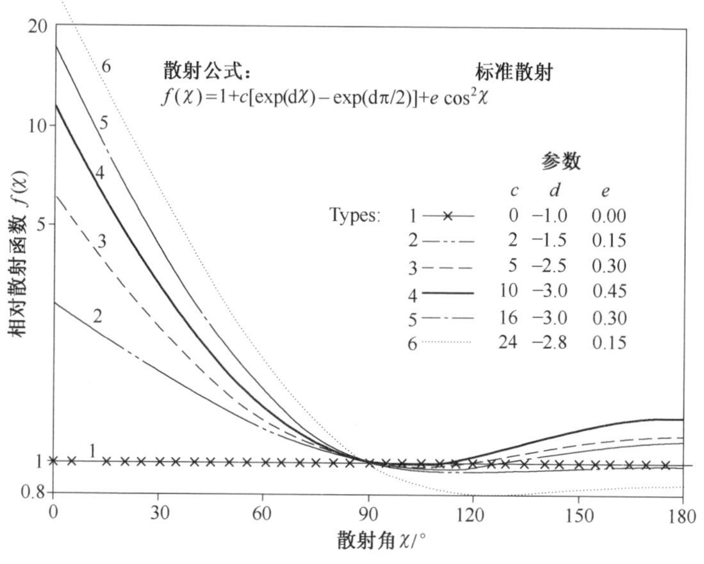

图 3.3　标准散射函数组合

天空亮度分布公式为

$$\frac{L_\gamma}{L_z}=\frac{f(\chi)\varphi(Z)}{f(Z_S)\varphi(0)} \tag{3.2}$$

亮度标准吸收指标函数 φ 与天空亮度元到天顶之间的角度相关联：

$$\varphi(Z)=1+a\exp(b/\cos Z) \tag{3.3}$$

式中，$0\leqslant Z\leqslant \pi/2$，并且在地平线时 φ（$\pi/2$）$=1$，在天顶时

$$\varphi(0)=1+a\exp b$$

而式（3.4）中的 f 是散射指标函数，与天空元素的相对亮度和从天空元素到太阳的角距离相联系：

$$f(\chi)=1+c[\exp(d\chi)-\exp(d\pi/2)]+e\cos^2\chi \tag{3.4}$$

它的天顶值是

$$f(Z_S)=1+c[\exp(dZ_S)-\exp(d\pi/2)]+e\cos^2 Z_S$$

CIE 一般天空数学模型天空参数 a、b、c、d 和 e 由表 3.1 给出。

表 3.1　　标准参数表

类型	吸收	散射	a	b	c	d	e	亮度分布描述
1	I	1	4.0	−0.70	0	−1.0	0	CIE 标准全云天空，朝向天顶一侧亮度发生急剧渐变，但各方位相同

续表

类型	吸收	散射	a	b	c	d	e	亮度分布描述
2	Ⅰ	2	4.0	−0.70	2	−1.5	0.15	全云天空的亮度发生急剧的渐变，朝向太阳一侧稍亮
3	Ⅱ	1	1.1	−0.8	0	−1.0	0	全云天空的亮度发生平缓的渐变，但各方位相同
4	Ⅱ	2	1.1	−0.8	2	−1.5	0.15	全云天空的亮度发生平缓的渐变，朝向太阳一侧稍亮
5	Ⅲ	1	0	−1.0	0	−1.0	0	均匀天空
6	Ⅲ	2	0	−1.0	2	−1.5	0.15	部分存在云的天空，朝向天顶一侧无渐变，朝向太阳一侧稍亮
7	Ⅲ	3	0	−1.0	5	−2.5	0.30	部分存在云的天空，朝向天顶一侧无渐变，太阳周边较亮
8	Ⅲ	4	0	−1.0	10	−3.0	0.45	部分存在云的天空，朝向天顶一侧无渐变，但有明显的光环
9	Ⅳ	2	−1.0	−0.55	2	−1.5	0.15	部分存在云的天空，朦胧的太阳
10	Ⅳ	3	−1.0	−0.55	5	−2.5	0.30	部分存在云的天空，太阳的周边亮
11	Ⅳ	4	−1.0	−0.55	10	−3.0	0.45	蓝白色晴天空，有明显的太阳光环
12	Ⅴ	4	−1.0	−0.32	10	−3.0	0.45	CIE 标准晴天空，清澄大气
13	Ⅴ	5	−1.0	−0.32	16	−3.0	0.30	CIE 标准晴天空，混浊大气
14	Ⅵ	5	−1.0	−0.15	16	−3.0	0.30	无云混浊天空，大范围光环
15	Ⅵ	6	−1.0	−0.15	24	−2.8	0.15	蓝白色混浊天空，大范围光环

3.3 天然采光设计

3.3.1 光与空间

空间是建筑的实质，而光是建筑空间的灵魂。路易斯·康把光作为一砖一瓦来使用，他说："设计空间就是设计光亮"。英国著名建筑师罗杰斯在一次

“光与建筑”的展览会上说：“建筑是捕捉光的容器，就如同乐器捕捉音乐一样，光需要可使其展示的建筑。”安藤忠雄同样认为，建筑设计就是要“截取无所不在的光”，并在一些特定的场合去表现光的存在，“建筑将光凝缩成其最简约的存在。建筑空间的创造即是对光之力量的纯化和浓缩”。人对空间的感知和体验必须有光的参与，光为建筑空间带来照明和活力。可以说，光是空间中最生动、最活跃的元素之一，是建筑空间设计中必须考虑的问题。从科学意义上讲，我们看到的是光在实体上的反射，而非实体本身，我们视觉感知的空间是光与实体相互作用的结果，光与实体存在着对应性。两者互为基础，相互补充。光并不仅仅是为了满足人们最基本的“看”的需求，实体造型也并不是要构筑孤立的视觉刺激，二者由于共同的指向——塑造空间的氛围，而成为一个整体，并在整体的构筑中达到了一种互动的关系——通过共同的作用从而表达最佳的空间意象。光与空间一体化的关系倡导光与空间双向的互动设计模式，塑造满足人们视觉生理和心理健康的建筑及环境空间。

3.3.2 光与建筑

我国对建筑与光的关系从很早就已有文献记载，班固《西都赋》所谓“上反宇以盖戴，激日景而纳光”。高山太室石阙，将近角瓦陇微提高，是翘角以接纳阳光的最古老的实例。中国北方的四合院为了充分接纳明媚的阳光，通常做得比较旷达；南方为了遮阳并快速通风而设置了天井。这些建筑空间构成元素都是因为顺应天然光而形成。西欧中世纪的哥特建筑为了满足中厅的大面积采光出现了飞券，用来代替侧廊半拱顶并成为新的艺术形式。中古伊斯兰清真寺内建有数量不等的光塔，成为外形体量构图的重要因素。实用性和艺术性紧密结合，说明了当时建筑所达到的成就。美籍华人建筑大师贝聿铭曾经说过：“如果房间与自然界隔绝的话，就无异于坟墓。”现代建筑立足“以人为本”的设计原则，最基本的就是要提供舒适的声、光、热等物理居住环境。美国的盲人协会曾经做过研究，人的知觉有 7/8 以上来自视觉，因此光的重要性不言而喻。

但是在重视采光的同时，也要兼顾遮阳，利用隔栅遮阳也产生了不少优秀的建筑艺术效果。随着科学技术的进步，依靠消耗大量不可再生能源来维持的建筑室内环境，不仅没有真正给人带来舒适、健康的生活，而且造成了生存环境的日益破坏。在“可持续发展”为建筑界所关注的今天，利用天然光达到资源、能源的合理利用是贯彻可持续性发展的有效途径。天然光是最基本的自然要素、可持续的自然资源，在现代建筑设计中合理、有效地运用天然光和绿色光源，减少能源消耗，降低建筑的运行、维护管理费用，是现代建筑师在设计时必须要考虑和解决的问题。通过天然光线的变化，人们可以感受日、月、地球的运动和气候的变化，体验到一种触动更深层的情感和遭遇外部自然界的感觉。这也是建筑师试图在任何实际情况下为日光进入建筑物做好准备的主要原因之一。

由于日光在强度和质量上随时间而变化，其中有多少变化是可取的或是可以容忍的取决于空间的特定用途。对于某些特定用途，如博物馆，采光要求可能非常严格；但在许多应用场合中，采光要求更加灵活，如起居室等。然而，为了提供良好的室内光环境，应该考虑三个因素，即光的数量、质量及分布。强烈的阳光会导致严重的眩光，这会严重影响使用者的视觉及心理感受。因此，为控制天然光进入建筑空间，需要仔细设计建筑物的采光口。

建筑引入天然光，在白天可以节省能源，大大降低建筑能耗。为此，国际能源署太阳能采暖与制冷和建筑与社区系统节能计划对天然光在建筑中的引入与控制开展了一系列的研究。

由于采光策略和建筑设计策略是不可分割的，因此在设计建筑时需要考虑天然光。天然光不仅可以代替人工照明，减少照明能源的使用，而且还能影响建筑热负荷和冷负荷。因此，天然采光设计不仅应满足天然采光数量及光环境质量的要求，还需要综合各专业设计人员的意见和要求。

天然采光策略依赖于天然光的可用性，这是由建筑物位置的纬度，以及建筑物周围的条件，如障碍物的存在决定的。采光策略也受到气候的影响，确定季节变化、气候条件，特别是环境温度和日照概率是很重要的。了解建筑物每个方面的气候和天然光的可用性，是天然采光设计重要的第一步。

高纬度地区夏季和冬季天然光状况有明显的差异，在冬季日照水平较低时，设计者通常致力于在建筑物中最大限度地利用天然光。因此，在这些纬度地区，采光口朝向天空最明亮区域，进而增加室内天然光引入数量是一个合适的策略。相比之下，在热带地区，全年日照水平高，设计的重点通常是限制进入建筑物的天然光来防止过热，这可以通过设置遮挡设施阻挡天空的可见区域，特别是在天顶附近的区域来实现，并且只允许接收天空下部天然光，或者间接地使用地面反射光来实现。

人眼只有在良好的光照条件下才能有效地进行视觉工作。现在大多数工作都是在室内进行，故必须在室内创造良好的光环境。

我国大部分地区处于温带，天然光充足，为利用天然光提供了有利条件。采光设计的任务在于根据视觉工作特点所提出的各项要求，正确地选择窗洞口形式，确定必需的窗洞口面积及其位置，使室内获得良好的光环境，保证视觉工作顺利进行。

3.3.3 天然采光历史

天然采光就是城市规划和建筑设计高度关注的要素之一。从建筑和天然采光技术的发展历史来看，天然采光设计可以划分为以下发展阶段。

第一阶段：传统建筑采光。该阶段对于天然采光处于感性认识的层面，根据经验进行建筑朝向和形式的选择，主要技术手段是通过门、窗等基本建筑构件来解决室内采光问题。虽然其间诞生了罗马“万神庙”等在天然光利用上的不朽杰作（见图 3.4），但总体而言缺乏系统的认识和研究。当建筑空间进深较大时无法有效解决天然采光问题，对于天然采光带来的光效应和热效应也缺乏控制措施。

图 3.4 罗马万神庙室内采光效果

第二阶段：近代建筑采光。该阶段开始了天然采光的理论研究，形成独立的研究领域，其成果在解决大进深的工业建筑空间天然采光中得到广泛应用。随着现代建筑技术发展，特别是建筑结构技术的突破，天然采光也获得了更大的可能性，采光天窗、采光中庭等方式使得建筑采光面得以增加。

第三阶段：现代建筑的采光。该阶段天然采光的理论研究趋向完善，可以针对天然采光质量进行定量化的计算。伴随技术进步，新型材料和采光措施得到创新发展。天然采光成为建筑空间塑造必不可少的考虑因素，诞生了朗香教堂等一批巧妙利用天然采光的建筑杰作（见图 3.5）。但是，对伴随天然采光进入室内的辐射热缺乏有效控制措施，为减少空调负荷，美国也出现了大量完全依靠人工照明的建筑。

图 3.5　朗香教堂外观与室内采光效果

第四阶段：当代建筑采光。在可持续建筑的背景下，从建筑、自然、人类、社会的相互关系重新审视天然采光，首要的是将其作为清洁、可再生能源纳入建筑节能的整体考虑。关注人工照明对人体生物节律的影响，鼓励更充分地利用天然采光。利用光纤、光导照明等技术手段为大进深建筑和地下建筑提供天然采光解决方案，减少人工照明的电力消耗。同时，将天然采光作为建筑室内环境的有机组成部分，对于过量天然光引发的眩光、天然光热效应进行整合研究，采用偏转百叶、可调节遮阳或光致变色玻璃等技术措施改善采光质量，提高热舒适度。更为突出的特点是计算机技术的引入，使天然采光的研究进入崭新阶段。采光的设计和控制不再是经验数值和单一指标，而是建筑信息模型（BIM）的有机组成部分，模拟仿真和图像处理技术使得动态和精细化的采光分析成为可能。可持续建筑背景下的天然采光设计可以总结出以下特点：

第一，综合性。建筑设计中关注的不是采光、遮阳、通风等单一要素问题，而是将它们作为整体来全面统筹。例如，让・努维尔设计的阿拉伯世界研究中心（见图 3.6），就是利用一个窗体构件，根据照度值进行自动调整，同时解决遮阳与室内眩光等问题，实现降低照明和空调能耗的目的。各要素之间相互结合、彼此开放，共同创造舒适室内环境。

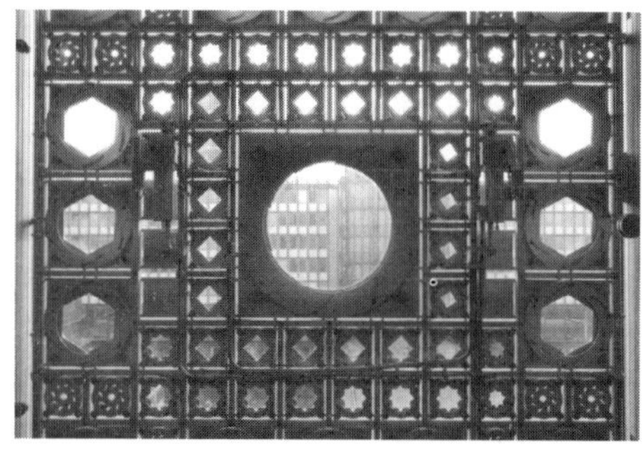

图 3.6　阿拉伯世界研究中心外窗采光构件

第二，多样性。建筑天然采光设计需要大量新材料、新技术的支撑，不同的学科领域相互配合才能完成，涉及热学、光学、材料学等诸多方面的理论。

第三，智能性。随着追踪、控制、光感技术等信息科技的不断发展，天然采光设计可以随着天气、太阳运行轨迹和室内环境指标的变化而自动进行调整，始终保证建筑以高效合理的方式利用天然光，集中体现建筑智能化的要求。

除时间维度外，在不同的空间尺度上，天然采光设计所面临的问题和关注的重点也各不相同。城市尺度关注如何在天然光与场地、建筑和使用者之间建立一种和谐关系，包括建筑与环境的关系、建筑与太阳之间的关系以及建筑与使用者舒适度之间的关系；建筑尺度关注如何合理使用采光技术和措施，并融入整体建筑空间设计，从物理、心理、功能和美学出发获得最佳的建筑光环境，同时实现对建筑环境质量的整体控制。无论在哪个尺度上，对天然采光规律的深刻认识并将其合理应用于规划设计中都是关键性问题。

3.3.4　城市规划中的天然采光

在城市空间中，运用天然光时所考虑的问题是如何从特定城市和区域的生态因素出发，对天然光的变化条件做出积极应对，并使该区域从中获得收益。太阳运动轨迹、天空条件、微气候以及场地自然条件，都是影响天然光利用的城市空间要素，综合起来形成城市空间地域特性。

1. **天然采光与城市空间结构**

在城市规划尺度上考虑天然采光问题，首先应确保建筑朝向设计的合理性，令建筑充分适宜光、热环境。我国地处北半球，南向建筑在冬季受日照最多，夏季受热辐射最少，且我国多数地区的夏季主导风向为东南，这也进一步令以南向布局为主导的建筑在夏季享受了更加舒适的通风环境。北向空间的室内天然采光照度较低，但照度的均匀性较好，可利用南向墙面科学设置具有较高反射率的材料，将南向光线合理引入北向，改善北向空间的采光。

在城市建成区，特别是核心区域，街区规划结构对天然采光条件影响显著，这一问题已经受到规划师和管理者的关注。根据美国规划协会（American Planning Association）的规定，美国城市核心区的骑楼应当南北向设置，允许冬季高度角较小的直射光线射入骑楼空间，乃至室内空间；相反，东西向的骑楼会阻挡冬季光线射入骑楼空间，还会使南墙在夏季快速升温，因而不宜采用。这一规划原则在曼哈顿的街区城市规划设计中得到应用。

低层建筑街区采用了与此不同的空间结构来促进天然采光。一些低层联排住区采用沿南北轴错列的布局方式（见图 3.7），在冬季太阳高度角较小的情况下减少建筑之间的相互遮挡，为建筑单体获得从更多方向汇集的天然光，并保证基地具有足够的开发强度。

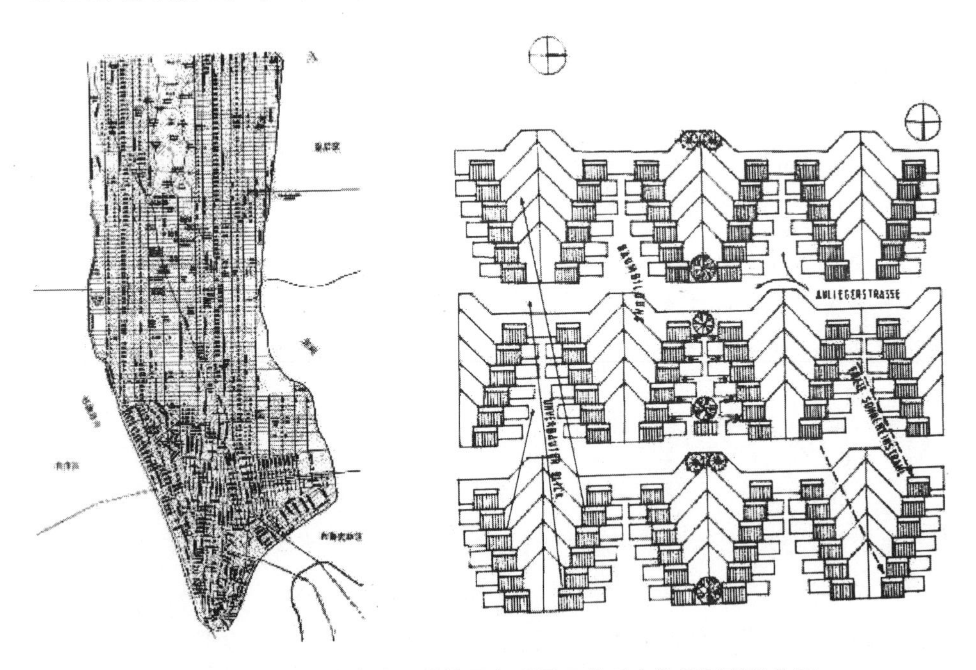

图 3.7　曼哈顿城市路网结构图和利用天然采光的低层联排住区

2. 高密度城市中的天然采光

随着全球人口的持续增长和城市化进程加速，城市人口密度和建筑密度不断提高，居住人口达一千万的城市已超过20个。在高密度城市空间条件下为建筑提供更充分的天然采光是规划师和建筑师面临的新挑战。

这一问题在我国香港、深圳、重庆等城市表现非常突出。香港是世界上居住密度最高的城市之一，在某一典型的住宅小区里，规划人口净密度为每公顷2700人，容积率是9，建筑基底覆盖率高达50%，40～50层的超高层住宅紧密地建在一起。深圳和重庆的城市规划管理标准对于长边平行建筑的间距要求在24～28m，对于动辄150～200m高的超高层住宅而言，这一间距非常紧张。底层建筑空间通过侧向外窗获取天然采光时，周边建筑的遮挡显得非常严重，这其中包括相邻建筑甚至街道对面的高层建筑，而多户型的标准层设计中将采光口设置在建筑物凹进部位的做法进一步加剧了天然采光不足的问题。

良好的规划布局对天然采光具有重要的影响。根据立体角投影定律，建筑物获取天然采光情况受到天空亮度、天空元天顶角和立体角的共同影响，建筑物等的相互遮挡会从这三个方面使得室内天然采光效率显著降低。在高密度城市空间天然采光的定量分析中，天空开放度（Sky View Factor，$\mathrm{SVF_S}$）常被作为描述天空被建筑物阻挡程度的形态学参数，即可视天空对计算点的立体角投影积分，可以通过软件计算或鱼眼镜头拍摄的方式获取，已在天然采光计算中得到普遍应用（见图3.8）。香港中文大学的吴恩融等通过大量的实地测量，以及广泛评估当地居民对室内光环境的要求，提出相关的室外无遮挡面积（Unobstructed Visionary Area，UVA）概念，利用理论模型和模拟技术评价高密度城市条件下的天然采光，并提出优化设计思路。

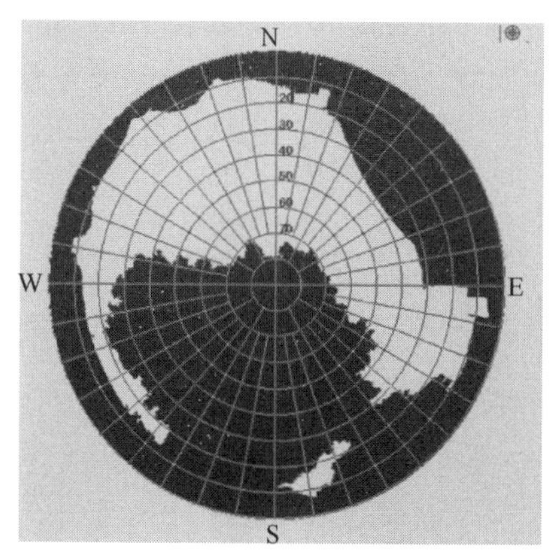

图3.8　通过模拟计算及鱼眼镜头拍摄获取天空开放度

以上研究均证明，在高密度城市空间中，为了使室内获得充足的天然采光，侧向采光口必须面对开敞的、能看到天空的空间，开敞空间越大，侧光口可接收的天然光越多。城市规划设计时应当合理控制开发强度、建筑布局和外部空间形态，确保采光口的天空开放度，增加室内的天然采光量。

3.3.5 建筑设计中的天然采光

勒·柯布西耶提出，“建筑就是在阳光中谨慎而正确地摆放的物体”，认为天然光是建筑设计的基本前提；路易斯·康指出，“没有天然光，一个空间无法成为真正的建筑。人工的夜间照明运用在路灯上，这是无法与让人无法捉摸的天然光之舞相比拟的……随着天然光的射入，它对空间进行调节，通过在一天中的不同时间段和一年中的不同季节中所产生的微妙变化为空间赋予了某种情愫”，把天然光作为建筑空间的灵魂；约翰·蒂尔曼·利莱在《可持续发展的更新设计》中阐述了“天然光跟随建筑形式而流动，建筑形式跟随天然光而改变”的动态作用原则，从功能、生态和美学的角度提出建筑设计的依据。这些论述充分说明了天然采光在建筑设计中不可替代的作用。

建筑中的天然采光有两种不同的偏重：一种是将天然采光视为建筑设计的本体，与建筑物的体量、剖面、平面和开窗形式统一进行设计，强调建筑设计；另一种是强调各种辅助性系统和构件，以技术支持建筑设计，强调技术措施。勒·柯布西耶的朗香教堂、拉雷特修道院以及安藤忠雄的“光之教堂”等设计都是第一类方法的范例，利用建筑设计的手法，从建筑空间的角度考虑天然采光设计，通过建筑物的平面组织、墙体剖面、窗户、结构和建筑材料相互作用来塑造和引导光线分布，解决天然采光的问题，利用建筑空间和形式来营造别具一格的天然光环境。

3.3.5.1 建筑体量

建筑师致力于利用天然光创造舒适的光环境，降低照明所需的费用和消耗的能源，对建筑体量的控制是其中的重要手段。19 世纪至 20 世纪早期所建造的一些办公建筑、学校和医院建筑中有很多成功的先例。对天然采光效果的追求引发了各种经典的建筑形式，包括 L 形、U 形、环形、台阶形以及狭长线形等。这些设计形式都是为了减少建筑物的进深，并保证整座建筑物内部都可以获得充足的天然光，降低单侧采光引起的强烈光线反差，并创造优美的景观效果。

人工照明削弱建筑对天然采光的需求，建筑物的进深随之增大。随着建筑物体量的增加，建筑物内部与自然环境、外部景观的联系以及利用天然采光和自然通风的机会也减少了。虽然人工照明可以提供优质的照明效果，但却无法取代天然光的作用。

任何尺度和形状的建筑物都可以获得优质的天然采光。问题是如何使建筑物的体量与平面、剖面设计相呼应，以保证天然采光可以遍及整个建筑物。成功的天然采光设计要求建筑室内获得天然采光，无论是从侧面还是从顶部引入天然光，或是两者相结合都可以。根据对天然采光的影响，可以将建筑体量划分为三种模式原型，即线型、集中式和组合式，这三种原型涵盖了各种建筑形式中天然采光的设计优势和限制因素。

1. **线型**

从体量特征分析，影响线型建筑天然采光的要素包括长宽比和朝向。线型建筑的某个朝向往往显著长于相邻朝向，当进深足够小时，建筑可以完全通过侧面采光来获得天然光。朝向也是影响天然采光的重要因素。如果建筑物的长轴是沿东西向布置，那么通过被动式采暖和制冷等方式就可以使建筑物获得良好的室内环境质量；如果建筑物的长轴沿南北向布置，则建筑物的形式与东西方向运动的太阳之间就构成了一种对比关系，强化了白天太阳运动所产生的光照效果。线型建筑的不同侧面存在着截然不同的天然光机会，窗户位置的选取需要在照明和采暖两个范畴内进行考虑，综合分析朝向、气候和主导风向等因素进行设计处理，从而对天然光、太阳能的获得以及自然通风进行控制。

线型建筑物具有多种变化形式：可以是极简的线型，也可以形成复合的平行或垂直体量，或根据不同角度进行交叉，从而形成组团式结构。直线型建筑的天然采光设计与建筑体量的进深相关，还涉及建筑体量的具体组成方式。

2. **集中式**

集中式布局拥有一个核心，其他空间围绕核心来组织。虽然内向和外向的景观并存，但总体上说，集中式布局具有内向性，且平面长宽比往往接近。插入门廊、采光井或者庭院，是减小集中式布局进深的常用方法。不能采用门厅或庭院时，较窄的纵剖面和精心的照明活动分区（即对服务区、储藏区以及内部和周边空间的人流等活动进行区分）就成为最有效的解决采光问题的方法。因为建造场地、方案设计、美学因素以及经济因素等而无法回避大进深空间时，必须对空间体量进行雕琢，以最大限度地获得天然光。

路易斯·康设计的菲利普·埃克塞特图书馆采用集中式布局，建筑设计采用中庭作为组织空间和获得天然光的手段。在集中式建筑中，中庭起着很重要的作用，建筑物的外围空间则通常用侧窗采光，同时用顶窗来补充光线。中庭是解决大尺度的多层建筑设计天然采光的重要手段，但当建筑高度和进深较大而中庭尺度受限时，即使顶窗和侧窗结合使用，下层空间的采光等级和照度分布仍会减弱，需要借助侧窗采光进行补充。

菲利普·埃克塞特图书馆提供了一种高密度多层建筑天然采光的经典范式（见图 3.9）。在正方形的建筑体量中设计一个中庭，顶部四个侧面均设计高窗引入直射光线和漫射光线，反射到墙壁上，为门廊和邻近的图书馆空间创造出一种间接照明的采光效果。遮阳百叶窗可以随时间和季节的变化对天然光进行调节。沿建筑物外围空间布置的侧窗为学习空间和交通空间提供照明。凹入墙壁中的滑动式木制百叶窗可以调节学习空间中的光照量和光线性质。路易斯·康将图书的存放空间安排在建筑物的外围空间与内部门廊之间，从而避免太阳光的直射。天然光设计还塑造出建筑形式和空间，帮助人们明确路径，形成采光效果各不相同的场所。

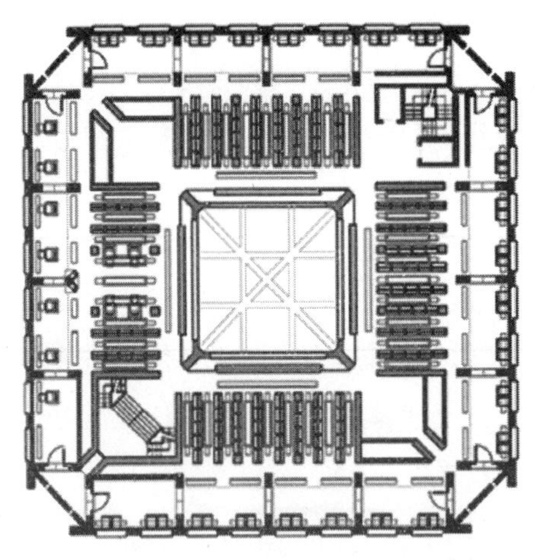

图 3.9　菲利普·埃克塞特图书馆平面图和中庭采光效果

3. 组合式

组合式布局由尺度较小的空间体量所构成，大面积的建筑表皮利于设计顶部采光或侧面采光。各个建筑体量（无论是室内或室外）和建筑侧翼之间的消极空间也可用于向邻近空间收集和导入光线。组合式布局一般由相互交叉的多个线型体量组合而成，线型体量进深较小，利于获得侧向采光，同时充分利用各体量之间的空间进行采光，并创造出与周围景观的联系。

3.3.5.2 平面和剖面优化设计

随着世界城市化的快速推进，城市用地逐渐紧张，高层甚至超高层建筑急剧增加。在如此高密度的城市环境中，建筑物之间相互遮挡的现象越来越严重，甚至有些建筑所在区域只能满足日照标准的最低值。建筑的位置应该尽量避开高大建筑的遮挡，避免周围建筑物的阴影区对建筑形成遮挡，尤其是永久性阴影区。

1. **建筑平面优化**

通过对建筑平面形式进行优化组织，可以使建筑内部获得更多的自然采光，在一定的幅度内增大建筑空间与外界的接触面，以获得更多的采光接触面，更好地引导天然光的渗透，优先利用自然条件满足建筑内部的采光要求。

W 塔（W－tower）是丹麦 BIG 建筑设计事务所在一次国际竞赛中获得第一名的方案（见图 3.10）。该方案为现代建筑的采光提供了一些新的思路。现代建筑依然在长方体、椎体、圆柱体等常规的形式中挣扎，虽然已开始尝试各种仿生学形体，但是如果采用中庭设计，依然不能很好地解决大体量建筑的自然采光。因为在进深和面宽都很大的情况下，没有很好的办法让建筑变“薄”。但 W 塔就像将一张纸“撕”成三段，再通过推拉、扭曲，让一个巨大的体量变成三段小的体量，这个手法增加了建筑与周围环境的接触面，原先一个矩形体量可能只有四个面采光，通过调整，同样的体量却有 12 个面可以进行自然采光，这大大增加了建筑的使用效率，并在此基础上调整建筑的朝向，使其具有更佳的景观和日照条件，同时放弃了常规的中庭采光法。

图 3.10 W 塔采光设计的平面生成逻辑

2. 建筑剖面优化

剖面形式的优化设计主要可以从剖面形式、建筑层高和进深的比例控制以及墙体的构造做法这几个方面考虑，它们都对建筑能否实现良好的自然采光起到决定性的作用。在剖面形式中，矩形的剖面形式与曲线形的剖面形式常常采用不同的自然采光方法。一般情况下，矩形的剖面中，顶层可以采用天窗采光，下面的楼层只能采用侧面采光，而在曲线或者折线的剖面中，每个楼层都有可能采用顶部采光来增加采光面积。

诺曼·福斯特设计的伦敦市政厅采用退台式的建筑空间，可以为每层提供侧面和顶面可控采光面，上层建筑的后退为下层建筑空间留出了屋顶作为采光面的可能性（见图 3.11）。两个采光面的结合可以在很大程度上克服单一采光面的局限，形成更加完善的天然采光策略。

整栋大楼的绿色设计理念源自动物界——动物在寒冷的环境下需要保持其体温，常常会把自己缩成一团。伦敦市政厅的建筑呈不规则的椭球体就是来源于此，可以保证建筑的散热面积最小。整个建筑的自然采光也非常讲究，福斯特通过对伦敦当地太阳角度和运行轨迹的精确计算，将建筑向南倾斜 30°，这样上层对下层就会形成一定的天然遮挡，保证下层建筑在夏季获得足够光照的同时避免了阳光的直射，到了冬季该角度又能恰好让日光稳定地进入每一楼层。向南倾斜不可避免地让建筑的北向获得了更充足的采光空间，每一层都会给下一层留出足够的屋顶采光面，获得北向稳定天然光。这样的建筑形体给建筑带来的优势可谓是“一箭三雕”，既保证了最小散热面积，又使建筑的南北向空间同时获得了舒适合理的光照。

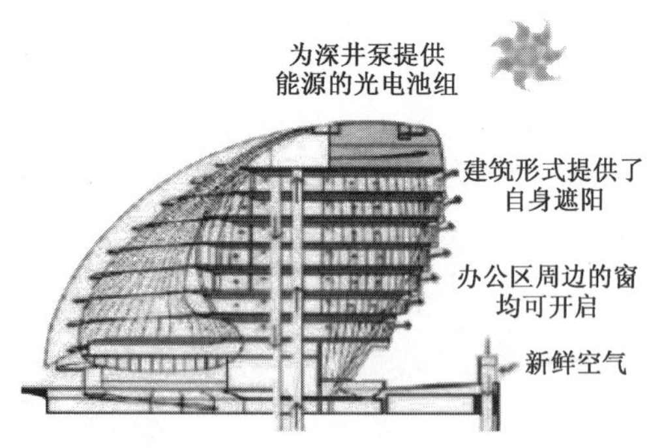

图 3.11 伦敦市政厅外观和天然采光示意（www.archdaily.com）

3.3.5.3 采光口设计

采光口的形状、比例、大小和辅助装置等都是天然采光的重要因素。采光口的面积和位置会对室内照度产生影响，也可以通过其结构形式的变化来控制天然采光的强度。当代建筑设计须考虑节能性和用户的舒适性，并应整合“合适的现代性”，顺应当地气候、文化和地方特色。

在建筑设计过程中，建筑师应综合考虑采光口的优化设计，允许天然光以适当方式进入室内，不产生直射眩光，并尽可能减少不必要的太阳辐射热效应（主要是低纬度地区或夏季）。主要可以从以下方面进行考虑：

（1）朝向差异分析。分析建筑不同朝向立面所接受的太阳辐射，从节能和采光等方面考虑窗墙面积比。一般而言，建筑的东西向立面接收太阳辐射量较大，应限制开窗面积。

（2）根据直射阳光入射方向进行立面的角度优化。建筑物不同立面的窗口角度设置应考虑直射阳光在最极端时刻的入射角度，避免过量直射阳光进入室内。

（3）根据建筑物的高度和方向设置遮阳装置。在立面上设置不透明的遮阳面板，减少了过多太阳辐射给建筑立面带来的热量的影响。根据邻近建筑物的投射阴影和建筑立面开窗角度设置遮阳板。可以通过软件计算得到建筑立面太阳辐射热最高的区域，有针对性地设置遮阳面板（如东西向外墙）。

（4）结合遮阳的立面设计。建筑立面的几何韵律可以根据立面开窗角度的变化阵列组合而产生，遮阳板与建筑物虚拟边界的距离产生的立面阴影区域，同样会避免建筑在炎热的夏天遭受巨大的太阳辐射。

上海飞利浦低碳办公大楼充分考虑采光和节能的要求，创造了健康环保、新颖独特的工作环境（见图 3.12）。建筑南北立面与东西立面差异很大，每个立面窗户的开口形式都根据太阳在冬季和夏季的入射角度设计。南北立面窗户开口向西南并向上倾斜，进入室内的光线通过地板和天花板的二次反射使室内光线更加匀质。西侧的窗户比东侧的窗户更加凸出，形成自遮阳，有效减少了西晒引起室内热辐射的增加。东西立面设计主要考虑由于东西方向的日照容易引起室内危害眩光和热能量的增加，立面形式尽可能避免太阳光直接照射室内，通过阳光反射来增加室内的照度，在获得良好室内光线的同时避免了其他不良因素。东西向窗户遮阳的上部都设有太阳能光伏电池板，获取直射太阳光的能量。

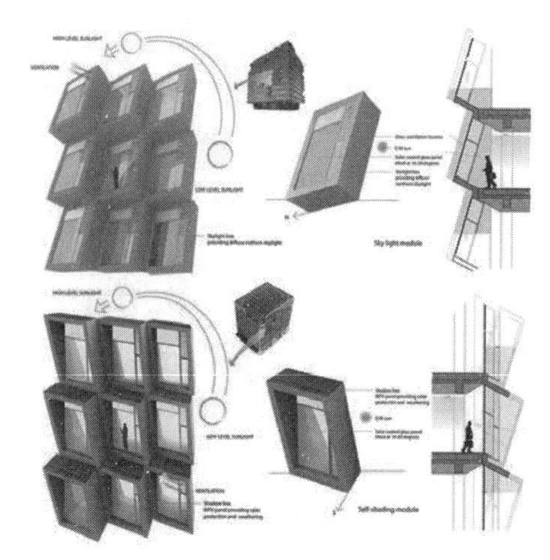

图 3.12　上海飞利浦低碳办公楼外景和采光口设计（www.archreport.com.cn）

除了上述讨论的侧向采光口外，天窗也是采光口的重要形式。在集中式大进深布局的建筑中不可或缺。天窗一般有平天窗、锯齿形天窗和其他特殊形式天窗。平天窗的开窗形式逐渐趋向于大面积的模块化，主要应用于大型交通建筑中（见图 3.13）。锯齿形天窗主要使用在学校、体育馆等具有大型公共空间的建筑中（见图 3.14），天窗的形式不再是传统的折线连成一排，技术更新使天窗形式可以根据建筑的功能需要而灵活设计，更具现代感和科技感。特殊形式的天窗常用在图书馆等集中型平面布置的建筑中，形成聚集感较强烈的场所空间。

图 3.13　深圳机场 T3 航站楼的平天窗（www.archdaily.com）

图 3.14 日本湘南基督教堂的锯齿形天窗（www.gooood.hk）

3.3.5.4 天然采光技术措施

总体来说，天然采光的技术措施是对天然光进行调节、过滤以及控制。与人工照明技术不同，天然采光技术应当与建筑和采光设计紧密结合，降低照明能耗，减少资源利用，降低建筑对环境的影响，促进使用者与自然环境之间形成更为和谐的关系。

1. **玻璃材质与窗体组件技术**

玻璃材质和窗体组件是天然采光的关键，特别是玻璃材质对光线透射方向产生的直接作用。现代科技水平的快速提高和应用技术的日新月异为生产各种功能独特的玻璃创造了可能性，主要包括扩散透光玻璃、光谱选择性玻璃、棱镜偏转玻璃和调光玻璃等。

（1）扩散透光玻璃。常见的扩散透光材料有磨砂玻璃、玻璃砖和彩釉玻璃等，其共同特点是遮蔽部分天然光、降低热吸收量、避免眩光以及形成私密性。

扩散透光玻璃的优势在于形式简洁，无须借助室外或室内遮阳设施就可以遮蔽或漫射天然光，在建筑采光中得到广泛应用。以磨砂玻璃为例，其原理是将玻璃微粒烘烤干燥并浇熔到玻璃的表层，形成半透明的表层，达到整体遮阳的效果。其不足之处在于，它是静态的，无法调节适应不断变化的天然光状况，以满足景观要求或者形成与场地的联系。扩散透光玻璃还存在眩光的可能性，玻璃表面所捕获的漫射光线可能成为眩光的来源，造成室内光污染。

(2) 光谱选择性玻璃。太阳辐射光谱包括紫外线、可见光和红外线等，其中红外部分是产生热效应的主要波段。一些玻璃材质（如着色玻璃）按照一定的比例削减太阳辐射透过率，在起到遮阳作用的同时也影响天然采光。此外，着色深重的玻璃对于建筑使用者的心理会产生消极的影响。

理想的玻璃材质应当具有光谱选择性，即在红外波段透射率较低，但在可见光波段具有较高的透过率。此外，如果玻璃材质表面具有较低的远红外发射率，玻璃的保温属性将得到极大提升。普通的浮法玻璃对可见光谱和近红外（辐射的波长接近于可见光）区的透射能力很强；在远红外（由接近普通室温的表面所发射的长波辐射）区，玻璃透射率较低，从而形成温室效应，低发射率表面将大大增强温室效应，在寒冷气候条件下提高保温性能。

Low-E 玻璃又称为低辐射玻璃，是在玻璃表面镀上多层金属或其他化合物组成的膜系产品。Low-E 玻璃对 2.5～25μm 波长范围中远红外辐射具有较高反射能力，分无色、有色两大系列。前者用于中高纬度地区，其可见光透射比大于 70%，主要功能是阻挡室内热能量泄向室外，从而维持室内温度，节省采暖费用；后者在低纬度地区使用，在防止室内热量向外辐射的同时，具有一定的遮阳作用，也称为 Sun-E 玻璃。

Low-E 玻璃适用于房屋建设，能够发挥自然采光和隔热节能的双重功效。其镀膜层具有对可见光高透过及对中远红外线高反射的特性，与普通玻璃及传统的建筑用镀膜玻璃相比，具有优异的隔热效果和良好的透光性。Low-E 玻璃不但可见光透过率高，而且具备很强的阻隔红外线的能力，能够发挥自然采光和隔热节能的双重功效。使用该玻璃可以有效地减少冬季室内热量的外散流失，在夏季也能阻隔室外物体受太阳照射变热后的二次辐射，从而发挥节能降耗作用。同时，Low-E 玻璃在可见光波段具有较高的透过率，使室内更多地利用自然采光，防止热能通过窗户散失，从而节省空调和暖气费用，具有节能和环保效果。

(3) 棱镜偏转玻璃。棱镜偏转玻璃是在传统玻璃使用性能基础上加入了棱镜的光学作用原理，即在双层玻璃的内腔中加入用透明聚丙烯材料制成的薄而平（锯齿形）的薄膜，用于改变光的投射方向或折射天然光，是调控室内光线的有效措施之一。

棱镜偏转玻璃可以分为普通双层玻璃和导光膜板两部分，导光膜板被固定安装在双层玻璃内，安装使用具有广泛的适用性，可作为侧面采光玻璃放置在建筑立面，也可作为顶部采光材料架设在中庭天窗构造支架上。

棱镜偏转玻璃中最重要的是膜板，根据棱镜的物理导光原理改变光线传播方向，主要有四种内部剖面形式，根据不同的导光性能要求，调整棱镜角度，将入射光变更传导至需要的室内空间，再通过与顶棚的二次反射配合，使太阳光照射到房间更深处。

作为一种新型建筑自然采光玻璃材料，这种半透明材质的运用有效地减少了靠近窗户的室内部分因直射光过于集中而引起的局部得热过多现象，有效平衡了室内照度的均匀性。对于具有较大进深的建筑内部，相比普通玻璃的直射效果，带有散射作用的棱镜偏转玻璃技术从理论上可让室内获得更多的天然光。此外，与普通玻璃相比，这种玻璃能过滤掉绝大部分紫外线，同时能大大提高房间内自然采光面积，减少建筑内部对人工采光的依赖，达到节约能源的绿色建筑目的。但也因为其特殊物理原理，人的视线透过玻璃看到的窗外景象会产生模糊或变形，形成不同于普通玻璃的光环境，可能对人造成不良的心理影响，因此现阶段棱镜偏转玻璃主要用于侧面采光的高窗和建筑顶部自然采光。

（4）调光玻璃。调光玻璃通过感知光和热的变化来调控透光量，可以进一步分成光致变色、电致变色、温致变色以及压致变色四种类型。例如，电致变色玻璃就是在外加电场的作用下改变玻璃材料的光学属性（反射率、透过率、吸收率等），实现玻璃外观上颜色和透明度的可逆变化。该技术在建筑外窗，乃至最新型波音 787 客机舷窗中得到广泛应用。

2. 采光与遮阳一体化

通常来说，天然采光希望将更多的漫射光引入室内，这通常会与减少直射阳光进入室内的遮阳要求存在一定的矛盾。因此，有必要将天然采光和遮阳进行一体化处理，协调不同的技术要求。根据遮阳构件与外窗玻璃的位置关系，采光与遮阳一体化可以分为外遮阳型、内遮阳型和中空玻璃内置遮阳型，从建筑立面效果、耐候性等角度来看，中空玻璃内置遮阳型具有广泛的适用性和应用前景。

在中空玻璃内安装遮阳百叶的玻璃窗，可以控制闭合和升降来完成中空玻璃内的百叶升降、翻叶等功能，或通过机械、手动调节内置百叶帘的角度，以控制进入室内的光线和辐射热，满足隔热和室内采光的需求。夏季，白天有太阳辐射时，关闭百叶或者把百叶调整到某一角度，可遮挡部分太阳辐射热进入室内；晚上将百叶帘收起，可增加室内外冷热交换。冬季白天收拢百叶可以增加进入室内的太阳辐射热，到了晚上关闭百叶可以减少室内热量的散失，增加玻璃窗的保温效果。此外，通过合理调节内置百叶片，可以调节室内照度，满足使用者的采光需要。

中空玻璃内置遮阳的优点包括：

(1) 良好的热工性能。玻璃间的空气间层大大降低外窗整体传热系数，在夏季与冬季、白天与夜晚不同工况下能够起到遮阳、保温等作用。

(2) 防尘、防油烟、防污染。采用中空玻璃的构造形式，阻断了中空玻璃外部的空气与物质向中空玻璃内的空气渗透，起到了防尘、防污染的功效。

(3) 防火性能好。中空玻璃内置百叶不受明火燃烧，降低了火灾的发生概率。

(4) 隔声性能好。中空玻璃构造独特，加之内置百叶，具有良好的隔声效果。

(5) 防结露。在冬季较为寒冷的地区，室内外温差容易造成外窗结露。中空玻璃内置百叶系统具有良好的气密性和水密性，有效避免了外窗结露、结霜的情况。

(6) 安全性。由于采用双面中空钢化玻璃，抗风力及外击力较高，适用于高层及沿海建筑，也可替代传统的窗帘。

由德国的 Helmut Köster 博士设计研发的 RETRO 系统是采光与遮阳一体化技术的成功实例，是具有复合特性且各子系统适用对象明确的天然光室内传导技术。它以百叶帘的形式对入射角度不同的光线做出相应调整，能同时实现太阳光供给（采光）与防护（防眩光、防过热）功能，尤其是在夏季，该系统在遮阳的同时还满足室内采光，有效地解决了遮阳与采光之间的矛盾（见图 3.15）。

RETRO 系统的百叶反射装置分为两部分，根据使用目的的不同，在造型和作用效果上有明显区别。靠近窗的前半部分，呈“W”的陡峭造型让其将太阳高度角较大的直射太阳光线反射回室外，以防窗户附近出现天然光过于集中、局部得热过多的情况，尤其在夏季和中午时候；靠近室内的后半部分利用自身带有平缓的上凹弧度的反射材质，如“瓢”一般对冬季或早晚太阳高度角较小的适宜光线进行反射，导入室内进深更大的区域。RETRO 系统在全年大部分时间里可以水平放置，只有在低角度直射光线可能造成伤害时才有必要旋转百叶。因此，在使用过程中，室内使用者的视线可以与室外有很好的联系。通过研发者的实验证明，当天花板高度满足一定的要求时，光线可以被导入进室内 20～30m 的深度。

RETRO 系统以人眼高度为界，进一步被设计为 RETRO Lux O（上侧）和 RETRO Lux U（下侧）。两者区别在于下侧的 RETRO Lux U 系统中，靠近室内的反射部分被设计为具有更陡角度的“V”形弧面，将光线反射到更靠近窗附近的天棚进行二次反射，以此避免导入光线可能对室内使用者眼部带来的过量直射伤害。RETRO 系统集“遮阳、采光、可视功能”于一身，在提高室内环境质量和节约能源方面取得了良好的效果（见图 3.16）。

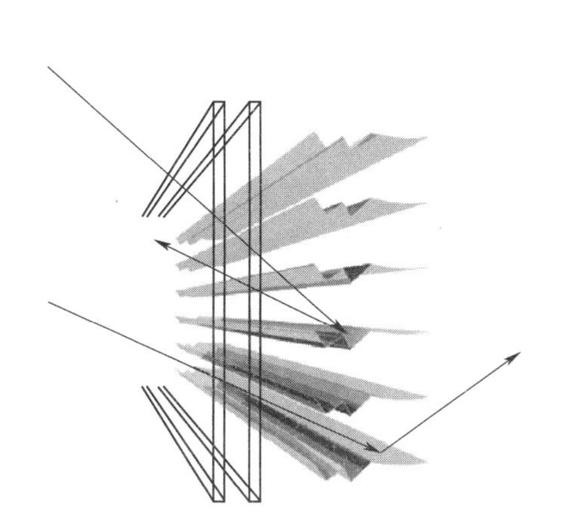

图 3.15　RETRO 系统示意

图 3.16　采用 RETRO 系统的苏黎世邮政分拣中心

3. **导光技术**

建筑空间的复杂化对于天然采光提出更多的要求，大进深空间内部无法获得侧向采光，或者地下空间希望引入天然采光等，都提出了将天然采光间接导入复杂建筑空间的需要。目前，常用的导光设备主要有平面反射镜、光导纤维和导光管三类。

（1）平面反射镜一次反射。用反光镜一次将太阳光反射到室内需要采光的地方，香港汇丰银行采用这一技术解决大进深空间的天然采光问题，对提高侧窗采光的均匀度具有较明显的效果，但光污染较严重（见图 3.17）。

图 3.17　香港汇丰银行总部外立面分光板及内部空间的采光效果

（2）光导纤维导光。结合太阳跟踪、透镜聚焦等一系列专利技术，在焦点处大幅提升太阳光亮度，通过高通光率的光导纤维将光线引到需要采光的地方，并能大幅拦截紫外线，有利于人类健康。目前，产品商业运用已趋成熟，通过一组光纤把阳光引入室内，照明中庭及中庭的绿色植物，照明效果很好。

光纤导光技术是利用太阳能作为能源，直接将太阳光引入室内进行照明，再通过光纤系统进行照明。光纤照明系统是由光源、反光镜、滤色片及光纤组成。室外的天然光透过采光罩导入到照明系统中进行重新分配，经过光导管（光纤）传输和强化后由系统底部的末端附件（室内末端投射装置）将天然光均匀、高效地照射到室内，带来天然光照明的特殊效果。集光器（即采光罩）安装在屋外可以整日不受任何限制随时采光，使集光效率发挥到最大。但是也可以加装太阳方位追踪器，使集光器集光效果提升（见图 3.18）。

（3）导光管。导光管系统又称为管道式日光照明系统，原理是通过采集罩高效采集天然光线导入系统内中心分配，再经过特殊制作的光导管路传输和强化后，由系统底部的漫射装置把天然光均匀高效地照射到任何需要光线的地方，得到由天然光带来的特殊照明效果。因其利用多次反射过滤掉大部分天然光中的红外线和紫外线，导入的可见光可为室内提供更加健康、环保的光环境，太阳能光导管技术被广泛运用于各类型建筑中，特别是有地下空间或无窗空间的建筑空间中。

导光管系统主要分三个部分，即由有机玻璃或 PC 等材料注塑而成的透明采光罩，作为系统关键部件且内壁覆有高反射率薄膜的光导管，以及将经过光

图 3.18 光纤导光系统的室外收集装置

导管传输、重新分配和强化后的光线自然均匀地照射到室内空间的漫射器（见图 3.19）。太阳能光导管可进行两种采光，包括将采光罩安装在建筑墙体外部的侧面采光以及将采光罩安装在建筑或构筑物顶部的顶部采光。当太阳高度角较低、光通量较高时，侧面采光的效果会更好；而在太阳高度角比较高的中午时分，顶部采光就会有较高的采光效率。此外，由于光导管部分采用的反射薄膜不同，太阳能光导管技术产生的效果也会有所差异——有缝光导管方便工作平面照明，但工艺要求高且传输效率有限，实际应用相对较少；棱镜光导管通过覆盖在管壁上的棱镜薄膜反射光线，反射率高，传导性好，较为常用。太阳能光导管采光技术的优势在于其健康环保、节能、安全可靠等。

导光管系统主要应用于建筑顶层或者地下室；当光线传输超过一定距离时，该技术的采光效果会明显降低；以太阳光为光源的导光管采光稳定性受自然地域气候和时段影响很大，不同纬度、季节、天气下各地区都会存在较大的使用效果差异。

4. **定向反射技术**

天然采光还可以借助定向反射技术提高内区照度水平和照度均匀度，比较成熟的包括定日镜（Heliostat）系统和 Anidolic 系统。

（1）定日镜系统。定日镜是一种将太阳光反射到固定方向的光学仪器，其原理是利用一片平面镜，装设在赤道仪中，此平面镜在赤纬方向也能移动。当平面镜对准太阳时，可经赤道仪追踪，使阳光能稳定地经平面镜反射到极轴方向，然后在极轴方向处，设置一个辅助平面镜，把光线反射（导入）到固定方向。

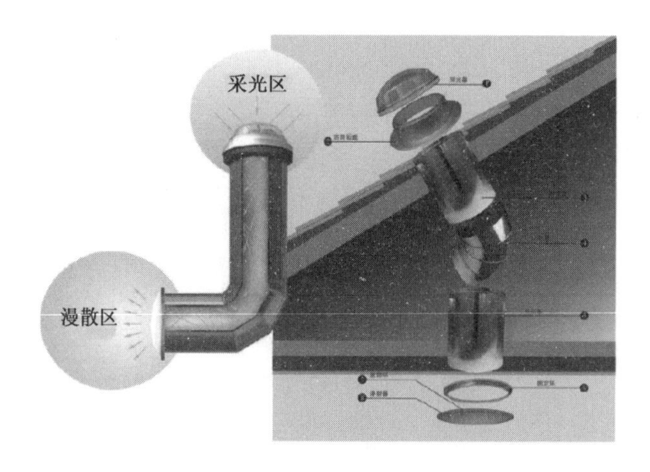

图 3.19　导光管结构示意

（www. goepe. com/apollo/prodetail - yh246810 - 15229）

由于定日镜对阳光的定向反射特性，使得某些地下和无窗建筑自然采光难题得以解决（见图 3.20）。瑞士日光巴士（HELIOBUS）公司和俄罗斯 Aizenberg 教授合作开发了太阳光室内照明系统，1997 年获欧洲环保技术交易会颁发的欧洲环境奖。

图 3.20　定日镜在建筑天然采光中的应用

（http：//www. new/learn. info）

（2）Anidolic 系统。Anidolic 系统（又称为 Anidolic Daylight System，ADS）由瑞士联邦理工学院洛桑分校太阳能与建筑物理实验室的 J. Scartezzini 博士提出，其作用原理是收集室外天然光并导入室内，并在此过程中尽量减少反射。在这一过程中反射材料通常为银反射膜，它具有 98%的反射率，能透过纯白色的光线，即使在多重反射之后，仍然在光投射上没有变化。ADS 可用于天花板和墙体等建筑构件，最大化地引导天然光，并在改善室内视觉舒适上起到积极的作用（见图 3.21 和图 3.22）。

ADS 在建筑围护结构外部装置有透明材料，并出挑成一定倾斜角度进行

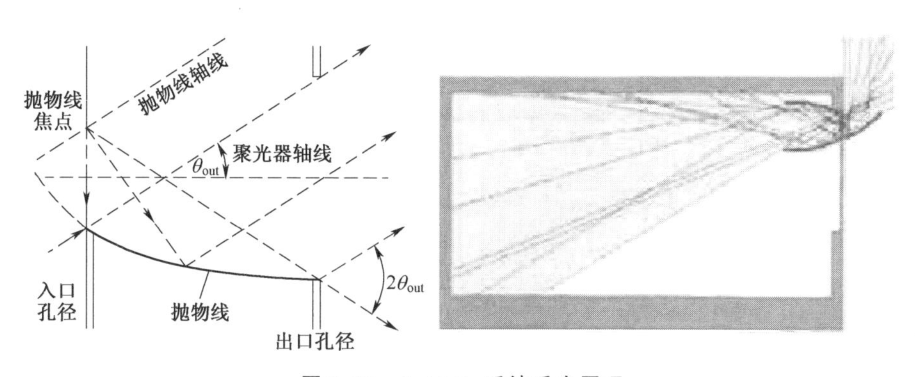

图 3.21 Anidolic 系统采光原理

资料来源：J. Scartezzini，O. Courrct. Anidolicdaylighting systems. Solar Energy，2002，73：123－135.

天然光收集，经由弧形反光板及室内顶部空腔内贴制的具有反光特性的材料多次反射作用后，通过另一端的弧形反光板导入，最终透过有机玻璃为室内提供天然光。ADS 是一种非常有效的立面集成系统，在不同的建成环境、不同的天空照度下有显著的节能潜力，可使室内每平方米的照明能耗密度低于 4W/m。

因其具有向外延伸的采光突出部分，ADS 最大的问题在于如何协调暴露在墙体外部的出挑部分对建筑整体外观造型的影响。此外，ADS 需要与房间顶棚在结构上进行整合处理，增加了结构、构造设计和施工的难度。

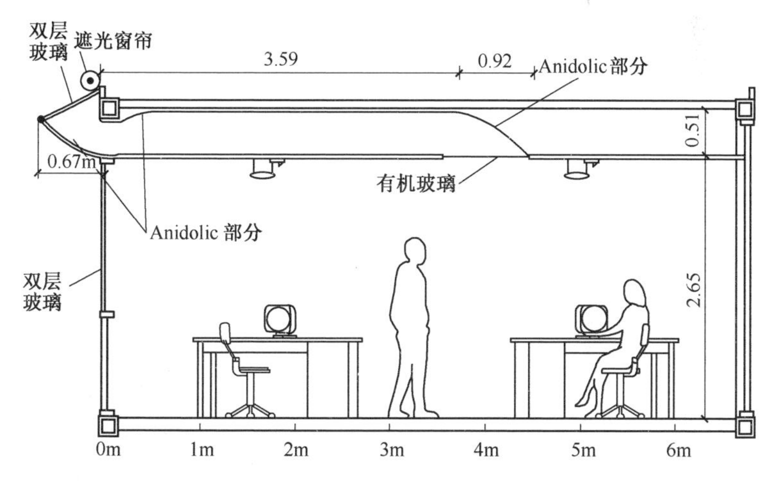

图 3.22 Anidolic 系统天花板导光示意

资料来源：O. Courret，J. Scartezzini，D. Francioli，J. Meyer. Design and assessment of an Anidolic Light duct. Energy and Buildings，1998，28：79－99.

3.3.6 采光系数

室外照度是经常变化的，这必然使室内照度随之而变，不可能是一个固定值，因此对采光数量的要求，我国和其他许多国家都采用相对值。这一相对值称为采光系数（C），它是在室内参考平面上的一点，直接或间接地接收来自假定和已知天空亮度分布的天空漫射光而产生的照度（E_{n}）与同一时刻该天空半球在室外无遮挡水平面上产生的天空漫射光照度（E_{w}）之比，即

$$C=\frac{E_{\mathrm{n}}}{E_{\mathrm{w}}}\times 100\% \tag{3.5}$$

利用采光系数这一概念，就可根据室内要求的照度换算出需要的室外照度，或由室外照度值求出当时的室内照度，而不受照度变化的影响，以适应天然光多变的特点。

3.3.7 窗洞口

为了获得天然光，人们在房屋的外围护结构（墙、屋顶）上开了各种形式的洞口，装上各种透光材料，如玻璃、乳白玻璃或磨砂玻璃等，以避免自然界的侵袭（如风、雨、雪等）。这些装有透光材料的孔洞统称为窗洞口（以前称为采光口）。按照窗洞口所处位置，可分为侧窗（安装在墙上，称为侧面采光，见图 3.23）和天窗（安装在屋顶上，称为顶部采光，见图 3.24）两种。有的建筑同时兼有侧窗和天窗，称为混合采光（见图 3.25）。

图 3.23　侧窗采光示意

窗洞口不仅起采光作用，有时还需起泄爆、通风等作用。这些作用与采光要求有时是一致的，有时可能是矛盾的。这就需要我们在考虑采光的同时，综合考虑其他问题，妥善地加以解决。

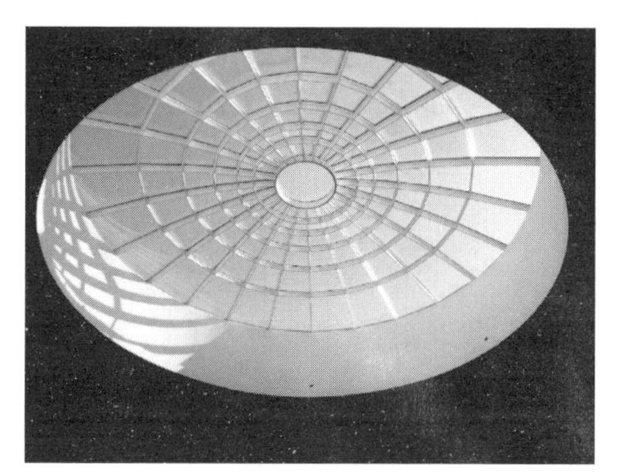

图 3.24　天窗采光示意

图 3.25　混合采光示意

1. **侧窗**

侧窗是在房间的一侧或两侧墙上开的窗洞口，是最常见的一种采光形式，如图 3.26 所示。

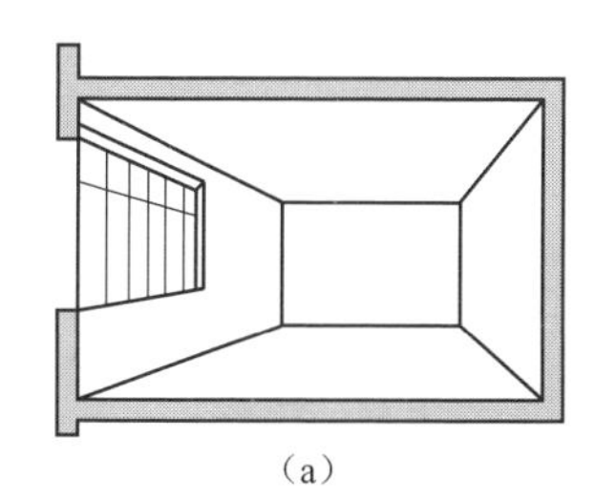

（a）

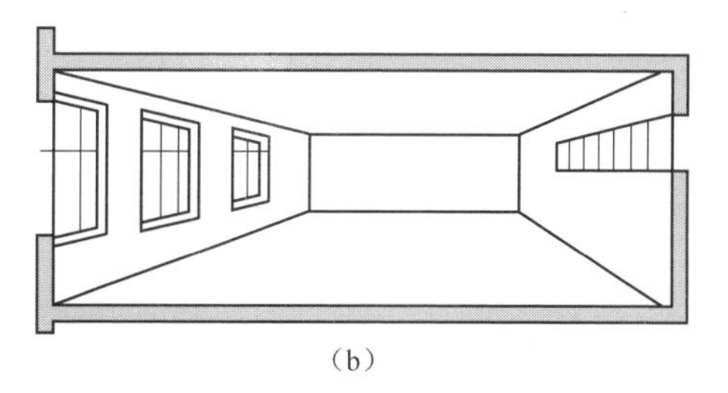

（b）

图 3.26　侧窗的几种形式

（a）通长侧窗；（b）带窗间墙侧窗（左）和高侧窗（右）

侧窗由于构造简单、布置方便、造价低廉，光线具有明确的方向性，有利于形成阴影，对观看立体物件特别适宜，并可通过它看到外界景物，扩大视野，故使用很普遍。它一般放置在 1 m 左右高度。有时为了争取更多的可用墙面或提高房间深处的照度，以及其他原因，将窗台提高到 2 m 以上，称为高侧窗［见图 3.26（b）右侧］。高侧窗常用于展览建筑，以争取更多的展出墙面；或是用于提高厂房房间深处照度；或是用于仓库以增加储存空间。

侧窗通常做成长方形。实验表明，就采光量（由窗洞口进入室内的光通量的时间积分量）来说，在窗洞口面积相等，并且窗台标高一致时，正方形窗采光量最高，竖长方形窗次之，横长方形窗最少。但从照度均匀性来看，竖长方形窗在房间进深方向均匀性好，横长方形窗在房间宽度方向较均匀（见图 3.27），而正方形窗居中。所以窗口形状应结合房间形状来选择，如窄而深的房间宜用竖长方形窗，宽而浅的房间宜用横长方形窗。

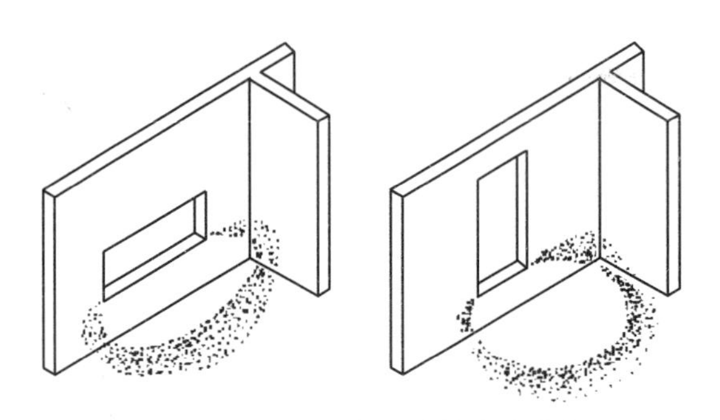

图 3.27　不同形状侧窗的光线分布

2. **天窗**

随着生产的发展，车间面积增大，用单一的侧窗已不能满足生产需要，故在单层房屋中出现顶部采光形式，通称为天窗。由于使用要求不同，产生了各种不同的天窗形式，下面分别介绍它们的采光特性。

（1）矩形天窗。矩形天窗是一种常见的天窗形式（见图 3.28）。实质上，

图 3.28　矩形天窗

矩形天窗相当于提高位置（安装在屋顶上）的高侧窗，它的采光特性与高侧窗相似。矩形天窗有很多种，名称也不相同，如纵向矩形天窗、梯形天窗、横向矩形天窗和井式天窗等。其中纵向矩形天窗是使用得非常普遍的一种矩形天窗，它是由装在屋架上的一列天窗架构成的，窗的方向垂直于屋架方向，故称为纵向矩形天窗。若将矩形天窗的玻璃倾斜放置，则称为梯形天窗。另一种矩形天窗的做法是把屋面板隔跨分别架设在屋架上弦和下弦的位置，利用上、下屋面板之间的空隙作为窗洞口，这种天窗称为横向矩形天窗，简称为横向天窗（见图 3.29），有人又把它称为下沉式天窗。井式天窗（见图 3.30）与横向天窗的区别仅在于后者是沿屋架全长形成巷道；而井式天窗为了通风上的需要，只在屋架的局部做成窗洞口，使井口较小，起抽风作用。

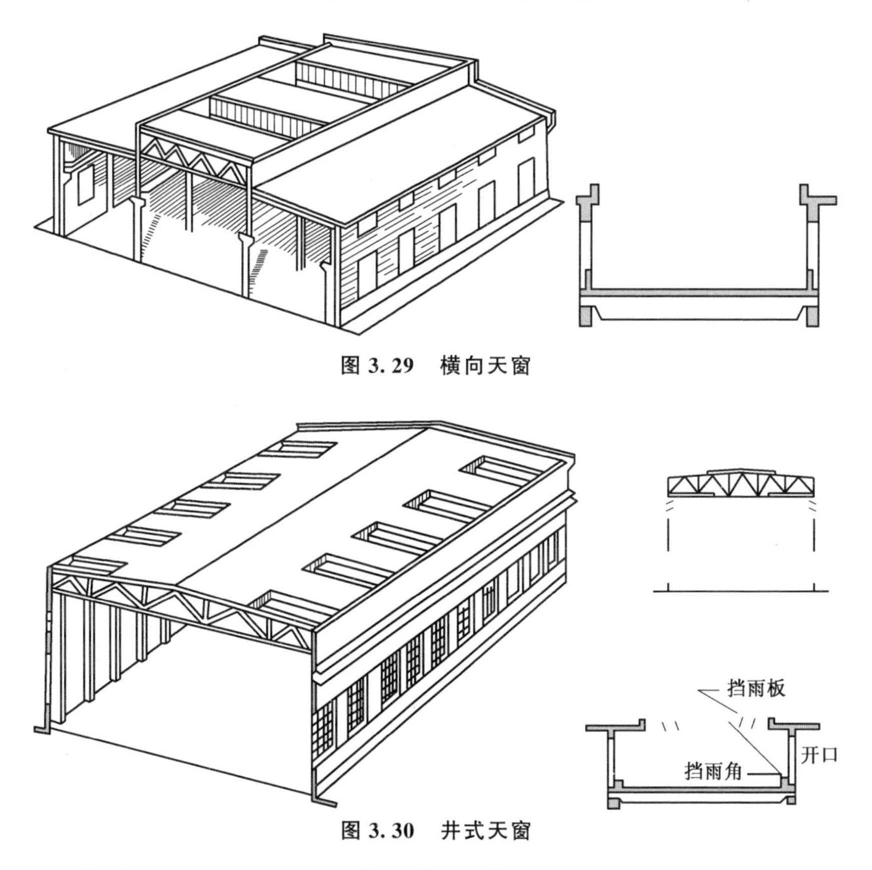

图 3.29　横向天窗

图 3.30　井式天窗

（2）锯齿形天窗。锯齿形天窗属单面顶部采光（见图 3.31）。这种天窗由于倾斜顶棚的反光，采光效率比纵向矩形天窗高。当采光系数相同时，锯齿形天窗的玻璃面积比纵向矩形天窗少 15%～20%。它的玻璃也可做成倾斜面，但很少采用这一做法。在高纬度地区，锯齿形天窗的窗口朝向北面天空时，可避免直射阳光射入房间，因而不致影响房间的温、湿度调节，故常用于一些需要调节温、湿度的车间，如纺织厂的纺纱、织布、印染等车间。

图 3.31　锯齿形天窗

这种天窗具有单侧高窗的效果，加上有倾斜顶棚作为反射面增加反射光，故较高侧窗光线更均匀。同时，它还具有方向性强的特点。为了使车间内照度均匀，天窗轴线间距应小于窗下沿至工作面高度的 2 倍。当房间高度不大而跨度相当大时，为了提高照度的均匀性，可在一个跨度内设置几个天窗。锯齿形天窗可保证 7%的平均采光系数，能满足特别精密工作车间的采光要求。

纵向矩形天窗、锯齿形天窗都需增加天窗架，因而构造复杂，建筑造价高，而且不能保证较高的采光系数。为了满足生产提出的不同要求，产生了其他类型的天窗，如平天窗等。

3. **平天窗**

平天窗是在屋面直接开洞（见图 3.32），铺上透光材料（如钢化玻璃、夹丝平板玻璃、玻璃钢及塑料等）。由于不需要特殊的天窗架，降低了建筑高度，简化了结构，施工更方便。由于平天窗的玻璃面接近水平，故它在水平面的投影面积较同样面积的垂直窗的投影面积大。根据立体角投影定律，如天空亮度相同，则平天窗在水平面形成的照度比矩形天窗大，它的采光效率比矩形天窗高 2～3 倍。

图 3.32 平天窗

平天窗不但采光效率高，而且布置灵活，易于达到均匀的照度。平天窗可用于坡屋面（见图 3.33），也可用于坡度较小的屋面，可做成采光罩（见图 3.34）、采光板和采光带（见图 3.35）。其构造上比较灵活，可以适应不同材料和屋面构造。

图 3.36 列出了几种常用天窗在平、剖面相同且天然采光系数最低值均为 5%时所需的窗地比和采光系数分布。从图中可以看出：分散布置的平天窗所需的窗面积最小，其次为梯形天窗和锯齿形天窗，窗面积最大的为矩形天窗。但从均匀度来看，集中在一处的平天窗最差；但如将平天窗分散布置，则均匀度得到改善。

图 3.33 平天窗用于坡面屋面

图 3.34　采光罩

图 3.35　采光带

在实际设计中，由于不同的建筑功能对窗洞口有各种特殊要求，并不是直接采用以上介绍的某一种窗洞口形式就能满足的，而往往需要将现有窗口形式加以改造。

3.3.8　采光设计标准值

为了在建筑采光设计中，贯彻国家的法律法规和技术经济政策，充分利用天然光，创造良好光环境、节约能源、保护环境和构建绿色建筑，就必须使采光设计符合建筑采光设计标准要求。我国于 2013 年 5 月 1 日施行了《建筑采光设计标准》（GB 50033—2013），用于指导新建、改建及扩建的民用建筑和

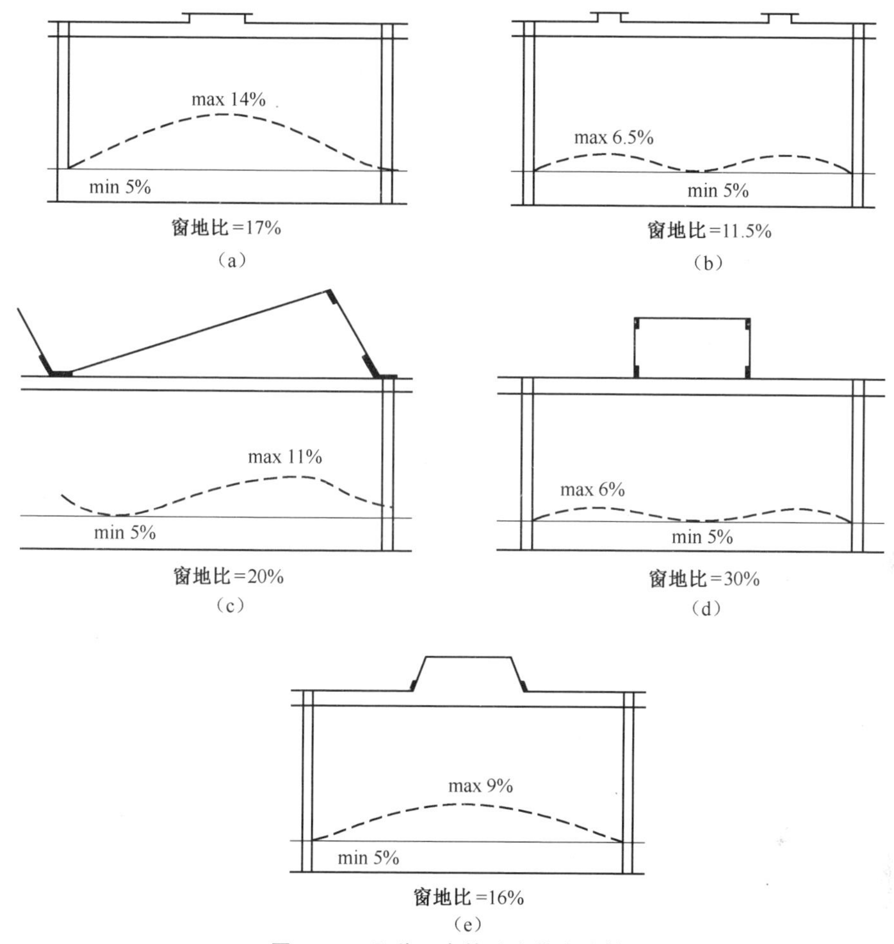

图 3.36 几种天窗的采光效率比较

工业建筑天然采光的设计与利用，该标准是采光设计的依据。《建筑采光设计标准》（GB 50033—2013）修订后在技术内容上相对原标准有了重大变化：标准中增加了强制性条文的规定，侧面采光的评价指标由采光系数最低值改为采光系数平均值，同时增加了侧面采光有效进深的规定并制定了采光节能计算方法等。该标准主要内容如下。

人眼对不同情况的视看对象有不同的照度要求，而照度在一定范围内是越高越好，照度越高，工作效率越高。但照度高意味着投资大，故照度的确定必须既要考虑到视觉工作的需要，又要照顾到经济上的可能性和技术上的合理性。采光标准综合考虑了视觉试验结果，通过对已建成建筑的采光现状进行的现场调查，结合窗洞口经济分析、我国光气候特征及我国国民经济发展等因素，将视觉工作划分为Ⅰ～Ⅴ级，并提出了各级视觉工作要求的采光系数标准值和室内天然光照度标准值（见表3.2）。

表3.2　各采光等级参考平面上的采光标准值

采光等级	侧面采光		顶部采光	
	采光系数标准值（%）	室内天然光照度标准值/lx	采光系数标准值（%）	室内天然光照度标准值/lx
Ⅰ	5	750	5	750
Ⅱ	4	600	3	450
Ⅲ	3	450	2	300
Ⅳ	2	300	1	150
Ⅴ	1	150	0.5	75

注　1. 工业建筑参考平面取距地面1m，民用建筑取距地面0.75m，公用场所取地面。

2. 表中所列采光系数标准值适用于我国Ⅲ类光气候区，采光系数标准值是按室外设计照度值15000lx制定的。

3. 采光标准的上限值不宜高于上一采光等级的级差，采光系数值不宜高于7%。

由于不同的采光类型在室内形成不同的光分布，《建筑采光设计标准》（GB 50033—2013）中规定采光系数标准值和室内天然光照度标准值应为参考平面上的平均值。采用采光系数平均值，不仅能反映出工作场所采光状况的平均水平，也更方便理解和使用。在采用采光系数作为采光评价指标的同时，还给出了相应的室内天然光照度值，这样一方面可与视觉工作所需要的照度值相联系，另一方面便于和照明标准规定的照度值进行比较。

我国光气候分区分为五类，各光气候区的室外天然光设计照度值应按表3.3采用，所在地区的采光系数标准值应乘以相应地区的光气候系数K（见表3.3）。Ⅰ、Ⅱ级采光等级的侧面采光，当开窗面积受到限制时，其采光系数值可降低到Ⅲ级，但其所减少的天然光照度应采用人工照明补充。

表3.3　光气候系数K值

光气候区	Ⅰ	Ⅱ	Ⅲ	Ⅳ	Ⅴ
K值	0.85	0.90	1.00	1.10	1.20
室外天然光设计照度值E_s/lx	18000	16500	15000	13500	12000

在已知工作场所采光系数标准值的情况下，可根据室外天然光设计照度值求得室内天然光照度的标准值。室外天然光设计照度值是根据我国的光气候状况，考

虑到天然光利用的合理性，以及与照明标准的协调性确定的室外设计照度值。

3.3.9 采光质量

1. **采光均匀度**

视野内照度分布不均匀，易使人眼疲乏，视觉功效下降，影响工作效率。因此，要求房间内照度分布应有一定的均匀度，一般以最低值与平均值之比来表示。研究表明，对于顶部采光，如在设计时，保持天窗中线间距小于参考平面至天窗下沿高度的 1.5 倍时，则均匀度均能达到 0.7 的要求，此时可不进行均匀度的计算。照度越均匀，对视野越有利，考虑到采光均匀度与一般照明的照度均匀度情况相同，而《建筑照明设计标准》（GB 50034—2013）根据主观评价及理论计算结果对视觉作业精度要求高的房间或场所的照度均匀度为 0.7，因此确定采光均匀度为 0.7。如果采用其他采光形式，可对采光照度值进行逐点计算，以确定其均匀度。侧面采光由于照度变化太大，不可能做到均匀，同时Ⅴ级视觉工作系粗糙工作，开窗面积小，较难照顾均匀度，故对侧面采光的均匀度未做规定。

2. **窗眩光**

由于侧窗位置较低，对于工作视线处于水平的场所极易形成不舒适眩光，故应采取措施减小窗眩光。采光设计时，应采取下列措施减小窗的不舒适眩光：

（1）作业区应减少或避免直射阳光。

（2）工作人员的视觉背景不宜为窗洞口。

（3）可采用室内外遮挡设施。

（4）窗结构的内表面或窗周围的内墙面，宜采用浅色饰面。

在采光质量要求较高的场所，用窗的不舒适眩光指数（DGI）作为采光质量的评价指标。窗的不舒适眩光指数不宜高于表 3.4 规定的数值。

表 3.4　窗的不舒适眩光指数（DGI）

采光等级	窗的不舒适眩光指数值 DGI
Ⅰ	20
Ⅱ	23
Ⅲ	25
Ⅳ	26
Ⅴ	28

3. **光反射比**

为了使室内各表面的亮度比较均匀，必须使室内各表面具有适当的光反射比。例如，对于办公、图书馆、学校等建筑的房间，其室内各表面的光反射比宜符合表 3.5 的规定。

表 3.5　　室内各表面的光反射比

表 面 名 称	反 射 比
顶　棚	0.60～0.90
墙　面	0.30～0.80
地　面	0.10～0.50
桌面、工作台面、设备表面	0.20～0.60

在进行采光设计时，为了提高采光质量，还要注意光的方向性，并避免对工作产生遮挡和不利的阴影；需补充人工照明的场所，照明光源宜选择接近天然光色温的光源；需识别颜色的场所，应采用不改变天然光光色的采光材料；对光有特殊要求的场所，如博物馆建筑的天然采光设计，宜消除紫外辐射，限制天然光照度值和减少曝光时间；陈列室不应有直射阳光进入；当选用导光管采光系统进行采光设计时，采光系统应有合理的光分布。

3.4　天然采光计算

3.4.1　天然采光图表计算方法

采光计算的目的在于验证所做的设计是否符合《建筑采光设计标准》(GB 50033—2013) 中规定的各项指标。采光计算可利用公式或采用图表计算，也可利用计算机进行模拟。《建筑采光设计标准》(GB 50033—2013) 在综合分析国内外各种计算方法优、缺点的基础上，结合模型实验，提出一种简易计算方法。它是利用图表，按房间的有关数据直接查出采光系数值。它既有一定的精度，又计算简便，可满足采光设计的需要。

1. **窗地面积比估算法**

为便于在方案设计阶段估算窗洞口面积，按建筑规定的计算条件，计算并规定了表 3.6 的窗地面积比。该窗地面积比值只适用于规定的计算条件。如果不符合规定的条件，需按实际条件进行计算。其他光气候区的窗地面积比应乘以相应的光气候系数 K。

表 3.6 窗地面积比和采光有效进深

采光等级	侧窗采光		顶部采光
	窗地面积比（A_c/A_d）	采光有效进深（b/h_s）	窗地面积比（A_c/A_d）
Ⅰ	1/3	1.8	1/3
Ⅱ	1/4	2.0	1/8
Ⅲ	1/5	2.5	1/10
Ⅳ	1/6	3.0	1/13
Ⅴ	1/10	4.0	1/23

注 1. 窗地面积比计算条件：窗的总透射比取 $\tau=0.6$。室内各表面材料反射比的加权平均值：Ⅰ～Ⅲ级取 $\rho_j=0.5$；Ⅳ级取 $\rho_j=0.4$；Ⅴ级取 $\rho_j=0.3$。

2. 顶部采光指平天窗采光，锯齿形天窗和矩形天窗可分别按平天窗的 1.5 倍和 2 倍窗地面积比进行估算。

2. **图表法**

（1）侧面采光计算。采光系数平均值的计算方法是经过实际测量和模型实验确定的，经过多次修正，侧面采光（见图 3.37）可按下列公式进行计算：

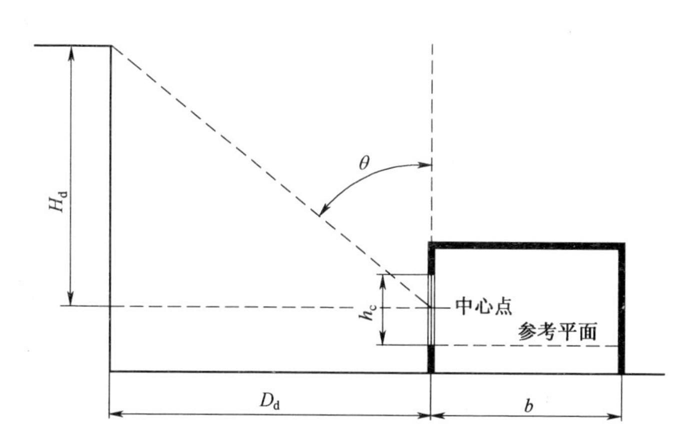

图 3.37 侧面采光示意

$$C_{av}=\frac{A_c\tau\theta}{A_z(1-\rho_j^2)} \tag{3.6}$$

$$\tau=\tau_0\tau_c\tau_w \tag{3.7}$$

$$\rho_j = \frac{\sum \rho_i A_i}{\sum A_i} = \frac{\sum \rho_i A_i}{A_z} \tag{3.8}$$

$$\theta = \arctan\left(\frac{D_d}{H_d}\right) \tag{3.9}$$

$$A_c = \frac{C_{av} A_z (1 - \rho_j^2)}{\tau \theta} \tag{3.10}$$

式中　τ——窗的总透射比；

A_c——窗洞口面积，平方米（m^2）；

A_z——室内表面总面积，平方米（m^2）；

ρ_j——室内各表面反射比的加权平均值；

θ——从窗中心点计算的垂直可见天空的角度值，无室外遮挡时 $\theta = 90°$；

τ_0——采光材料的透射比；

τ_c——窗结构的挡光折减系数；

τ_w——窗结构的污染折减系数；

ρ_i——顶棚、墙面、地面饰面材料和普通玻璃的反射比；

A_i——与 ρ_i 对应的各表面面积；

D_d——窗对面遮挡物与窗的距离，米（m）；

H_d——窗对面遮挡物距离窗中心的平均高度，米（m）。

典型条件下的采光系数平均值可按《建筑采光设计标准》（GB 50033—2013）附录 C 中表 C.0.1 取值。

（2）顶部采光计算方法。计算假定天空为全漫射光分布，窗安装间距与高度之比为 1.5∶1（见图 3.38）。计算中除考虑了窗的总透射比以外，还考虑了房间的形状、室内各个表面的反射比及窗的安装高度，以及窗安装后的光损失系数。

本计算方法具有一定的精度，计算简便，易操作。为配合标准的实施可建立较完善的数据库，利用计算机软件可为设计人员提供方便、快捷的采光设计。

1）采光系数平均值可按照式（3.11）计算：

$$C_{av} = \tau C U A_c / A_d \tag{3.11}$$

式中　C_{av}——采光系数平均值，（%）；

τ——窗的总透比；

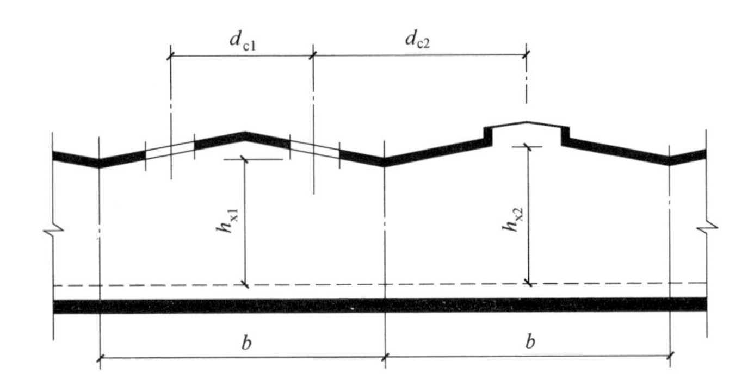

图 3.38 顶部采光示意

CU——利用系数；

A_c/A_d ——窗地面积比。

2）顶部采光的利用系数可按表 3.7 确定。

表 3.7 顶部采光的利用系数（CU）

顶棚反射比（%）	室空间比 RCR	墙面反射比（%）		
		50	30	10
80	0	1.19	1.19	1.19
	1	1.05	1.00	0.97
	2	0.93	0.86	0.81
	3	0.83	0.76	0.70
	4	0.76	0.67	0.60
	5	0.67	0.59	0.53
80	6	0.62	0.53	0.47
	7	0.57	0.49	0.43
	8	0.54	0.47	0.41
	9	0.53	0.46	0.41
	10	0.52	0.45	0.40
50	0	1.11	1.11	1.11
	1	0.98	0.95	0.92
	2	0.87	0.83	0.78
	3	0.79	0.73	0.68
	4	0.71	0.64	0.59

续表

顶棚反射比（%）	室空间比 RCR	墙面反射比（%）		
		50	30	10
50	5	0.64	0.57	0.52
	6	0.59	0.52	0.47
	7	0.55	0.48	0.43
	8	0.52	0.46	0.41
	9	0.51	0.45	0.40
	10	0.50	0.44	0.40
20	0	1.04	1.04	1.04
	1	0.92	0.90	0.88
	2	0.83	0.79	0.75
	3	0.75	0.70	0.66
	4	0.68	0.62	0.58
	5	0.61	0.56	0.51
	6	0.57	0.51	0.46
	7	0.53	0.47	0.43
	8	0.51	0.45	0.41
	9	0.50	0.44	0.40
	10	0.49	0.44	0.40
地面反射比为 20%				

3）室空间比 RCR 可按下式计算。

$$RCR=\frac{5h_x(l+b)}{lb} \tag{3.12}$$

式中　h_x ——窗下沿距参考平面的高度，米（m）；

l ——房间长度，米（m）；

b ——房间进深，米（m）。

4）窗洞口面积 A_c 可按下式计算：

$$A_c=C_{av}\frac{A_c'}{C'}\frac{0.6}{\tau} \tag{3.13}$$

式中　C' ——典型条件下的平均采光系数，取值为 1%；

A_c' ——典型条件下的开窗面积。

（3）导光管采光系统计算方法。导光管采光系统是一种新型的屋顶采光技术系统。由于其在天然光采集、传输及末端漫射部分采用了光学元件和技术，从而显著提高了天然光的利用效率和建筑内部利用的可能。该技术在2003年被美国门窗幕墙分级协会（NFRC）增补为新的采光产品门类，并被定义为通过利用导光管将天然光从屋顶传导至室内吊顶区域的采光装置。该装置包含耐候的外窗体，内壁为高反射材料的光学传输管道和室内闭合装置。2007年，美国建筑标准协会（CSI）将其列为新增产品目录。目前，该技术也已经在国内出现，并在一些建筑中得到了良好的应用。

导光管采光系统的计算原理是“流明法”，与顶部采光类似。采用导光管采光系统时，相邻漫射器之间的距离不大于参考平面至漫射器下沿高度的1.5倍时可满足均匀度的要求。由于导光管采光系统采用了一系列光学措施，晴天条件下采光效率和光分布同阴天有所不同，因此在晴天条件下计算时需要考虑系统的平均流明输出及相应的利用系数。有些厂家可以提供光强分布IES文件，利用通用计算机软件，实现逐点的照度分析计算。

对于因受结构和施工条件限制的地下室、无窗、大进深或不宜开窗的空间，宜采用导光管系统进行采光，其采光不足部分可补充人工照明。

3.4.2 天然采光计算机模拟方法

计算机模拟法具有速度快、可重复、易控制等优势，因而，这种方法在建筑采光设计与研究领域应用得越来越广泛。计算机模拟法是通过各种采光软件，在计算机里搭建仿真模型，输入相关参数，然后进行模拟计算、渲染。这种方法不仅能够快速获取建筑采光的照度、亮度、采光系数和眩光值等量化数据，而且还能将量化结果转换为可视化的分析图和渲染图。迄今为止，市场上已有超过50种商业采光软件。

建筑采光模拟软件大致可分为静态模拟、动态模拟和综合能耗模拟三类。

1. **静态模拟软件**

静态模拟软件主要有Radiance、绿建、Ecotect、Dialux、Agi32等，它们可以模拟某一时间点建筑采光的静态图像和光学数据。其中，Radiance和绿建在天然采光模拟方面的性能已被业界广泛认可。

Radiance软件是由美国劳伦斯伯克利国家实验室和瑞士洛桑联邦理工学院同步开发的。这款软件基于Unix系统，其核心算法采用了蒙特卡洛随机采样与光源、镜面对象的确定性计算相结合的混合式光线跟踪算法，能在可接受的时间内获取令人满意的计算精度。该软件的特点是计算精度非常高，分析能力十分强大；但对当今大多使用 Windows 系统的用户而言，这款软件的易用性较差，要求学习者需具备一定的编程能力，这是阻碍建筑师学习、应用这款优秀软件的主要障碍。但是，鉴于 Radiance 在光环境模拟领域出色的表现力和无可辩驳的主导地位，许多第三方公司都以其为核心进行了再次开发，如绿建、Ecotect、Desktopradiance、Daysim、Rayfront 等众多软件都是在 Radiance 基础上研发的。

2. 动态模拟软件

动态模拟软件可以依据项目所属区域的全年气象数据，逐时计算工作面的天然光照度，以此为基础，可以得出全年人工照明产生的能耗，为照明节能控制策略的制定提供数据支持。相对于静态模拟软件，动态软件的选择余地较小。常用的动态模拟软件有 Adeline、Lightswitch Wizard、Spot 和 Daysim，但前三款软件都存在计算精度不足的缺陷，仅有 Daysim 的计算精度较高。Daysim 是由加拿大国家实验室和德国弗劳恩霍夫研究所太阳能研究中心共同开发的一款以 Radiance 为计算核心的天然采光分析软件，其采用了 Java 跨平台技术，主要用于分析建筑全年自然采光性能和照明能耗。与 Radiance 不同，Daysim 分别提供了针对 Windows 和 Unix 平台的两种版本。Daysim 不仅能计算采光系数（DF），而且还能计算采光自治（Daylight Autonomy，DA）和有效采光照度（Useful Daylight Illuminances，UDI），并且能够通过设定人员的行为模式及人工照明的控制方式计算全年的照明能耗。但 Daysim 不具备建模能力，一般与 Ecotect、SketchUp 等软件协同模拟，模拟结果以网页形式展现，无法生成静态的可视化图像文件。

3. 综合能耗模拟软件

综合能耗模拟软件并不是真正意义上的采光模拟软件，采光模拟是这类软件的功能之一。综合能耗模拟软件的主要功能在于能耗模拟及设备系统仿真，相比专业采光软件，其在计算精确度方面较弱。由美国劳伦斯伯克利国家实验室开发的 Doe2 和 EnergyPlus 是综合能耗模拟软件的代表，它们可依据全年的采光状况计算照明得热，并将数据输入全年能耗模拟中计算建筑综合能耗。可以说，这类软件的优势在于综合能耗计算，而非采光模拟。

3.5 天然采光设计步骤

3.5.1 搜集资料

1. 了解设计对象对采光的要求

（1）房间的工作特点及精密度。场所使用功能要求越高，视觉作业需要识别对象的尺寸就越小。由天然光视觉试验得出，随着识别对象尺寸的减小，能看清识别对象所需要的照度增大，即工作越精细，需要的照度越高。

同一个房间的工作不一定是完全一样的，可能有粗有细。了解时应考虑最精密和最具有典型性（即代表大多数）的工作，了解工作中需要识别部分的大小。根据这些房间视觉要求，可从标准中确定不同类型房间的采光系数的标准值。

为了方便设计，《建筑采光设计标准》（GB 50033—2013）提供了各类建筑的采光标准值，如住宅建筑、教育建筑、医疗建筑、博物馆和工业建筑等。

（2）工作面位置。工作面有垂直的、水平的或倾斜的，它与选择窗的形式和位置有关。例如，侧窗在垂直工作面上形成的照度高，这时窗至工作面的距离对采光的影响较小，但正对光线的垂直面光线好，背面就差得多。对水平工作面而言，它与侧窗距离的远近对采光影响就很大，不如平天窗效果好。值得注意的是，我国《建筑采光设计标准》（GB 50033—2013）推荐的采光计算方法仅适用于水平工作面。

（3）工作对象的表面状况。工作表面是平面的或是立体的，是光滑的（规则反射）或是粗糙的，对于确定窗的位置有一定影响。例如，对平面对象（如看书）而言，光的方向性无多大关系；但对于立体零件，一定角度的光线能形成阴影，可加大亮度对比，提高可见度。而光滑的零件表面，由于规则反射，若窗的位置安设不当，可能使明亮的窗口形象恰好反射到工作者的眼中，严重影响可见度，需采取相应措施来防止。

（4）工作中是否容许直射阳光进入房间。直射阳光进入房间，可能会引起眩光和过热，应在窗口的选型、朝向、材料等方面加以考虑。

（5）工作区域。了解各工作区域对采光的要求。照度要求高的区域布置在窗口附近，要求不高的区域（如仓库、通道等）可远离窗口。

2. **了解设计对象的其他要求**

（1）采暖。在北方采暖地区，窗的大小影响冬季热量的损耗，因此，在采光设计中应严格控制窗面积的大小，特别是北窗影响很大，更应特别注意。

（2）通风。了解在生产中发出大量余热的地点和热量大小，以便就近设置通风孔洞。若有大量灰尘伴随余热排出，则应将通风孔和采光天窗分开处理并留适当距离，以免排出的烟尘污染窗洞口。

（3）泄爆。某些车间有爆炸危险，例如，粉尘很多的铝、银粉加工车间，以及储存易燃、易爆物的仓库等。为了降低爆炸压力，保存承重结构，可设置大面积泄爆窗，从窗的面积和构造处理上解决减压问题。在面积上，泄爆要求往往超过采光要求，从而会引起眩光和过热，要注意处理。

此外，设计对象还有一些其他要求。在设计中，应首先考虑解决主要矛盾，然后按其他要求进行复核和修改，使之尽量满足各种不同的要求。

3. **了解房间及其周围环境概况**

了解房间平、剖面尺寸和布置；影响开窗的构件，如吊车梁的位置、大小；房间的朝向；周围建筑物、构筑物和影响采光的物体（如树木、山丘等）的高度，以及它们和房间的间距等。这些都与选择窗洞口形式，确定影响采光的一些系数值有关。

3.5.2 选择窗洞口形式

根据房间的朝向、尺度、生产状况、周围环境，结合各种窗洞口的采光特性来选择适合的窗洞口形式。在一幢建筑物内可能采取几种不同的窗洞口形式，以满足不同的要求。例如，在进深大的车间，往往边跨用侧窗，中间几跨用天窗来解决中间跨采光不足。又如，车间长轴为南北向时，则宜采用横向天窗或锯齿形天窗，以避免阳光射入车间。

3.5.3 确定窗洞口位置及可能开设窗口的面积

（1）侧窗。常设在朝向南北的侧墙上，由于它建造方便，造价低廉，维护使用方便，故应尽可能多开侧窗，采光不足部分再用天窗补充。

（2）天窗。侧窗采光不足之处可设天窗。根据房间的剖面形式和它与相邻房间的关系，确定天窗的位置及大致尺寸（如天窗宽度、玻璃面积及天窗间距等）。

3.5.4 估算窗洞口尺寸

根据房间视觉工作分级和拟采用的窗洞口形式及位置，即可从表3.6中查出所需的窗地面积比和采光有效进深。值得注意的是，由窗地比和室内地面面积相乘获得的开窗面积仅是估算值，它可能与实际值差别较大。因此，不能把估算值当作最终确定的开窗面积。

当同一房间内既有天窗，又有侧窗时，可先按侧窗查出它的窗地比，再从地面面积求出所需的侧窗面积，然后根据墙面实际开窗的可能来布置侧窗，不足之数再用天窗来补充。

3.5.5 布置窗洞口

估算出需要的窗洞口面积，确定了窗的高、宽尺寸后，就可进一步确定窗的位置。这里不仅要考虑采光需要，而且还应考虑通风、日照、美观等要求，拟出几个方案进行比较，选出最佳方案。

经过以上五个步骤，确定了窗洞口形式、面积和位置，基本上达到初步设计的要求。由于它的面积是估算的，位置也不一定确定不变，故在进行技术设计之后，还应进行采光验算，以便最后确定它是否满足采光标准的各项要求。

4 建筑中的天然采光系统

4.1 不同光环境下的采光策略

现有建筑采光设计及评价均以全阴天状况下的采光系数为标准，但是实际天气状况比较复杂，全阴天情况在全年出现的概率较低，为此，现有评价标准会与实际天然采光状况出现较大的偏差。本节将结合天然光环境中存在的天然光组成及天空状况进行分析，并寻找不同光环境状况下的采光策略。

4.1.1 天然光环境组成

1. **天空漫射光**

准确地说，天空漫射光不应该称为光源，它是由于太阳光经过大气层时大气中的空气分子、尘埃和水蒸气发生散射而形成的，所以它也可以看成是太阳光的间接照明。如果不另加说明，它通常是指地平面上接受的整个天空半球的扩散光。天空漫射光不仅存在于晴天空中，也存在于阴天空和中间天空中。因此，在建筑利用天空光的策略中，一个重要的措施就是控制太阳直射光。如果由于方向和障碍物的影响，遮阳要求不高，也可以通过防止眩光的系统来遮阳。由于遮阳和防眩光具有不同作用，需要单独设计考虑。遮阳的主要目的是防止阳光直射带来的辐射能，而防眩光是通过缓和视野中的高亮度来满足视觉功能及舒适度的要求。因此，避免眩光的系统不仅要考虑直射阳光，还要考虑天空漫射光和反射太阳光的影响。

2. **太阳直射光**

太阳直射光和天空漫射光的设计策略完全不同。太阳直射光非常明亮，入射到室内的太阳光足以为大型室内空间提供充足的光照。由于太阳直射是一种平行光源，有很强的方向性，所以太阳直射光可以很容易地引导和输送。直接光导系统和光传输系统已经在一些案例中使用，这些采光设施通常不向外界提供室外景像，因此应与其他观景视野开口相结合。此外，利用太阳直射光的光传输系统只需要小开口，所以它可作为采光的一种附加策略来应用。

4.1.2 天空状况

1. 阴天及多云天（太阳被云遮挡）

阴天及多云天（太阳被云遮挡）主要以漫射光为主，其采光是在不存在太阳直射光的情况下引入天光并照亮室内空间。在这种情况下，侧窗和天窗被设计成在阴天及无太阳直射光多云天状态下将天然光引入房间，所以窗户会比较大，而且窗户位置相对较高。但在阳光充足的情况下，这些大开口窗户就可能导致过热和眩光。因此，提供遮阳和眩光保护的系统是阴天及多云天（太阳被云遮挡）采光设计策略不可或缺的一部分。同时，为了避免阴天条件下降低天然采光水平，通常采用移动系统。

在多云的天空条件下，一些革新的采光系统被设计用来增加进入室内天然光的量，同时也对晴天状况下的太阳直射光有所控制，如 Anidolic 系统或反光板系统能在某种程度上控制太阳光，另一些系统，如辅助系统或光架系统，则可以在一定程度上控制阳光。

2. 晴天及多云天（太阳未被云遮挡）

与全阴天及无太阳直射光中间天空天气的采光策略不同，在晴朗的天空或太阳未被遮挡的天空占主导地位的气候中，必须解决直射阳光的问题。因此，直射阳光的遮挡与控制是该设计策略的重要组成部分。例如，反光窗是增强日光穿透的一种简单方法。晴天的开窗策略不应该根据阴天的漫射天然光照度水平来确定。但是由于太阳直射光复杂多变，目前很多国家在制定相关采光设计规范时依然未采用晴天及太阳未被云遮挡的多云天作为设计基础。

4.2 天然采光系统概述

采光系统将简易的玻璃窗与其他一些元素结合在一起，增强了光线的输送或控制。虽然普通窗户能够满足部分空间的采光需求，但是一些新技术和解决方案能够将建筑采光性能在传统采光窗的基础上进一步扩展：

（1）与传统采光窗相比，可为房间进深的更深处提供可用天然采光。

(2) 以阴天为主的光气候条件下能增加可用天然光。

(3) 在非常晴朗的天气下，且需要控制阳光直射时，增加可用天然光。

(4) 为受外部障碍物遮挡的窗户增加可用天然光。

(5) 将可用天然光传输到无窗空间。

这些工作通过在玻璃系统中引入反射或折射元件来实现。此外，这些采光系统也与遮阳或眩光控制系统相结合，以减少眩光或太阳辐射能对室内的影响。

4.2.1 带遮阳的采光系统

带遮阳的采光系统通常有两种：一种为引入漫射光并拒绝直射阳光的系统；另一种为主要利用太阳直射光的系统，通常将太阳直射光反射到天花板或高于人眼高度的位置。

传统的遮阳系统，如下拉式遮阳帘，会显著减少进入室内的天然光，因此为了在遮阳的同时增加室内天然光，一些先进的采光系统被开发出来，既能保护窗户附近的区域免受阳光直射，又能将直接和/或漫射的天然光送入房间的内部。

4.2.2 无遮阳的采光系统

无遮阳的采光系统主要是为了将日光重新定向到远离窗户或天窗开口的区域。这些采光系统可分为四类。

1. 漫射式光导系统

漫射式光导系统改变进入室内天然光的量与方向，从而改善室内天然采光状况。在阴天的情况下，天顶周围的区域比接近地平线的区域要亮得多（三倍左右）。对于外部障碍物高的地方（典型的密集城市环境），天空的上部可能是天然光的唯一来源。在这些情况下，光导系统可以改善室内天然采光。

2. 直射式光导系统

将阳光直接照射到房间内部，避免了眩光和过热的二次影响。

3. 光散射或漫射系统

用于天窗或顶部开口，以产生均匀的日光分布。如果该系统用于垂直侧窗，将产生严重的眩光。

4. 光传输系统

光传输系统通过光纤或导光管收集太阳光，并长距离传输到建筑物的核心部位。

表 4.1 列出了不同类型的窗户系统，并展示了它们适合的气候及其通常被放置在建筑物中的位置。

表 4.1 采光系统类型：带遮阳（1A、1B），无遮阳（2A～2D）

1. 遮阳系统											
种类	类型/名称	简图	气候	地点	元素选择标准						
					眩光保护	视野	光引入空间的深度	照度均匀度	人工光潜在节省度	追踪需求	可用性
1A. 主要使用漫射天光	棱镜面板		所有	垂直窗，天光	D	N	D	D	D	D	A
	棱镜百叶窗	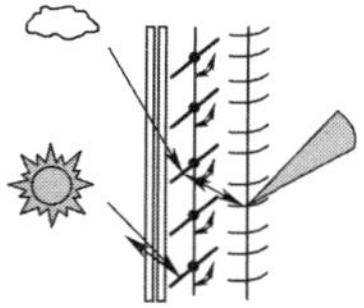	温带	垂直窗	Y	D	Y	Y	Y	Y	A
	太阳光保护镜	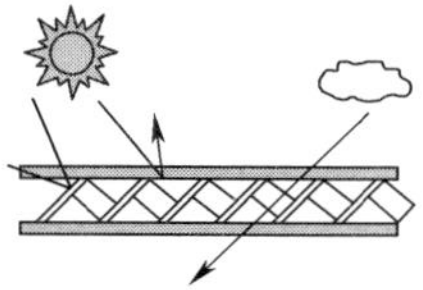	温带	天光，眩光屋顶	D	N	N	Y	N	N	A
	辅助天窗	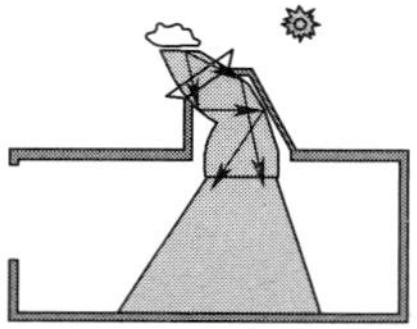	温带	天光	Y	N	N	Y	Y	N	T

续表

1. 遮阳系统											
种类	类型/名称	简图	气候	地点	元素选择标准						
					眩光保护	视野	光引入空间的深度	照度均匀度	人工光潜在节省度	追踪需求	可用性
1A.主要使用漫射天光	使用全息光学元件的定向选择性遮阳系统		所有	垂直窗，天光，眩光屋顶	D	Y	N	D	Y	Y	T
	基于全反射的透明阴影HOE系统		温带	垂直窗，天光，眩光屋顶	D	Y	N	Y	Y	Y	A

续表

1. 遮阳系统											
种类	类型/名称	简　　图	气候	地点	元素选择标准						
					眩光保护	视野	光引入空间的深度	照度均匀度	人工光潜在节省度	追踪需求	可用性
1B. 主要使用直射日光	引导式遮阳		炎热，晴空	眼高度以上的垂直窗	Y	Y	D	D	D	N	T
	百叶窗系统		所有	垂直窗	Y	D	Y	Y	Y	Y	A
	反射遮阳		所有	垂直窗	D	N	Y	Y	Y	Y	A
	阳光反射玻璃		温带	垂直窗，天光	D	D	D	D	D	N	A

续表

1. 遮阳系统											
种类	类型/名称	简图	气候	地点	元素选择标准						
					眩光保护	视野	光引入空间的深度	照度均匀度	人工光潜在节省度	追踪需求	可用性
1B. 主要使用直射日光	角度选择性天窗（激光切割面板）		炎热，晴空，低纬度	天光	D	N		Y	Y	Y	T
	可转动百叶		温带	垂直窗，天光	Y/D	D	D	D	D	Y	A
	Anidolic 太阳能百叶窗		所有	垂直窗	Y	D	Y	Y	D	N	T

续表

2. 遮阳系统（不带遮蔽）											
种类	类型/名称	简　图	气候	地点	元素选择标准						
					眩光保护	视野	光引入空间的深度	照度均匀度	人工光潜在节省度	追踪需求	可用性
2A. 漫射光引导系统	挡光板		温带，阴天	垂直窗	D	Y	D	D	D	N	A
	Anidolic集成系统		温带	垂直窗	N	Y	Y	Y	Y	N	A
	辅助式天花板		温带，阴天	视野窗上的垂直面		Y	Y	Y	Y	N	T

续表

2. 遮阳系统（不带遮蔽）											
种类	类型/名称	简图	气候	地点	元素选择标准						
					眩光保护	视野	光引入空间的深度	照度均匀度	人工光潜在节省度	追踪需求	可用性
2A. 漫射光引导系统	鱼形系统	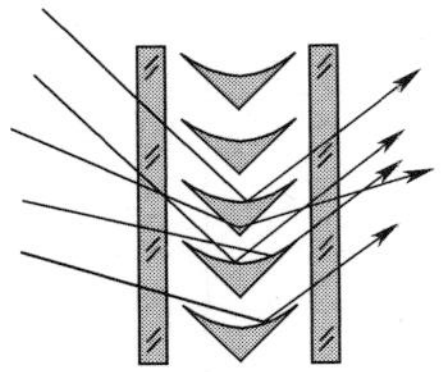	温带	垂直窗	Y	D	Y	Y	Y	N	A
	使用HOE的天然光导向元件		温带，阴天	垂直窗（尤其庭院），天光		Y	Y	Y	Y	N	A
2B. 直射光引导系统	激光切割面板	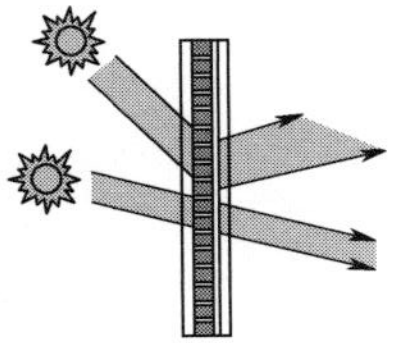	所有	垂直窗，天光	N	Y	Y	Y	Y	N	T

续表

2. 遮阳系统（不带遮蔽）											
种类	类型/名称	简图	气候	地点	元素选择标准						
					眩光保护	视野	光引入空间的深度	照度均匀度	人工光潜在节省度	追踪需求	可用性
2B. 直射光引导系统	棱镜面板	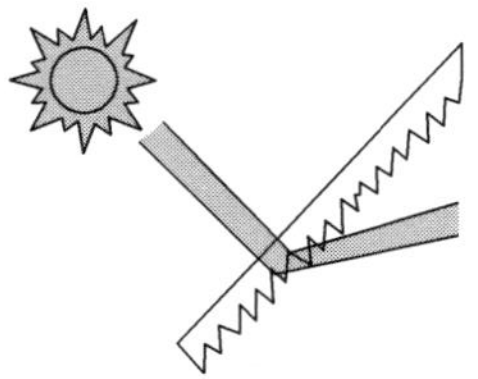	所有	垂直窗，天光	D	D	D	D	D	Y/N	A
	带 HOE 的天窗	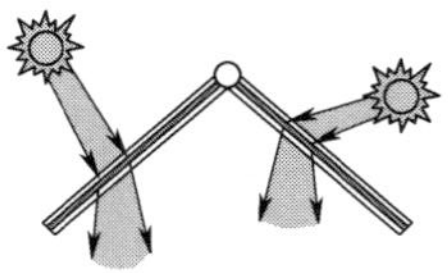	所有	天光	D	Y	Y	Y	Y	N	A
	阳光导向玻璃	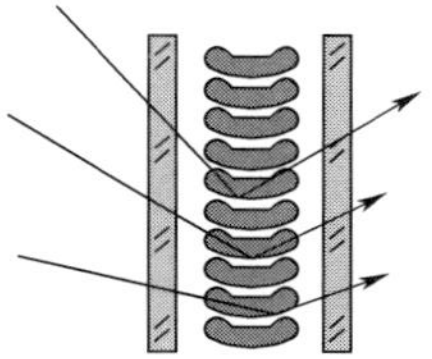	所有	垂直窗，天光	D	N	Y	Y	Y	N	A

续表

2. 遮阳系统（不带遮蔽）

种类	类型/名称	简图	气候	地点	元素选择标准						
					眩光保护	视野	光引入空间的深度	照度均匀度	人工光潜在节省度	追踪需求	可用性
2C. 散射系统		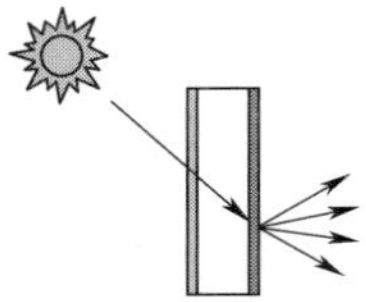	所有	垂直窗，天光	N	N	Y	Y	D	N	A
2D. 光运输	日光反射装置	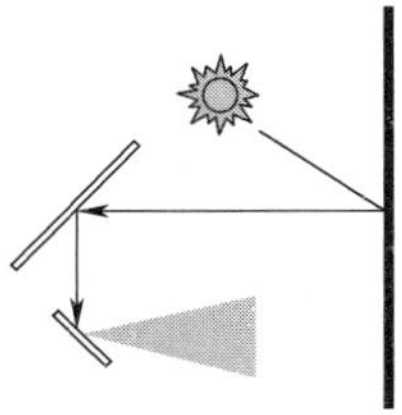	所有，晴空				Y		Y	Y	A
	导光管	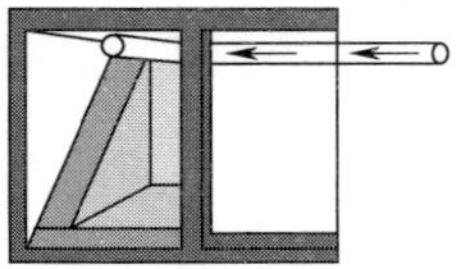	所有，晴空				Y	Y	Y	N	A

续表

2. 遮阳系统（不带遮蔽）											
种类	类型/名称	简　图	气候	地点	元素选择标准						
					眩光保护	视野	光引入空间的深度	照度均匀度	人工光潜在节省度	追踪需求	可用性
2D. 光运输	太阳能管		所有，晴空	屋顶			Y	D	Y	N	A
	光纤		所有，晴空				Y		Y	Y	A
	阳光导向型天花板		温带，晴空				Y	Y	Y	N	T

注　表格中各字母含义分别为：Y= 是，D= 取决于，N= 否，A =可用的，T =测试阶段。

表4.1中还提供了以下信息：

(1) 防止眩光的能力。

(2) 是否提供室外景像。

(3) 可以将光引向房间的深处。

(4) 可以提供均匀照明。

(5) 可以减少人工照明的使用。

(6) 是否需要跟踪，如随太阳的位置而移动。

(7) 可用性。

有些系统包含多个功能，因此可以在多个类别中显示。例如，光架系统可以重新定向漫射天光和太阳光束。

4.3 天然采光系统的特征

天然采光类型较多，可供选择的范围较广泛，并且这些采光系统之间可以相互替代。下面将分别介绍部分常见的天然采光系统。

4.3.1 挡光板

挡光板（Light Shelves）是一种经典的采光系统（见图4.1），埃及的法老

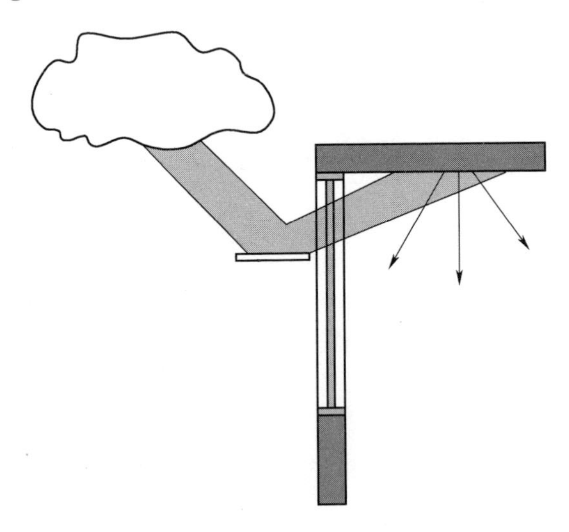

图4.1 挡光板采光系统

们最早使用这种采光系统的。挡光板是为了遮挡和反射入射到其顶部表面的光线，并减小来自天空的直接眩光影响。挡光板通常水平安装在窗户的内部、外部或内外同时安装，安装高度通常在人眼高度以上，安装挡光板后，窗户被划分为上下两部分，下部窗户作为观景窗联系室内外，上部窗户作为天窗控制天然光进入。挡光板的设置高度越低，反射到天花板上的光越多，眩光发生的概率也会相应增加。

窗户内设置挡光板会减少进入房间内的总光通量，但会使房间内光线分布更均匀。设置在窗户外部的挡光板可增加来自天空上部光的比例，根据 CIE 全阴天天空亮度分布模型，天空亮度值自天顶到地平线逐渐降低，因此阴天情况下挡光板可增加室内光的数量。常用的挡光板有固定式和可旋转式（并且可以跟踪太阳）两种类型，其表面通常采用镜面饰面或亚光饰面。

4.3.2 百叶窗和百叶帘

百叶窗和百叶帘（Louvers and Blind Systems）系统是一种传统的采光形式（见图 4.2），可以用于遮阳、防止眩光和控制入射光方向。该系统一般设置在窗户的外部或内部，也可设置于玻璃窗格之间。

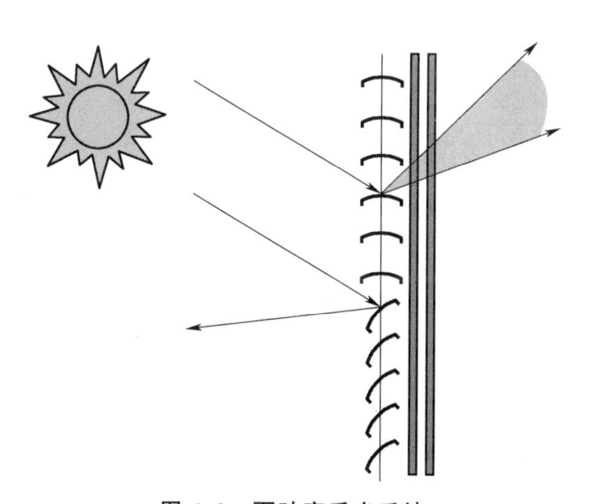

图 4.2 百叶窗采光系统

百叶窗和百叶帘可通过调节百叶的角度，完全或部分阻挡窗户观景视线。百叶窗还可以通过反射来增加阳光直射的照射进深，当天空阴暗时，百叶窗有助于日光的均匀分布。百叶窗一般分为固定式和可旋转式，根据百叶表面材质不同又可分为镜面百叶、亚光百叶及半透明百叶。一些镜面百叶窗还专门设计了凹面百叶，并将阳光反射到天花板上。但这种百叶窗通常只用于高于人眼视线之上的窗口，以避免潜在眩光的影响。

百叶窗及百叶帘采光系统的开启方式对采光效果及眩光控制有很大的影响。在阳光明媚的天气状况下，太阳直射光透过百叶窗形成非常明亮的线条，造成眩光问题。当百叶窗处于水平角度时，由于板条和相邻表面之间的亮度对比度增加，来自天空的直射光和漫射光都会增加窗户的眩光问题。通常向上倾斜百叶窗会增大天空可见度，眩光影响也相应增加，而向下倾斜百叶窗则会形成阴影并减少眩光影响。如果百叶窗板条采用亚光饰面替换光滑饰面，也可减少眩光影响。

4.3.3 棱镜面板

棱镜面板（Prismatic Panels）是由透明丙烯酸制成的薄板，一面为平面，另一面为锯齿状（见图 4.3）。棱镜面板可反射或折射日光，因此，棱镜面板可用于建筑引入天然光，同时也可利用其光学特性来做遮阳板，反射直射的阳光，却透过漫射的天然光。因此，棱镜面板有多种安装及使用方式，如用立面和天窗的固定装置引入或控制太阳直射光或天空漫射光；用于太阳跟踪装置上，收集太阳直射光或天空漫射光。

图 4.3　棱镜面板系统

由于棱镜面板的光学特性，可能会造成部分太阳直射光向下折射，造成眩光。因此采用棱镜面板采光系统时，应按照设置所在地地理位置、季节特征、气候状况确定合理设置位置，并计算其倾斜角度，以避免下射阳光造成的眩光影响。

4.3.4 激光切割板

激光切割板（Laser Cut Panels）是由透明丙烯酸材料制成的薄面板，并经激光切割而制成太阳光折射系统（见图 4.4）。激光在透明面板中切割多个平行矩形凹槽，每个切割的矩形凹槽表面形成一个小的内部反射镜，使通过面板的光线发生偏转。激光切割板具有角度选择性，较低太阳高度角的太阳直射光可直接透过，而较高太阳高度角的光线会被反射到天棚。此外，这种面板虽然对穿透的光线有所扭曲，但却维持了窗外的可见度，这也是激光切割板优点之一。

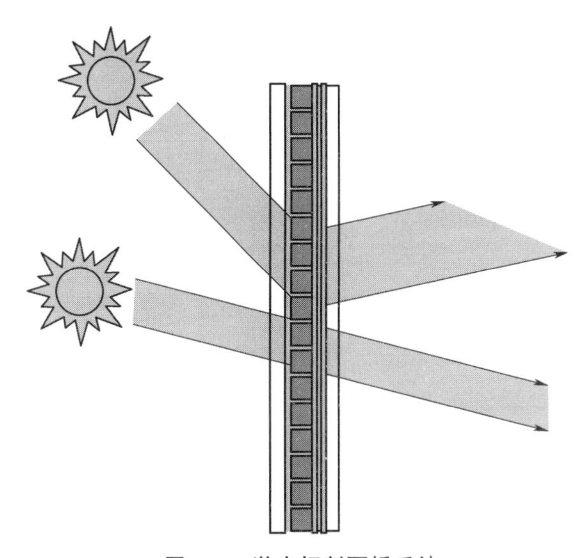

图 4.4 激光切割面板系统

4.3.5 角度选择型天窗（激光切割面板）

角度选择型天窗（激光切割面板）［Angular Selective Skylight（Laser-Cut Panel）］为金字塔形或三角形天窗（见图 4.5）。其透光材料为经过激光切割的光偏转板嵌入透明的外壳内，形成双层玻璃窗。角度选择型天窗可以透过更多的低仰角光线，并减少高仰角光线的穿透率。通常情况下，为了将进入室内的太阳直射光散射开来，建筑内部天花板通常使用漫射板材。

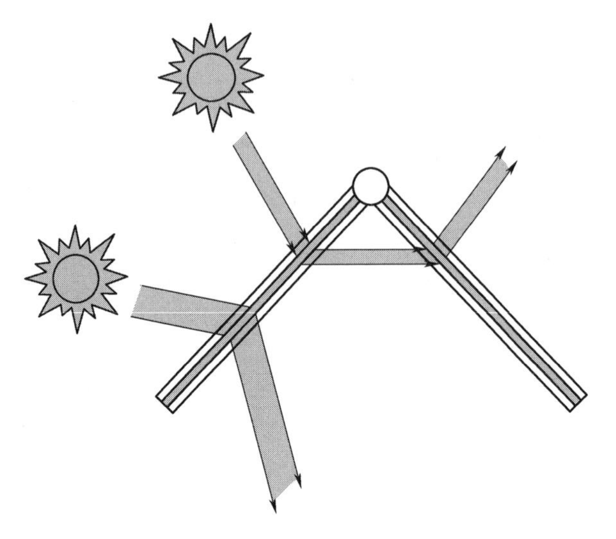

图 4.5　角度选择型天窗系统

角度选择型天窗能在白天为室内提供相对恒定的照度，并减少夏季太阳直射光带来的建筑物过热趋势。角度选择型天窗特别适用于小倾角的平屋顶或坡屋顶，尤其是采用自然通风或空调的建筑物的天然采光，如超市和学校。

4.3.6　光转向遮阳

光转向遮阳（Light - Guiding Shades）不仅是建筑外部遮阳的一种方式（见图 4.6），也是一种天然采光系统。光转向遮阳可将阳光和天空漫射光反射到天花板上，进而通过反射改善室内天然光分布。它们通常被用来改善亚热

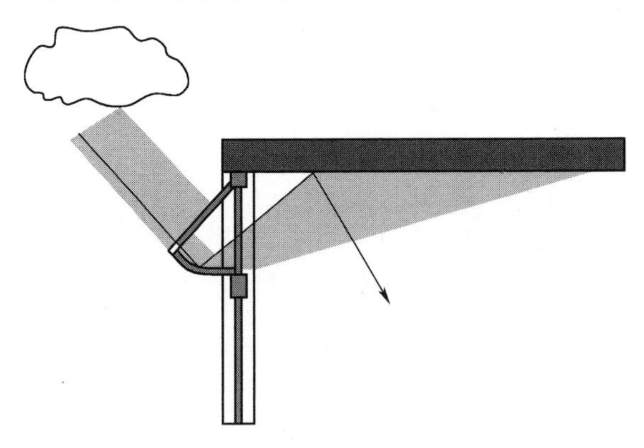

图 4.6　光转向遮阳系统

带地区建筑物的室内采光，这些建筑物通常有宽广屋檐遮挡外部光线，以减少窗户的辐射热量。宽广的屋檐对室内天然光造成了严重的遮挡，为了改善室内天然光分布，光转向遮阳系统将外部天然光反射进入室内，其原理与传统遮光板类似，但是它们更复杂和精确。光转向遮阳系统由一个漫射玻璃罩和两个反射镜组成，用于将漫射光以一定角度（通常为 0°～60°）从外部引导到建筑物内。相比于透明的悬空遮光板，光转向遮阳系统大大提高了室内的照度和均匀性。

4.3.7 阳光导向玻璃

阳光导向玻璃（Sun－Directing Glass）的主要组成部分是一个双层玻璃密封单元，以及容纳在其中的凹形丙烯酸树脂元件（见图 4.7）。这些元件垂直叠放在双层玻璃窗内，将来自各个入射角度的阳光折射到天花板上。密封的单元通常放置在观察窗的上方，以避免影响室内观景的要求。窗户单元的内表面玻璃设置为正弦图案花纹，以利于在窄的水平方位角内形成散射光。外部玻璃板上通常设置有全息胶片，其目的是将入射太阳光聚焦在较小的水平角内。

阳光导向玻璃适用于温和气候区（北半球）及阳光直射的条件下。其最佳安装方位是建筑南向立面，建筑的东面或西面只有在早上或下午才有用。阳光导向玻璃也能偏转漫射光线，但室内所能达到的照度水平远远低于太阳光直射光所形成的照度。因此，在北立面，阳光导向玻璃布置的面积应该更大，以满足室内采光的需求。

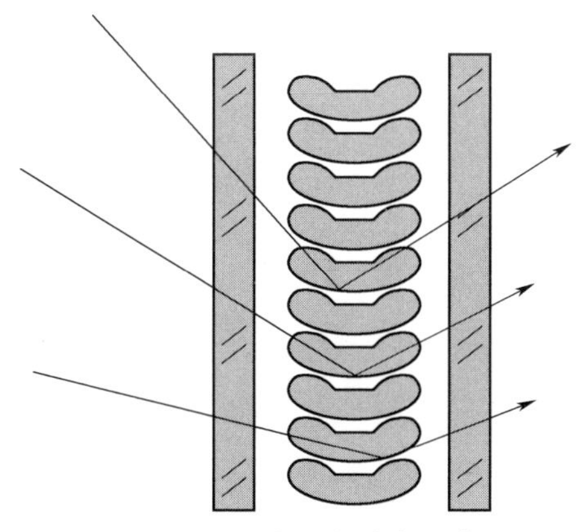

图 4.7 阳光导向玻璃系统

4.3.8 带全息光学元件的天顶光偏转玻璃

带全息光学元件的天顶光导玻璃（Zenithal Light - Guiding with Holographic Optical Elements）可以将漫射天光转向并进入房间的深处（见图 4.8）。其主要组件是一个带有全息衍射光栅的聚合物薄膜，压在两块玻璃板之间。全息光学元件将来自天空的天顶区域的漫射光重新导向建筑物内部。阳光直接照射带全息光学元件的天顶光导玻璃会产生散射而在室内形成色带，这将严重影响室内采光效果，因此只能在没有阳光直射的立面上使用。

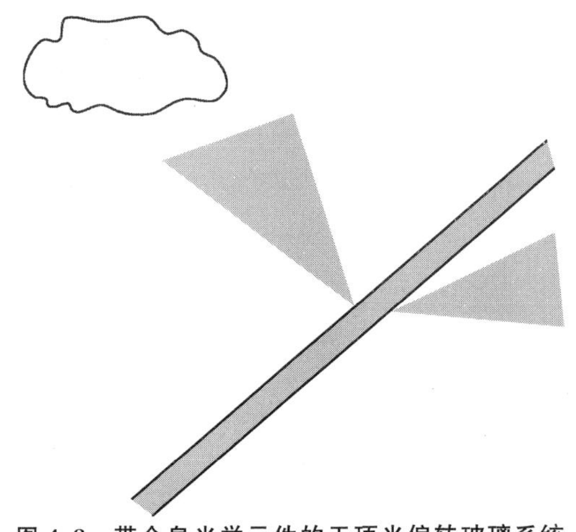

图 4.8 带全息光学元件的天顶光偏转玻璃系统

天顶光偏转玻璃可集成在垂直的窗户系统中，或安装在现有窗户上部，并与窗户形成大约 45°的倾斜角度。由于天顶光偏转玻璃对外界景物有轻微的扭曲，因此它只适用于窗口的上部。

4.3.9 带全息光学元件的方向选择性遮阳

带全息光学元件的方向选择性遮阳（Directional Selective Shading Systems Using Holographic Optical Elements）会阻挡来自天空的小角度区域的入射光（见图 4.9）。它们可以折射或反射入射光束的太阳光，同时向其他方向透射散射光。这种有选择性的遮阳可以为建筑物内部提供天然光而不会严重改变窗户的视野。

在这种系统中，全息衍射光栅被嵌入到玻璃层压板中，光学选择的直接辐射可以被反射出去，或被反射到次要区域（用于转换成电或热能）。在这两种

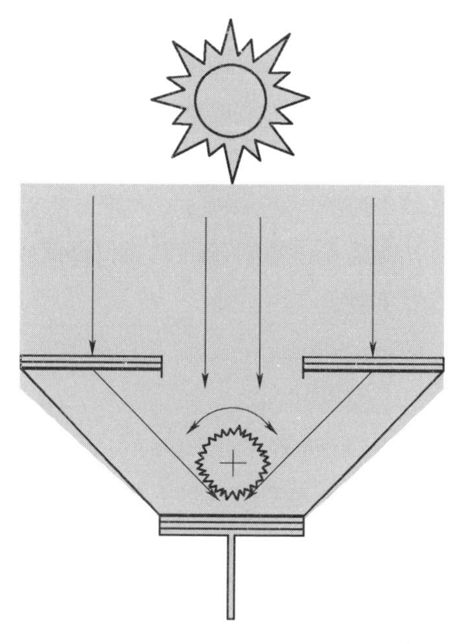

图 4.9 带全息光学元件的方向选择性遮阳系统

情况下，整个遮阳组件都必须跟踪太阳的路径（在单个轴上旋转）以实现最佳遮阳。通常情况下，系统组件将作为遮阳系统垂直安装在玻璃幕墙上或屋顶上。如果太阳直射光能够被完全遮挡，则该系统也可以安装在内部，如天花上。

4.3.10 Anidolic 天花系统

Anidolic 天花系统（Anidolic Ceilings）利用复合抛物面聚光器的光学特性来收集天空中漫射光（见图 4.10）。聚光器与天花板平面上方的镜面光导管相连接，将光线传输到房间深处。该采光系统的主要目的是为天气状况以阴天为主的地区提供充足的室内天然光，并被设计用于非住宅建筑的侧面采光时使用。

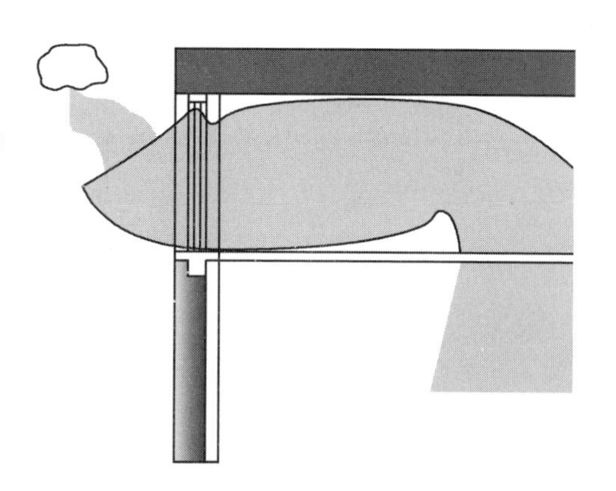

图 4.10 Anidolic 天花系统

在建筑物的外部，一个 Anidolic（非成像）聚光器捕捉和汇聚阴天的上部

（较亮）区域的漫射光，并高效地将光线引入光导管。在光导管位于房间深处的开口处，抛物面反射器将入射光线向下反射进入房间。抛物面反射器应合理设计以避免入射光线的反方向反射，造成传输效率的降低。天然光通过设置在天花上部的多个镜面反射光导管将光线传送到更深的房间内，以改善室内天然光照度分布。在高密度城市环境中，Anidolic 天花系统的效果非常明显，因为采光口周围的障碍物多，对采光口有明显的遮挡，因此收集来自天空上部漫射光对增加室内采光量具有重要意义。

4.3.11 Anidolic 天顶开口

Anidolic 天顶开口（Anidolic Zenithal Openings）是用于从天空拱顶收集漫射光，而遮挡太阳直射光的采光系统（见图 4.11）。这种采光系统适用于单层建筑、中庭空间或多层建筑的上部。

屋顶收集器是一个线性的非成像复合抛物面聚光器，其长轴是东西方向。该系统在北半球被设计成向北倾斜，其位置指向北向地平线到南向最高太阳高度之间的天空，这可保证其在全年收集来自天空的漫射光，且不受太阳直射光的影响。复合抛物面聚光器通常反方向放置在屋顶开口处，将天空漫射光传递到房间的底部。

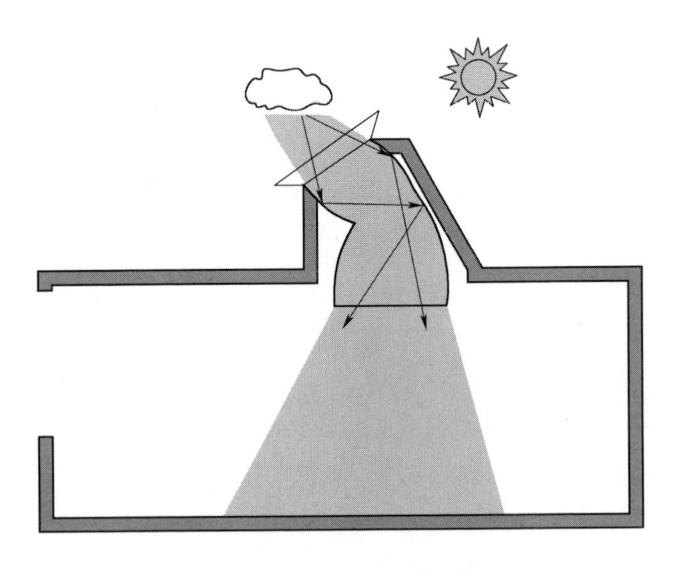

图 4.11 Anidolic 天顶光开口系统

4.3.12 Anidolic 太阳能百叶窗

Anidolic 太阳能百叶窗包含了一个中空反射元素组成的网格，每个网格都由两个三维复合抛物线型的集合器组成(见图 4.12)。这种百叶窗是为侧面采光而设计，并通过选择光传输角度来控制太阳光和眩光。相比其他 Anidolic 系统(Anidolic 天花、Anidolic 天顶光开口系统)，Anidolic 太阳能百叶窗的主要创新点是使用三维反射原件和其较小的尺度。

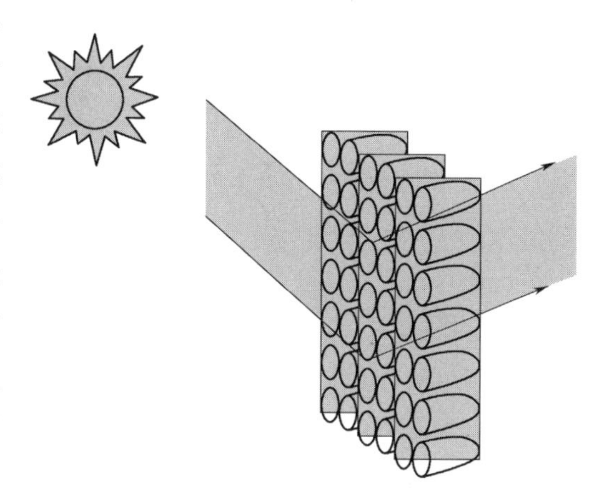

图 4.12 Anidolic 太阳能百叶窗

Anidolic 太阳能百叶窗能阻挡绝大部分高太阳高度角的直射太阳光，但低太阳高度角的漫射光或冬天太阳光却能穿透。

Anidolic 太阳能百叶窗是一种不透明的采光系统，通过其观看外界景物迷糊不清，因此不能用于观察窗，通常作为单纯采光用途的固定窗使用。如果需要观察外部景象，那么该系统则应该放置在窗户的上部位置。Anidolic 太阳能百叶窗通常放在两块平板玻璃中间，以避免灰尘污染对采光效果的影响。

Anidolic 太阳能百叶窗是一个固定系统，常用于控制南立面和其他获得过量日照的立面上的天然光和热量。Anidolic 太阳能百叶窗希望能在更广泛的条件下增加天然光的穿透，同时避免内部空间过热。尽管该系统主要设计来控制晴天气候状况下的天然采光，但也可用于多云天。

4.4 采光系统性能

为了了解不同类型采光系统的采光性能，可利用实验方法分别在模型、全尺寸房间及真实建筑中测试，或用计算机软件进行模拟。通过测试及模拟，可以了解不同系统对天然光传输及控制性能。结合采光系统的采光性能，并通过天然光反馈控制系统与人工照明相结合后，就能实现节能。

4.4.1 使用漫射光的遮阳系统

1. **百叶窗（遮光格栅）**

固定的、镜面反射的百叶窗主要用来控制直射日光。高太阳高度角的太阳光和天光通过百叶窗反射，增加了内部采光水平，而来自低高度角天空（即高出地平10°～40°）的采光水平则被降低了。固定的、镜面反射的百叶窗能够控制眩光，但却降低了采光水平。它们常用于控制温带气候条件中浅进深房间采光。

2. **百叶窗帘**

标准的百叶窗能够提供中等照度的采光分布。条板的最佳数量取决于眩光、太阳直射光控制和照明需求。如果条板是水平的，反向的、银白色的百叶窗会增加光照水平。

3. **自动式百叶窗帘**

当一个自动式百叶窗被用来遮挡太阳直射光以及与可控明暗的荧光灯同步操作时，相比静态百叶与同样的室内照明控制系统相配合，可获得较好的节能效果。

4. **全息光学元件遮阳系统**

全息光学元件遮阳系统在保持采光照度的同时有效地遮挡了太阳直射光。但由于全息光学元件遮阳系统所需的跟踪系统费用高昂，限制了其推广使用。

4.4.2 使用太阳直射光的遮阳系统

1. **挡光板**

经过光学处理的挡光板与传统的内部挡光板相比性能有了进一步提升，并能够在大多数晴天条件下为室内引进充足的漫射光。

2. **光转向遮阳**

与传统遮阳提供的照度相比，光转向遮阳提高了空间中部的采光照度。光转向遮阳适合于炎热、阳光充足的气候。

3. **角度选择型天窗**

角度选择型天窗遮挡了高太阳高度角的太阳直射光，反射低太阳高度角的太阳直射光进入室内，进而控制了房间热负荷，并从天空中获得更多天然光。因此，低太阳高度角的直射阳光是引入该天窗的最佳用途。

4.4.3 利用漫射光的无遮阳系统

1. **挡光板**

外置的挡光板不仅使用了漫射光，也使用了散射（漫射）直射光。外部倾斜30°的挡光板能够增加房间后部的采光水平；内部的挡光板则会降低光照水平。

2. **Anidolic 天花板**

Anidolic天花板有一个外部的、以天空为方向的收集系统。研究显示，在距离房间外墙5m处的Anidolic天花板开口下部，采光系数明显增加。但在天气特别晴朗时，该系统的外部收集装置上需要设置百叶窗帘来控制进入系统的太阳光。

3. **采用全息光学元件的天顶光偏转玻璃**

采用全息光学元件的天顶光偏转玻璃的系统增加了房间深处的照度，并在没有直射阳光的朝向上减少了近窗处的照度。

4.4.4 使用直射光的无遮阳系统

1. **激光切割板**

与棱柱板材相似，在晴天的条件下，激光切割板能提高房间深处10%～20%的光照水平。当板材倾斜设置，则可以实现更高的光照水平。倾斜设置同样可以减少眩光指数。

2. **阳光导向玻璃**

阳光导向玻璃能够在晴好天气中增加房间深处的光照水平。该系统依赖太阳的入射角，因此最好在温带气候中使用。

4.5 控制灯光对天然光的响应

人们希望既能控制天然光进入室内空间，又能控制室内空间中的电光源，只有这样才能充分利用接收到的天然光，并最大程度地减少人工照明的使用，同时满足相关照度要求，达到避免过量的太阳辐射，使使用者感到舒适，是良好采光的主要目标。

4.5.1 天然光控制

天然光的控制首先是窗户大小和位置的选择，在此基础上，玻璃的光透射率决定了房间可以接收的最大天然光数量。

手动控制采光系统的房间里的天然光数量和质量既可以由构造简单但使用广泛的漫射窗帘或百叶窗提供，也可以由具有复杂的光线重定向系统提供。后者的目标是通过控制天然光的数量和分布优化天然光的环境质量，并避免眩光影响。

自动控制采光系统相比手动控制采光系统可以对天然采光执行更多的操作控制。该系统可通过倾斜或转动水平/垂直的片层降低或者提高窗帘位置，通过旋转太阳跟踪系统等控制方式来控制室内天然光的引入。然而，很多采光控制系统依赖于太阳直射光或太阳的位置，而没有对室内采光需求做出反应。例如，在基于直射阳光的遮阳控制中，使用屋顶的传感器测量倾斜表面的总辐射，利用太阳位置的天文数据控制百叶窗的倾斜，以及利用太阳位置控制日光反射装置。因此，天然光控制系统应在满足使用者对光环境质量与数量要求的基础上进行动态控制。

感应日光的天然光控制系统由传感器、入射光测量仪和控制系统组成，根据传感器的信号控制系统操作。对于所有的控制系统来说，最优的控制模式就是在其控制过程中不引起房间使用者的注意。

4.5.2 照明控制

近年来，相比传统的无控制照明系统，照明控制系统的使用在减少照明能耗、降低商业及办公建筑高峰用电需求方面显示了明显的节能潜力。照明控制策略包括在天然采光时自动调节灯光明暗，根据使用者的需求调光或者开关灯具，以及进行流明维护（自动补偿长期的流明损失）等方式。但在实际情况中，这些照明控制方式在某些情况下很难校准和实施。

目前，照明控制系统为这些控制策略所面临的困境提供了解决方案：照明能耗的监控和诊断易于实现调光，以及对实时能耗费用做出反应。研究发现，采用与采光联动的照明控制系统后，靠窗最外侧一排灯具节电 30％～41％，而相邻第二排灯具节电 16％～22％。

随着低成本远程控制设备的出现，由使用者控制调光系统成为用户可负担的一个选择，并获得了很高的用户满意度。研究人员在旧金山一栋大楼的一间办公室里进行了长达7个月的研究，研究比较了各种控制技术的节能效果。研究显示，由于控制技术的使用，办公室能耗相比无控制时降低了23％～44％。

由于使用者的照明需求会随着工作类型的变化而变化，因此，基于使用者对光的感觉来实现节能的效果在很大程度上取决于使用者的行为模式。例如，在使用者会全天使用的办公室中，调光控制系统的节能效果比间歇使用的房间更加明显。

4.5.3 照明控制系统的组成

照明控制系统种类繁多，主要可分为中央控制和本地控制两类。通过中央控制系统可实现对每一个灯具、整栋建筑或者建筑每一层楼的控制。中央控制系统通常依赖于位于回路（或灯具）中心区域的天花板上（或墙上）的日光传感器，并且集中控制系统通过传感器控制维持一个恒定的照度值。控制器可以对其预设值进行调整。不同类型的控制器应用于不同的功能空间，例如，在一个流动的空间中，一个简单开/关控制可能是必需的，而在一个大的办公室里，调光控制可能更合适。

在本地控制系统中，光传感器通过估计工作表面亮度，并调节灯的输出光线来维持预设的水平。总的来说，本地控制系统比中央控制系统表现更好。然而，使用这些传感器的一个缺点就是由于反射系数的问题所带来的误差，例如，当工作台面上放置一张白纸时，由其反射到传感器的反射光大大改变了传感器的控制阈限值，进而导致传感器发生错误的信号。这可通过在适当位置放置传感器来解决，或者通过使用大视角的传感器来降低误差。

1. **光电传感器**

所有种类光电控制的关键是传感器，因为它可以检测到天然光的存在与否，并向控制器发送信号，使其相应调节照明开关与强弱。传感器的位置很重要，因为它影响了所使用的控制算法和类型。

光电电池或传感器通常位于天花板上，并在现场校准以维持恒定的照度水平。如果内部空间的某些部分被建筑物或树木遮挡，一个单一功能的传感器可能就会出现问题。人们发现，在新型的采光系统中（如遮阳板），局部遮阳传感器（仅由窗户遮阳）不易受到天空条件和来自窗户的直射光影响。

2. **控制器**

控制器位于电路的开端（通常是配电箱或天花板处），并结合一种算法来处理光电传感器的信号，将其转换为调光或开关装置的指令信号。

3. **调光和开关装置**

调光装置可以通过平滑改变灯具的功率来改变灯具光输出。如果天然光照度低于目标照度，则控制器调高光输出，使工作平面上能保持相应的光照度值。如果调光装置可以对天然光做出反应，那么调光控制会比开关控制节省更多的能源。对使用者来说，调光装置比开关装置更不容易引起人的注意，但是使用者依然希望在控制区中能够保留手动控制模式。手动开关装置也可以代替调光装置，但因为它们可能比调光开关消耗更多的能源，因此通常不推荐使用。除了采光良好的房间外，高频率的调光装置会获得最大的节能效果。

光电开关装置的一个问题是，当日光照度在调节照度上波动时，开关就会迅速打开和关闭。这可能会让使用者感觉不适，并缩短灯具使用寿命。目前，已经开发了各种技术来减少开关数量。开关控制器有两个调节照度值，高于照度控制阈值后灯会被关掉，而低于照度控制阈值时灯会被打开。

4. **感应传感器**

研究表明，相当比例的工作人员会有30%～70%的工作时间不在办公室。如果考虑到感应控制系统的时间延迟，保守估计可从控制系统中获得30%以上的节能效果。实际节能效果取决于功能空间的组织和办公室员工的人数。感应传感器更适合于那些办公人员需要长时间使用，而不是经常离开办公室的建筑空间中。感应传感器的缺点是当房间里还有人在工作时就关掉某个区域的灯光，这会让人感到不安。有些系统可以平稳地调暗（或者在使用者回来后调亮）灯光，而不是突然关掉，这有助于在开放办公室中解决这个令人不适的问题，从而提高用户接受度。

5. **控制策略类型**

控制系统可以使用光电传感器，这样它就能同时探测到系统控制的电灯和可用的天然光（一个“闭环”系统）。在这种情况下，传感器需要考虑到它控制的照明系统的输出。相比之下，“开环控制”系统的光电传感器被设计和定位为它只能探测到日光，而不能感应到它控制的电灯。虽然照明控制系统侧重于传感器放置和分区，但两者都至关重要。其他因素也应该被考虑在内，包括使用者对控制器的操作、对任务和环境系统的整合，以及通过控制系统的设计来适应天空光或遮阳板。

6. **遮阳控制**

遮阳系统可以用来控制由太阳或高天空亮度引起的眩光和热量的增加。有些遮阳系统可以独立于采光系统运行。在第 4.2 节，采光系统被描述为要么是遮阳系统（即它们被设计用来提供遮阳和采光），要么是无遮阳系统。对于后者，在热带和夏季，可能需要增加遮阳系统，以限制太阳热量的吸收和阳光直射的眩光。

自动控制遮阳系统的实现方法有很多，目前大多数遮阳设备是手动控制的。然而，当使用者只能手动控制遮阳系统时，遮阳系统通常都会处于关闭状态，这就失去了天然光带来的好处。外部遮阳系统可以通过中央控制装置自动打开，倾斜或关闭所有遮光装置，同时还可以通过测量日光量来确定什么时候需要遮阳及外部阳光的引入量等。

7. **使用者行为**

据统计，天然光手动控制并没有被有效使用。因为即使使用者在进入房间时的天然光照度是足够的，许多人也会选择开启电灯，这带来了极大的能源浪费。目前，大多数照明控制的研究主要集中在节能方面，而忽视了灯光控制的主要目的是改善空间视觉舒适性。

如果用户可以使用遥控装置改变天然光控制设置参数，那么对照明控制的满意度就会增加。用户控制系统让使用者可以根据空间性能、活动和位置设置工作环境，并让用户通过一系列设备来控制照明环境。

感应控制可以关闭或调暗灯光，并由用户来判断并调整以获得适当亮度输出。这种组合的目的是提供高质量的灯光，并鼓励使用者在进入室内空间时评估是否需要补充照明。

如果照明控制系统以一种可预测的方式反应，那么它就更容易被接受。例如，当太阳照射在立面上时，电灯的亮度调暗；乌云突然降低日光，电灯的亮度增强。而当使用者没有感觉时，就应该缓慢变化。例如，早上随光线变强，调暗灯光。

8. **能源节约**

建筑物采光设计要达到节能目的，应根据室内可用天然光的数量来调暗或关闭电灯。此外，采光照明控制的节能效果将取决于光气候、控制的复杂程度以及控制区域的大小。

一些采光系统已经在实践中经过验证，如选择同时考虑遮阳和采光需求的遮阳系统可明显节能；位于视平线上并将阳光重定向到房间天花板的无遮阳采光系统，如激光切割和棱镜面板，也可以显著节能，但需要进行详细的设计，例如设置特定的倾斜度来避免眩光；在全阴天或多云的天空条件下，Anidolic系统也可获得较好的节能效果。

此外，自动控制的格栅和百叶窗也是有效的遮阳系统，比静态系统具有更大的节能潜力。而具有全息光学元件的系统也有很好的节能潜力，但需要进一步研发以降低成本并提高性能。

总体来说，采光响应系统能比不受控制的系统降低至少40%的用电量，而在炎热天气条件下，由采光带来用电量的节约相应降低室内制冷负荷，进而节约额外的用电能耗。

4.6 天然采光新发展

近年来，人们对天然采光的认识与评价出现了巨大的变化。20世纪后期以来，人们普遍采用采光系数（The Daylight Factor）作为采光设计的客观评价指标。但由于采光系数是基于全阴天条件下的采光评价，未考虑日光、朝向及地域、气候等多方面因素的影响，因此，如继续使用并依赖采光系数作为采光评价的主要方法，将使采光研究停滞不前。

建筑天然采光不仅应考虑天空光对室内产生的照度和太阳直射光对室内产生的照度，还应考虑太阳或天空光对室内使用者产生眩光的潜在影响。目前，太阳直射光对采光的照度贡献通常是基于人们的经验和直觉定性判断，而不是基于光传输的定量计算，因此其值仅能被大致估算。此外，太阳运行轨迹和建筑规划布局之间的几何关系涉及预测建筑内部太阳光照射到表面的变化轨迹，并用于评估使用者视野内产生眩光的概率，如建筑的开窗状况、朝向和附近障碍物遮挡等。换句话说，建筑天然采光应根据时空变化来动态预测与评价。因此，相对于客观的采光系数评价方法，经验丰富的采光设计专业人员会提供更有价值的采光建议，但是建议并不一定能形成具有可操作性的实施方案，且对该实施方案还需做相应的测试来验证与改进。由此可见，对于建筑设计而言，具有良好采光效果的建筑更像是一种运气的产物。

目前，两种几乎同时提出但却完全独立且各自发展的采光评价体系正逐步改变人们对天然采光评价方法和基本特征的看法。第一种评价体系是在设计阶段就需要证明满足建议性能（相关规范），且随着相关研究的深入，这种需求还在不断增加，如 LEED 评价系统。这种评价体系被发达国家广泛采纳，且因政府和行业管理部门的要求和鼓励，该评价体系被设计人员广泛采纳。由于这种评价体系中的建议性能指标是建立在采光系数等因素的基础上，忽略了建筑朝向和当地气候特征等基本参数。因此，如果想营造更加良好的采光环境，这些严格的评价体系反而可能成为阻碍。第二种评价体系则是采光评价上的重大进展，即基于气候的采光模型。该评价体系能解决由于“遵守现有规范标准”而导致建筑采光实际效果不佳的状况。同时，一系列新的表皮和玻璃技术的出现改善了建筑的采光，这些材料技术是采光评价体系的重要补充。此外，最近基于相机测量技术的成熟，使得研究工作者能以前所未有的宽度及广度来描述光环境。

4.6.1 基于气候的采光模型

基于气候的采光模型（Climate-Based Daylight Modeling）是利用来自标准化年度气象数据集的太阳和天空条件预测各种辐射量或光度量的方法，并能获得绝对数值的预测（如辐照度、照度、辐射和亮度）。除了考虑建筑空间几何特征和材料特性外，这些预测结果还取决于所处地域（即利用特定地理气候数据）和开窗的方向（考虑太阳位置和不均匀的天空条件）。而采光模拟的精度还取决于设备类型（灯具和百叶窗）和其控制策略（自动控制、人工控制或组合控制）。

基于气候的采光模型最早由 Mardaljevic 在 2006 年英国建筑服务工程师特许协会（Chartered Institution of Building Services Engineers，CIBSE）会议上作为论文的题目提出，到目前为止仍没有一个被业界广泛认可的定义。该模型是建立在当地一整年时间序列光气候数据（太阳和天空组分）的基础上，或来源于全年 8760h 的标准气象数据集。由于太阳光在不同的季节有不同的自然模式，因此模型还有包含太阳位置和不同季节的云量模式的功能；同时还需要至少 12 个月的评价周期来获取所有自然变化条件，并反映在气象数据集中。如果需要校准特定空间的监测气候条件，也可使用特定时间段的真实气候数据。标准化天气数据集来源于观测站点多年的观测统计平均，并被用来代表典型气象条件下的平均值及变化范围。世界上大多数地方的标准气象数据均可在相关网站上免费下载，而 Energy Plus 热工模拟软件数据库包括了全球超过1200个地区的免费气象数据，是目前使用最广泛的气象数据库之一。

尽管基于气候采光模型的研究方法众多，但累积分析法和时间序列分析法为常用的两种主要分析方法。累积分析法是根据（每小时）天空的累积亮度效应和来自日光、室内照明和人类行为的气候数据集建立的对某些总采光量（如总年照度）的预测。它通常是在一整年、一个季节或每月的基础上确定的，也就是依次预测每个季节或月份的累积量。该方法不建议对周期小于一个月的累积量进行评估，因为短周期累积量获得的结果将更倾向于揭示气候数据集中的瞬时状态，而不是该周期的“典型”气象条件。累积分析法可用于预测城市环境中的微气候和太阳能获取量、长期暴露于天然光下的艺术品及在早期设计阶段对季节性天然光可用性和快速评估遮阳的需求。

时间序列分析法根据年度气候数据集中每小时数值预测瞬时采光量（如照度）。时间序列分析法可用来评估建筑的整体采光的潜力、过度照度或亮度的发生状况，并建立行为模型控制灯光的开闭或百叶窗的使用，以发挥采光的潜力，降低建筑的能源使用。由于采光序列瞬时值不能从累积值中可靠地推得，因此，采光性能指标应基于时间序列的瞬间发生值。如前所述，评估应贯穿全年。由于气候随着季节的变化而变化，因此作为标准工作天的采光分析时间到底是8h、10h、12h，还是它实际的昼光时间，目前还存在争论，但不同目标的分析可采用不同的分析周期。

基于气候采光模型与全阴天空模型（采光系数）和晴天空模型相对比，如图4.13所示。通过使用当地的漫射光照度可利用曲线，可将采光系数值转换成一个空间中整体采光估计值；然而，由于太阳光的贡献无法同时考虑，因此该方法被视为是粗略的估计。各种晴天空选项与当前气候没有联系，且天空无需标准化。与此相反，基于气候的采光模型可利用气候文件中的全年的辐射或照度数据，并从中得出瞬时的天空和太阳的条件。

4.6.2 采光度量标准

度量的目的是将不同因素组合在一起，以便能成功地预测更好或更差的输出结果，进而为决策提供依据。建筑采光性能可以用一个及一个以上的度量标准来描述，也就是说，没有必要将所有重要因素组合成一个度量标准。这种简单度量标准的好处是可以直观地被理解，并与可测量结果直接相关。度量标准

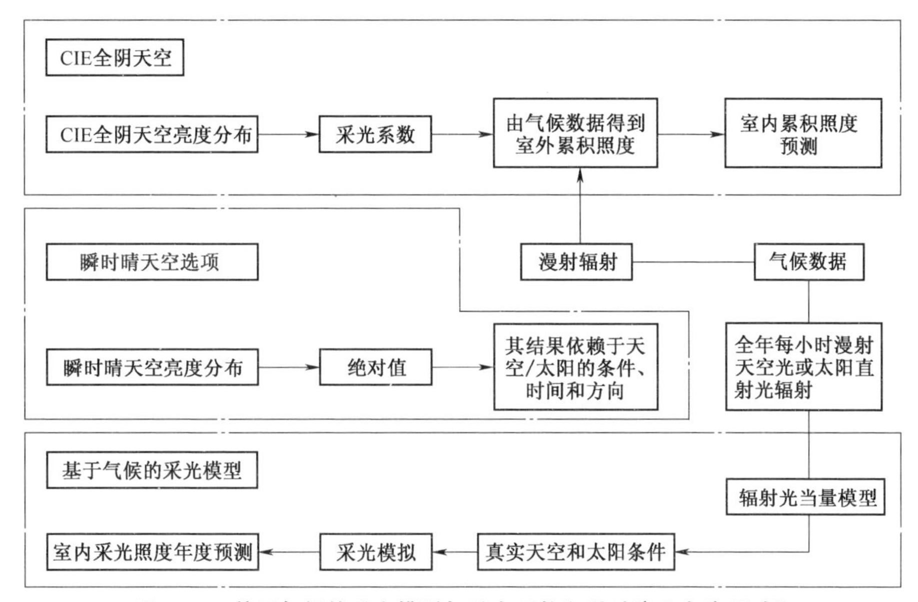

图 4.13 基于气候的采光模型与采光系数和瞬时晴天空选项对比

注 辐射光当量模型用于只有辐射数据时辐射和照度之间的转换

在被充分细化和理解，并且其预测能力得到验证后，就可用于各种导则和建议标准。

相关学者已经指出，建立在采光系数基础上的采光度量标准是一种相对简单的指标，由于采光系数没有时间变化参数，所以这种方法只能表现一个点的采光系数值（The Daylight Factor，DF），人们常用工作面上的采光系数的平均值或者工作面上采光系数的均匀性来衡量工作场所采光状况的优劣。由于需要模拟空间中各点在不同时段的照度数值，因此建立在“基于气候的采光模型”基础上的指标更为复杂。如果仅考虑一年采光时段中每小时的采光模拟值，则基于气候的采光模型将在每个计算点上产生约 4380 个模拟值。若采用更短的模拟时间步长，则数据量将会成倍增加，却能更好地了解天然采光在建筑内部空间中的变化过程。

自 20 世纪 90 年代后期以来，研究工作者先后提出了不同类型的基于气候的采光度量方法。2010 年以来，为了研究这些采光度量指标对建筑采光评价的可靠性，研究工作者对这些度量指标进行调查研究，以了解它们描述建筑采光设计好、坏或中等的潜在能力。其中一个最简单的方法是采光自治（Daylighting Autonomy，DA）。DA 度量值可以理解为采光满足率，其表达了室内照度大于或等于要求照度的累计小时数和室内需要照明的总小时数的比值。众所周知，使用者不一定喜欢天然采光照度值超过室内照度要求的状态，而且室内照度要求水平更是由于使用者的不同而出现很大的差别，且使用者的反应也难以准确界定。

有效采光照度（Useful Daylighting Illuminance，UDI）是满足室内水平工作面上照度要求的一个范围值，是用来评价室内动态采光质量的评价指标。UDI 用以表示一年中工作面上的天然采光在一定范围内有效照度所占时间的比值。UDI 度量方法减少了大量的时间序列数据，但是仍保留了大量的照明时间序列的重要信息。UDI 度量方法表达了天然光可能对于使用者视觉影响的上下限值。UDI 不仅可反映全年天然光采光情况下测试点天然采光的模拟测试结果，还可以反映出天然采光的利用率。

中国采光设计标准中规定，根据不同的窗口开启方式及采光等级要求，室内天然光光照度标准值为 75～750lx 被认为是满足要求的，光照度为 750～2000lx 常被认为是理想的或可接受的。UDI 的取值范围取决于特定的应用要求，因此 UDI 取值的上限和下限没有准确的数值。UDI 方案简单直观并具有丰富的信息内容。UDI 被定义为光照度为 100～3000lx 时为有效光照度。UDI 范围进一步细分为两个范围，分别为 UDI 补充和 UDI 满足。UDI 补充表示光照度范围为 100～300lx，对于该范围内的水平照度，需要增加额外的人工照明来补充天然光照度的不足，以满足诸如阅读等常见视觉任务的要求。UDI 通过每个计算点的采光值来实施方案，其中：

（1）光照度小于 100lx，即 UDI“不合标准”（或 UDI-f）。

（2）光照度大于 100lx 并小于 300lx，即 UDI 需补充（或 UDI-s）。

（3）光照度大于 300lx 并小于 3000lx，即 UDI 满足（或 UDI-a）。

（4）光照度大于 3000lx，即 UDI 过度（或 UDI－e）。

虽然基于气候的采光量度方法（如 UDI 和 DA）尚未在业界达成共识，但其正在采光设计及应用中起到越来越重要的作用。当前业界普遍认为，沿用半个世纪的采光评估方法需要更新。与此同时，基于气候的采光模型正经历了从研究到实践的渐进变化，并逐步被咨询工程师用来实现良好采光环境目标。

基于气候的采光模型建立的度量方法及指标将是可靠评估具有良好采光的低能耗建筑设计的关键。然而，仍然有一些工作需要进行，以确保未来的采光度量指标与其他指标（例如热性能）协调一致，以避免给建筑设计师带来相互矛盾的指导。

4.6.3 先进的玻璃系统和材料

办公建筑中的天然光使用通常被认为是巨大的未开发资源。这在很大程度上是因为天然光进入室内空间时的高可变性和方向性。多变的日光意味着用户经常或至少在某些时候需要使用遮阳设施来减少天然光过度入射，而由侧窗引入的天然光主要照向了建筑下方的空间，因此，靠近窗户的工作区域会接收到充足的天然光。而来自天花板的反射光对工作面的照度值也有贡献，但是由于地板材料的反射率通常较低，使得大部分天然光到达地板后被吸收，而从地板上反射的光在再次反射之前可能会遇到桌子、椅子等障碍物的阻挡，所以经过地面到达天花板的反射光数量较少，使得利用地板反射的光线来照亮空间效率较低，且效果有限。相应的传统建筑物外立面、外层遮阳系统（例如百叶帘等）的设计及使用也大大削弱了建筑空间潜在的采光性能。许多遮光系统作为一个既可以打开又可以关闭的“快门”，用户可以方便地通过遮光系统来控制与优化采光供给量，并对太阳光和眩光进行控制。因此，建筑物中的天然采光，特别是垂直侧窗采光，可通过以下方式大大改善：

（1）将进入空间的天然光重新定向到天花板和墙壁上，天花板和墙壁的反射将有助于更好地将天然光分布在更深的空间中。

（2）对于遮光系统，采用可逐渐调节采光量的方式，而不是直接采用开/关快门的操作方式。

（3）减少甚至消除用户干预的可能，例如减少窗帘的使用量。

大多数先进的玻璃系统或材料的目的是通过实现一个或多个上述目标来改善空间中的整体采光状况。

先进的玻璃系统和材料（Advanced Glazing Systems and Materials，AGSM）分为主动和被动两大类。主动系统会根据一些控制参数（如工作平面照度）自动地改变某些属性（如可见透光率）。被动系统是一种固定不变的系统，不需要自动或手动的外部控制。通常 AGSM 系统与传统玻璃一样需要考虑提供足够的视野和避免眩光等视觉质量问题。

大多数被动 AGSM 系统的目标是以某种方式重新引导天然光，而透射光的大小和分布的变化都是源自入射光数量和方向的变化。被动 AGSM 通常是在窗户玻璃表面上附加一层材料的形式，或者它们本身是玻璃元件，例如双层玻璃系统的一部分，而其中另一部分可能是普通玻璃。入射光方向的改变与控制可通过材料的镜面反射或漫透射特性来实现。此类玻璃系统包括棱镜光反射板、激光切割板、漫射材料和镜面百叶窗等。其中一些材料自 20 世纪 80 年代以来一直在使用，但使用范围并不广泛。这是由于材料长期性能数据有限，且设计者缺乏充足的材料光传输特性知识，进而造成在设计阶段无法预测其采光性能。

一些早期使用的棱镜玻璃装置的研究报告表明，由于棱镜玻璃缺乏对外界清晰的视野及产生的色散问题导致棱镜玻璃不被使用者所接受。目前，市面上一些镜面重定向材料（如 Serraglaze）为观察者提供了比较清晰的视野（见图 4.14、图 4.15），并通过反射太阳光到天花板的方式来有效阻挡较大太阳高度角时的直接传输。半透明材料（如 Kalwall）具有非常低的导热性，可用于代替墙壁和玻璃窗（见图 4.16）。然而，这些材料基本上是扩散板，因此必须与透明玻璃结合使用以提供外部视野。

图 4.14　Serraglaze 玻璃（左）与普通玻璃对比效果（右）

图 4.15　薄膜重定向玻璃，左为镜面，右为漫射

图 4.16 Kalwall 扩散板立面效果及采光效果

通常，利用在窗户上增加一层能整体减少玻璃穿透率的薄膜来减少通过窗户获取太阳能及天然光的量。这些薄膜在透光率方面有很大差别（从 0.1～0.6），并可能有明显的色调。即使透光率最低的薄膜通常也需要额外的遮阳来减弱直射的阳光。对使用者来说，尤其是在阴天，窗户的透光率降低，使得外界的景色显得单调而阴沉。一种新的用于减弱窗户采光的方法，就像薄膜一样，叫作 Solaveil 处理方法。这种材料是用数字印刷技术制作的，它将微尺度的 3D 结构放在衬底上，作为“眩光过滤器”和重定向“微光搁板”。在图 4.17中给出了 Solaveil 改造安装前后的照片。左侧是建筑在改造前通常使用的方式：百叶窗控制眩光和直射太阳，并把电灯打开。右侧显示了窗口的处理区域，该窗口现在作为一个漫射光架，将光线重定向到天花板，保护使用者免受太阳直射光的影响。较低的未经处理的窗户部分为使用者提供了户外的视野。初步研究结果表明，在这种干预措施下，照明和制冷的节能潜力很大。

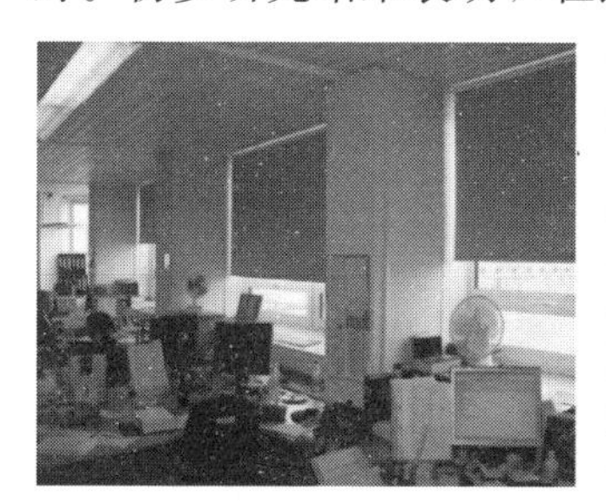

图 4.17 带窗帘的传统玻璃窗（左）用新型 Solaveil 窗（右）代替

主动 AGSM 中最成熟的技术是自动遮光系统，根据某些传感器信号（如测量采光水平）的输入，控制电动百叶帘。阿布扎比的 Al Bahar 塔的智能遮阳系统不仅丰富了建筑立面，而且通过与智能控制系统配合使用，根据周围自然环境的变化，通过系统线路，自动调整遮阳板或改变遮阳面积或变化角度，

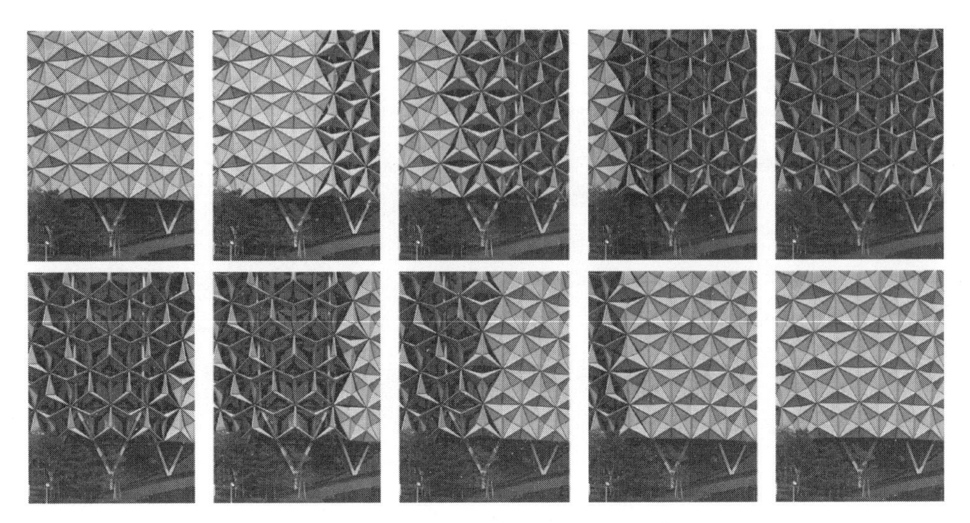

图 4.18　Al Bahar 塔的智能遮阳系统

既阻断热辐射、减少阳光直射、避免产生眩光，又充分利用天然光，节约能源，总体的目的是尽可能多的利用遮阳，避免产生热和视觉上的不适。建筑热舒适性通过太阳跟踪和外部遮阳的几何形状的设定来保证。视觉舒适度通过控制窗墙亮度，使其不超过特定的阈值来实现。图 4.18 给出了一系列显示遮阳变化的照片。虽然对阿布扎比的 Al Bahar 塔入住后的评估尚未进行，但非正式调查的事实证据表明，用户对采光系统的满意度很高。此外，有效的采光大大减少了人工照明消耗的能源。

与使用手动或自动控制的标准遮阳材料相比，具有在透光和黑暗两种情况下连续变化透光率的玻璃能对亮度环境提供更大程度的控制。事实上，日光的动态控制被称为“建筑门窗行业的终极目标”。原则上，这种方法很简单，即改变玻璃的传输特性，以达到最佳的光环境。基于电致变色（EC）原理的构想被认为是最有前景的一种方法，即玻璃透光率通过一个小的应用电压调制。事实上，商业尺度的 EC 玻璃的配方和生产已被证明是一项艰巨的任务。值得庆幸的是，最近有一些技术障碍已被克服，且 EC 玻璃试制样品已经安装在测试设施上进行评估，相应的商业安装也紧随而来（见图 4.19）。EC 玻璃窗的光学特性可以通过诸如入射或反射的太阳辐射、日光照度、环境空气温度或空间热负荷等多样的控制变量进行调整。在透明状态下，EC 玻璃窗的可见透光率可高达 60%。然而，其着色状态下的可见光透射率可低至 2%。目前，该产品已经大规模生产，而且随着价格的下降，预计 EC 玻璃将会成为更主流的产品。

图 4.19 电致变色玻璃透明状态变化

除了电致变色方法之外，还有光调制玻璃的配方，其中可见光透射率随材料的温度或入射光强度相应变化的方法称为热致变色和光致变色。光致发光玻璃具有类似于“反应性”太阳镜中通常使用的配方，而热致变色玻璃由两层玻璃组成，夹层中有聚合物凝胶，其在阈值温度下经历从透明到云雾状的过渡。这些自动控制系统研究还存在局限，并且无法根据内部测量数值（如采光水平）来控制其传输性能，这对采光控制来说是一个缺陷。

评价 AGSM 有提升空间采光性能的潜力。性能、成本和用户接受度是决定安装整体有效性的关键因素，而性能与成本原则上可以通过模拟来确定。也可以采用模拟方法来预测用户对一种新型的玻璃系统/材料的接受程度，但这种评价必须建立在基于使用者的研究中，以获得可信的数据。

模拟 AGSM 可能是相当具有挑战性的，其特殊的光学性能常常与标准玻璃差异很大。普通透明玻璃和具有漫反射光学特性材料的光学特点描述相对容易，并可方便地用于照明模拟。对于涂膜玻璃和定向反射材料，要精确模拟其光学特性及光分布模型是非常具有挑战性的。而产生部分镜面反射的涂层玻璃等材料在模拟中的表征和准确模拟则更具挑战性。由微小的镜面反射引起的亮点是日间空间的整体视觉印象的重要组成部分；然而，由这些反射产生的总光通量通常非常小，并且可以在预测照度数值时忽略。镜面反射仅对大量入射光的直接和漫射光在空间中的整体光传输是重要的，例如当镜面光搁架存在时。大尺度的反射/重定向采光构件（如光反射板或“采光井”）可以使用标准的 Radiance 软件来模拟。

然而，AGSM 的一个主要问题是入射光和透射光之间通常没有简单的推理关系。因此，AGSM 的光学性质需要通过综合测量或者模拟来确定。对于入射在 AGSM 上的每束光线，可能存在以某种方式被重定向的一个或多个方向的强烈透射光线，在大多数情况下，半散射或散射光具有独特的光分布（见图 4.20）。因此，为了充分了解材料光学特征，需要确定每束入射光在半球的透射光分布。这是双向透射比分布函数（简称 BTDF）。BTDF 即使对于看似简单的材料（如半透明玻璃）也具有挑战性。BTDF 特性的另一种方法是通过模拟预测而不是直接测量，对于这种方法，材料的微几何结构需要描述得高度准确，并且使用前向光线追踪程序预测。

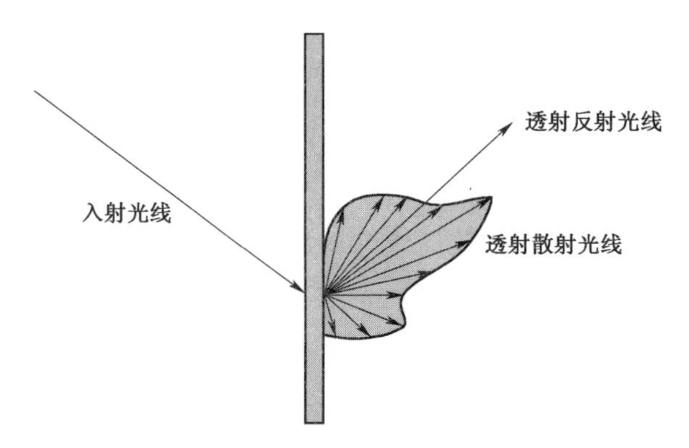

图 4.20 复杂透射系统光传输简图

如果材料的透射性能可以通过分析函数充分表示，并对 AGSM 光分布建立模型，那么就不需要采用 BTDF。对于某些类型的激光切割面板和重定向材料（Serraglaze）已经在这样做了，但仍然需要有限组的基于角度的传输测量来校准分析模型。

值得注意的是，尽管有各种近似模型来模拟光线在百叶窗上的传输过程，但是这些常见的设备具有复杂的光学性质。百叶窗的叶片角度和覆盖面都可以连续地或彼此独立地变化。对于任何给定的太阳位置，这些因素中的任一个对整体光透射都具有相当大的影响，如 BTDF。由于百叶窗的 BTDF 依赖使用者的操作，因此它比许多“先进”系统/材料更难以准确地建模。

导光管（即管状采光设备）为低层建筑提供了一种潜在有效的采光策略。导光管的性能可以用分析方法或相对简单的软件工具来模拟。导光管详细精确的模拟仍然具有相当的挑战性。

通过测量或预测来描述 BTDF 特征是一项高度专业化的任务，就像在照明模拟中使用复杂的透光率数据一样。要使得 BTDF 在采光模拟中普遍使用，在采光模拟的各个阶段还有大量的研究工作要做，以实现软件工具模拟。为了在设计优化研究中充分利用这些产品，发展基于标准化测试程序的 BTDF 数据库以及建立数据库图书馆是很有必要的。

4.6.4 采光环境测量的新方法

目前，定量的室内采光环境通常采用工作平面照度的点测量和亮度的窄视场点测量（例如 1°角）来表示。但在一座建筑中，由于照度测试点布置会影响建筑使用，且测试成本过高等问题，使得工作面上的照度值很少被长期记录；此外，由于人眼具有几乎 180°的前向视野，而 1°视角的“点”亮度测量值仅能记录视野中极少部分的亮度信息。

目前，人们对采光环境视觉舒适度缺乏充分的理解，部分原因是缺乏在（不断变化的）视野下的亮度经验数据。最近高动态范围（HDR）成像技术大大扩展了人们测量和描述视觉环境的能力。HDR 图像的每个像素点都保留了测试场景的亮度数据，换句话说，测量了场景亮度。市场上有一小部分专业的 HDR 相机；然而，也可以从普通家用数码相机拍摄的多张曝光照片中生成 HDR 图像，这些图像精度可达到 1000 万或更高的像素。此外，普通家用相机还可以配备完整的鱼眼镜头，其记录的图像将相当于或超越人眼的视野。

HDR 图像捕捉已被用于一些采光眩光的研究中，也更常用于探讨办公空间照明的偏好。图 4.21 为一个标准数码照片和相应的 HDR 图像。视图为靠近窗户且可以直接观察天空的办公桌。从伪彩色 HDR 图像可以看出，天空的光照度约为 7000cd/m^2。HDR 成像技术被用来校准和调整纽约时报大厦的动态遮阳系统。在自动遮阳控制系统设计中，一个关键的考虑是尽可能多地利用日光，且视野亮度不超过视觉舒适度标准。这通过在办公室中进行的测试和使用模拟的方法评估建筑采光（如基于气候的采光模型）。该模型只允许有限的场景，即只有两个具有固定外部障碍的视图方向。

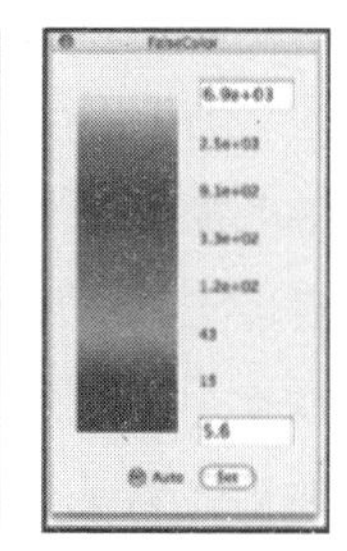

图 4.21 利用高动态范围图像测量使用者视线范围亮度值

高动态范围成像技术可能变得足够紧凑和便宜，以代替目前用于采光响应系统的传统传感器，如光电子控制人工照明、自动化遮阳/百叶窗和电致变色玻璃的透射。

4.6.5 采光与节能

人们普遍认为，"好"的采光设计将减少电灯照明能耗，同时也会降低总能耗。这种理念部分来源于人们的常识观念以及 20 世纪 70 年代 Crisp 和 Hunt 两人的开创性工作。节能的潜力通常是基于从采光系数和累积的采光分布推算得到的室内照度，然后采用一些照明模式控制。基于手动开关的照明控制模式来源于观察者的行为模式。人们早就认识到，单凭使用者控制不太可能有显著的节能效果，原因很简单，即使有充足的采光，灯也可能继续亮着。为了确保节省能源，需要进行定时开关或自动控制，并设计了使用者照明传感器和光电控制理论公式。过去 30 年来，非居住空间设计和人工照明发生了很大的变化，而一些几年前甚至几十年前的研究成果不一定适合今天的状况。

在实际建筑物投入使用后的研究表明，实际的节能效果总是明显低于设计阶段的预测。相关调查研究发现了许多原因，其中和照明控制相关的因素如下：默认状态并不是最优状态的，但对使用者和管理者的麻烦最小；最常见的是关闭百叶窗打开灯，这违背了许多采光和照明控制策略。

用于室内采光照明调光控制的光敏电池会被百叶窗叶片向上的反射光所影响，进而需要提高采光控制设定值，这也降低了采光照明调光所带来的益处。

预测实现节能的比例被定义为"实现节约率"（简称 RSR）。在美国，自动光控制性能的研究表明：简单的顶部采光有非常高的 RSR，而对于复杂的侧面采光来说，RSR 却很低。预测自动照明控制系统性能是一个多参数的函数，不仅包括空间设计和采光的利用，还包括照明系统设计、控制设置、调试历史和使用者个人行为等参数。

日光是通过窗户进入室内的太阳辐射的可见光部分。因此，进入空间的大部分采光能量在经过几次反射后就转化为热能了。在温和的气候条件下，很大程度上因为室内高热量的获得，导致许多写字楼均需要设置空调，且办公楼空调在一年中的大部分时间都需要制冷。当一个空间需要制冷时，无论是电灯的使用还是天然光的引入都会增加冷却负荷量。

如果由采光（即包括太阳能组件）导致的附加冷却负荷超过由于照明负荷

减少而节省的能量，或者如果净热量增加和通过开窗的损耗不能弥补照明节能的能量，那么试图提供良好的采光可能导致能耗的净增加。事实上，在全玻璃建筑中，一种常见的状况是通过降低百叶窗来控制眩光，但室内灯光却保持开启。这导致了较高太阳能获得量（百叶窗只反射了通过玻璃窗的一小部分能源）和没有“采光效益”（用于取代照明能耗或采光规定）这种不合理的组合方式。因此，在充分考虑采光节能的潜力的同时，也应该考虑到采光带来的热效应。在这种情况下，需要对整个建筑能源使用标准进行校准，而不仅仅是降低电灯电能消耗。这种方法由于考虑了太阳直射光的因素，因此不能采用标准采光系数的方法。然而，随着基于气候的采光模型的出现，可以期望一个真正的整体评价模式将在未来应用于设计阶段。

除非将采光作为集成设计方案的一部分，否则单独良好的采光是不太可能节省能源的。办公空间的典型照明功率密度（LPD）为 12～20W/m^2，而照明功率密度的下限被称为“良好”。然而，实际上仅通过高质量低能耗的荧光灯就可使 LPD 值明显低于“良好值”，如采用发光二极管等新兴技术，则 LPD 值更低。纽约时报大厦在满足良好视觉功能的前提下，它的 LPD 值只有 4.26W/m^2。

因此，一个完全集成的低能耗的采光设计必须根据当地气候和周围建筑环境量身定做。人们希望基于气候模型的新一代采光标准将帮助设计者在采光获取和有效的太阳光保护之间实现微妙的平衡。而且，重要的是，提供与其他标准不冲突的设计指导，例如建筑物的热性能。

只有利用基于气候的采光模型才能可靠地评估新技术节省能源的潜力。如建筑外墙可以通过广泛采用各种建筑集成光伏（PV）技术而成为发电机，半透明（PV）面板结合窗户而成为发电机。因此，采光的考虑与整个建筑的其他性能方面密切相关。

4.6.6 未来方向

建筑中天然采光的理论基础和实践应用正经历根本性的重新评价。尤其是近年来，日光暴露与生产效率、健康和生物节律等光生物研究成果的发现，使人们重新关注建筑物天然采光。在发达国家，政府和监管机构都鼓励通过推广设计导则和推荐方法，通过有效的采光设计，实现建筑物能源消耗的降低。然而，这些指南的理论基础仅仅是实际发生采光条件的粗略代表。随着基于气候的采光模型的发展，一种更为现实的评估方案已经出现，人们普遍认为它将很快取代采光系数，成为新一代采光导则的基础。同时，近年来市场上出现了大量的能增强建筑采光的先进玻璃系统和材料，并且在开发的早期阶段有了新的光分布公式。但由于现阶段采用的标准的“度量标准”（即采光系数）无法体现天然采光的地域与时间属性，因此创新采光系统的市场普及及推广应用相当困难。尤其是天然光照度的大小和发生情况的精确数据，即数量的多少和频率，对于可靠地评估采光系统的性能效益和成本效益至关重要。因此，以气候为基础的采光度量标准的出现将极大地有助于这些采光系统的评估，并且在证明其有效性后有利于推广。而目前高动态范围成像等技术在测量和控制方面取得的进展也为天然光的度量与应用奠定了坚实的基础。这些理论和技术进步有可能从根本上改善我们对建筑物的良好天然采光的认识，并在基本设计参数的确定及新颖的玻璃材料的使用方面发生了深刻的变革。这些变革将为天然采光设计的应用与评价提供依据与指引，并为未来大规模建造健康和低能耗建筑提供理论依据与应用基础。

5 模拟技术在建筑采光设计中的应用

光环境模拟技术是指在建筑建成之前通过各种技术手段实现对室内外的自然采光和人工照明的仿真计算，从而取得接近真实情况的图像和评价指标数据并进行评价和分析的过程。它是可持续建筑设计中必不可少的一种辅助手段，不仅有利于建筑节能，同时又能提高建筑的光环境舒适度。早期，建筑采光设计主要采用公式法、图表法、经验法、模型测量等方法来辅助完成。建筑师也大都喜欢利用已有经验来辅助设计，例如，尽量减少西窗和控制窗地比，或采用简单的流明法、采光系数法及图表法等利用公式的方法来实现采光计算。模型测量法因其成本较高，且对设备及模型材质的要求均比较严格，在实际工程中较少采用。后来随着数字技术的发展，经验法和公式法等传统建筑采光设计方法难以支持复杂和多元化的设计需要，已经逐渐退出建筑采光设计和研究领域，采用计算机软件进行采光模拟的方法越来越广泛，已成为主流。数字化辅助模拟软件可以弥补上述传统采光设计方法的不足，建筑光环境软件模拟正是建立在计算机软件技术基础上的，借助于计算机软件技术来完成人工计算无法完成的任务。与公式法中使用的简易程序不同，软件模拟通常建立在复杂的光照模型之上，其优势是可以精确地再现任意条件下的采光情况，同时还可以与建筑能耗模拟软件耦合求解照明能耗和由此产生的照明能耗。实际上，光环境模拟软件可以应用于建筑设计各个阶段的光环境模拟分析，尤其是概念设计阶段，这一阶段的很多决断对于整个建筑设计过程来讲往往是具有深远影响的。此外，建筑光环境模拟技术还可以应用于建筑采光系统的性能模拟、遮阳及照明设计、标准评估、城市设计等众多领域。

目前，国际上应用的光环境模拟软件众多，主要包括 WINDOW、SkyVision、Radiance、Rayfront、Lightscape、AGI32、Daylight Visualizer、Ecotect、Daysim 等。这些软件由于开发的目的不同，性能各异。例如，Ecotect 是一款多功能分析软件，适合前期方案分析比较；Lightscape 被Discreet收购后，被移植到 Autodesk VIZ 及 3D Max 中，主要用来做场景渲染；AGI32 则侧重于室内照明计算。美国伯克利实验室开发的 Radiance 软件，是目前国际上公认的最早、最权威的光学模拟软件，在建筑采光领域超过 50%的设计师、工程师和研究人员选用 Radiance 为计算核心程序的软件，国际上超过 80%的建筑采光模拟相关研究都是基于 Radiance 完成的，可见 Radiance 在采光模拟领域的权威性。但 Radiance 作为专业的天然采光分析软件，其界面复杂，还需设置大量的不同模拟参数，往往由于输入参数不当导致错误的结果，掌握起来并不容易。Radiance 软件是一个开源软件，其源代码是公开的，很多公司都为其开发了可视化的用户界面或以其为核心进行了二次开发。例如，劳伦斯伯克利国立实验室、太平洋电器公司与加州能源效率研究中心共同开发了 Windows 系统下的 Radiance - Desktop Radiance，将 Radiance 作为一种插件应用在 AutoCAD 平台上工作，对 Radiance 一些复杂的操作进行简化，改进了 Radiance 使用复杂的缺陷。

国内模拟技术起步相对较晚，但随着公众对采光权的重视，专业的建筑采光分析软件发展非常迅速，比较有代表性的如中国建筑科学研究院建筑工程软件研究所研发的采光分析软件 PKPM - Daylight、北京绿建软件有限公司采光分析软件 DALI 等。其中北京绿建软件有限公司开发的采光软件 DALI 是国内首款建筑采光专业分析软件，产品构建于 AutoCAD 平台，并对 Radiance 进行了二次开发，其功能操作充分考虑了建筑设计师的传统习惯，适用于建筑设计单位、规划设计单位、建筑科研院所作为设计与分析研究工具，可快速对单体或总图建筑群进行采光计算，主要用于对建筑采光的定量和定性分析工具，是《建筑采光设计标准》实施的配套必备工具。

本章结合北京绿建软件有限公司采光分析软件 DALI，系统讲解计算机辅助采光设计。

5.1 天然采光模拟技术

广义上讲，建筑光环境模拟的实现包括了公式计算、模型测量以及软件模拟三种方式。而本章所介绍的光环境模拟技术是狭义上的，仅指软件模拟的方式。光照模型是模拟光线与物体表面之间相互关系的数学模型，是软件模拟的基础和核心，熟悉软件的基本光照模型算法和特点对于软件模拟来说是必不可少的。天空模型则是反应天空亮度分布的数学模型，它可以以数学模型的方式表达天然光的分布问题，是天然采光模拟的前提条件，基本上所有可以执行自然采光模拟的软件都会提供一种或几种天空模型。本节就从计算方法、天空模型及光照模型这三个方面对天然采光模拟技术进行介绍。

5.1.1 计算方法

1. **公式法**

公式计算是通过采光计算公式来计算光环境评价指标，如按照建筑尺寸和窗口大小、数量、位置，利用采光系数法计算最不利条件下的采光系数和照度，利用流明法计算人工照明的照度等，此外还有眩光计算等。为了简化计算，通常规定一种理想的标准天空亮度分布作为计算条件，公式法中通常采用的是国际照明委员会规定的标准全阴天天空亮度分布作为采光计算的假象光源。公式法相对来说都比较简单，适合于快速计算指标，并且通常来说只用于规定性指标的校核。随着计算机技术的发展，出现了一些利用简易公式来进行模拟计算的程序，例如，DALI 采光引擎中的公式法及公式扩展法均属于此类程序，虽然它们也使用了计算机技术，但实质上仍属于公式计算的范畴。

2. **模拟法**

与公式法中使用的简易程序不同，模拟法通常是建立在复杂的光照模型基础之上的，可以精确地再现任意条件下的采光效果。光照模型是光环境模拟软件的核心，它通过复杂的数学模型模拟光线与表面的交互过程。在建筑光环境模拟中，光照模型往往决定了不同软件的计算精度、速度以及适用的范围和环境。此外，光照模型也是理解和掌握光环境模拟参数的基础。

5.1.2 光照模型

光照模型按照对环境光的处理方式不同可以分为局部照明模型（或简单光照明模型）和全局照明模型。局部照明模型在照明计算时只考虑物体和光源之间的直接光照关系，不考虑多次反射光线的影响，它虽然能处理光源直接照射物体表面的光强计算，但不能很好地模拟光的折射、反射和阴影等，也不能用来表示物体间的相互光照明影响。基于简单光照明模型的光透射模型，虽然可以模拟光的折射，但是这种折射的计算范围很小，不能很好地模拟多个透明体之间的复杂光照明现象。全局照明模型在计算目标点光强时考虑了场景中到达改点的所有光线的影响，包括物体之间的反射、折射等影响。建筑光环境模拟软件采用的都是全局照明模型，其中光环境模拟软件中使用较多的是光线跟踪和光能传递两种光照模型。根据使用的光照模型不同，光环境模拟软件可以分为光线跟踪和光能传递两种模型。

1. **光线跟踪**

由光源发出的光到达物体表面后，产生反射和折射，简单光照明模型和光透射模型模拟了这两种现象。在简单光照明模型中，反射光被分为理想漫反射光和镜面反射光；在简单光透射模型中，透射光被分为理想漫透射光和规则透射光。由光源发出的光称为直接光，物体对直接光的反射或折射称为直接反射或直接折射，相对的，把物体表面间对光的反射和折射称为间接光、间接反射和间接折射。这些是光线在物体之间的传播方式（见图 5.1），是光线跟踪算法的基础。

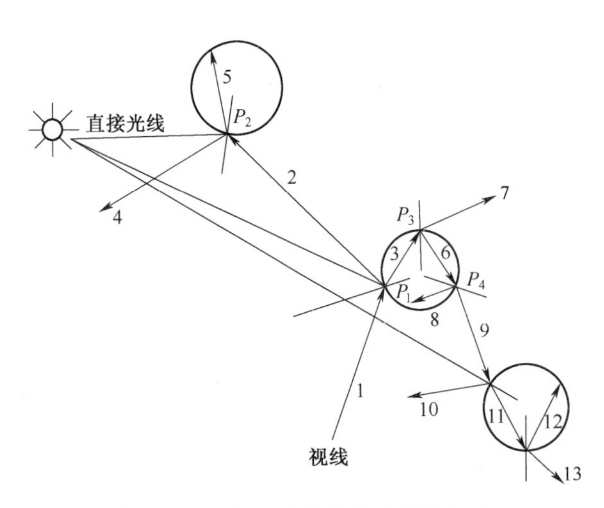

图 5.1　光线在物体之间的传播方式

最基本的光线跟踪算法是跟踪镜面反射和折射。Whitted 提出了第一个整体光照模型，综合考虑了光的反射、折射、透射、阴影等。从光源发出的光遇到物体表面，发生反射和折射，光就改变方向沿着反射方向和折射方向前进，直到遇到新的物体，但是光源发出光线，经反射与折射，只有很少部分可以进入人的眼睛。实际光线跟踪算法的跟踪方向与光的传播方向是相反的，而是视线方向，因此也叫作反向光线跟踪算法。由视点与像素（x，y）发出一根射线，与第一个物体相交后，在其反射与折射方向上进行跟踪，如图 5.2 所示。

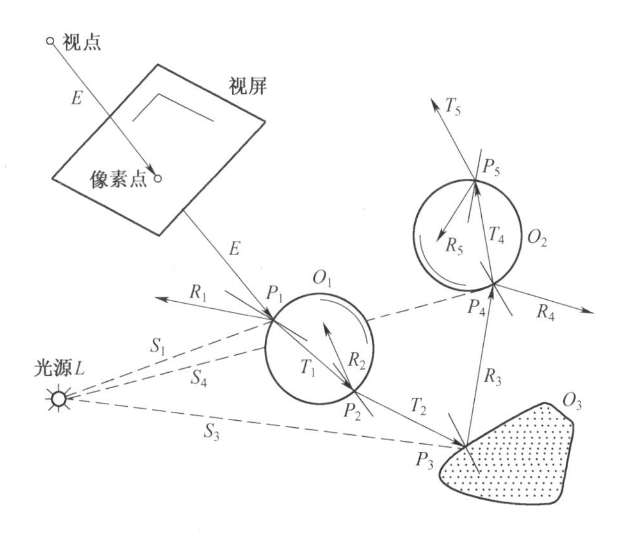

图 5.2　光线跟踪算法的基本过程

此时，光线离视点最近的物体表面交点处的走向有以下三种可能：

（1）当前交点所在的物体表面为理想的漫反射表面，跟踪结束。

（2）当前所在的物体表面为理想的镜面，光线沿其镜面反射的方向继续跟踪。

（3）当前交点所在的景物体面为规则透射面，光线沿着其规则透射方向继续跟踪。

显然，上述过程是一个递归跟踪过程，对每一根穿过屏幕像素中心的光线的跟踪构成了一棵二叉树。虽然光线在物体间的反射和折射可以无限地进行下去，但在实际计算时不可能无休止地光线跟踪，因而需要给出光线跟踪的终止条件，如设定跟踪层数、光亮度小于给定值、光线离开场景所在的空间等。

在 Whitted 光线跟踪算法模型的基础上，许多学者对其进行改进，比较著名的有 Kajiya 光线跟踪、分布式光线跟踪、双向光线跟踪以及基于辐照度缓存的光线跟踪等。它们都采用了蒙特卡洛算法对各种反（透）射光进行采样。蒙特卡洛算法是以概率和统计理论为基础的一种计算方法，以随机计算所得的大量局部采样值来对整体值进行估算。蒙特卡洛算法的优点在于简单，其可以直接求解一般性问题，而不需要进行简化处理和假设。改进的光线跟踪模型在建筑光环境模拟中应用非常广泛，不同的光环境模拟软件其计算内核采用的模型不同，例如 Radiance 使用了基于辐照度缓存技术的混合式光线跟踪算法。

DALI 计算模拟内核采用的是 Radiance 模拟内核，Radiance 采光模拟是基于辐照度缓存技术，采用蒙特卡洛采样和反向光线跟踪算法，实现对物理真实环境的模拟。反向光线跟踪算法有别于传统由光源追至计算点的算法，先确定计算点，由计算点向光源进行反向光线跟踪，在有限次数的反射跟踪后，遇到光源就进行计算，没有遇到就归零，实际只计算可见点的辐亮度，无需计算不可见点，可大幅降低计算量。算法的数学公式见式（5.1）：

$$L_\gamma(\Psi_\gamma,\Omega_\gamma)=L_e(\Psi_\gamma,\Omega_\gamma)+\int_0^{2+}\int_0^{2+}L_i(\Psi_i,\Omega_i)f_\gamma(\Psi_i,\Omega_i,\Psi_\gamma,\Omega_\gamma)\,|\cos\Psi_i|\sin\Psi_i\,\mathrm{d}\Psi_i\,\mathrm{d}\Omega_i \tag{5.1}$$

式中　Ψ——测量表面的极角，度；

Ω——测量表面的方位角，度；

$L_e(\Psi_\gamma,\Omega_\gamma)$——出射的亮度或辐亮度，$cd/m^2$ 或 $W/sr\cdot m^2$；

$L_r(\Psi_\gamma,\Omega_\gamma)$——反射的亮度或辐亮度，$cd/m^2$ 或 $W/sr\cdot m^2$；

$L_i(\Psi_i,\Omega_i)$——光源的亮度或辐亮度，cd/m^2 或 $W/sr\cdot m^2$：

$f_\gamma(\Psi_i,\Omega_i;\Psi_\gamma,\Omega_\gamma)$——双向分布曲线函数，SF[1]。

Radiance 软件采用辐照度缓存技术，对间接照明的计算点进行全面计算，然后在表面上对计算的结果进行缓存和插值，可以调整计算点的密度以适应不同的环境，大幅提高计算的精度和效率。光线对计算点采样中，软件可缓存间接漫反射数据，计算的强度随着反射次数的增加而减少，不会出现几何指数形式的增加。

2. **光能传递**

1984 年，美国康奈尔大学和日本广岛大学的学者分别把热力学中的辐射度方法引入到了光能传递求解当中，成功地模拟了漫反射面之间的光能传递。光能与热能的性质十分相似，可以说光与热是能量的两种表现方式，光在理想漫反射面上的传递方式与热力学的辐射方式近似。因为热是向热力不均匀的地方传递的，而光也是向光能不平衡的地方传递的；而热力辐射的方式是扩散的，光能在漫反射面上的反射也可以近似表示为扩散。光本来就是能量波，波本身就带有一定的能量，只有这样它才能在空间中传播，能量大小由光波的频率决定。光能传递（Radiosity）是一种算法很成熟的全局照明系统，通过对细分表面的计算，能够比较迅速和准确地计算每个面之间的亮度和色彩的相互影响，重现物理的真实照明效果。

光能传递的基本物理原理是基于几何学计算光从物体表面的反弹，所以几何面（三角面）成为光能传递进行计算的最小单位，面被细化得越小越能获得更精确的结果，而且在视窗中就可以看到光能分布的效果；光能照射几何面时根据照射距离、几何面属性等物理信息进行光能传递的解算，并将解算的结果保存在物体的几何面中，这样就可以从任何角度观察光能在场景中的分布情况，并可以进行光能分析；在光线传递的算法当中，自发光的物体也可以设置成为真正的光源，在使用中主要用来模拟体光源效果。

光能传递模型通过对整个场景的表面都求解辐射度来达到模拟光能传递效果，其计算过程如下：

（1）将场景的所有表面都分成更小的多边形面片。

（2）计算所有多边形面片之间的角系数，角系数描述了各面片间的几何相互关系。

（3）从光源所在的多边形面片发射光线，这些光线到达场景中的多边形面片后会被其吸收部分能量，这是按照所剩余的能量最多的面片要作为下一个要发射能量的面片，完成一次迭代。

（4）依此类推，迭代将持续下去，直到光线所剩能量低于预测值时终止。

光能传递模型非常适合室内人工照明的模拟，Dialux 和 AGi32 等采光模拟软件都是使用的光能传递模型。

3. 光照模型对比

光线跟踪在计算前要对模型进行空间细分，以简化光线求交计算，同时光线追踪需要借助蒙特卡洛算法进行大量采样，这一方面减少了计算量，但另一方面却使图像中出现大量的亮斑和暗斑，虽然提高环境参数可以在一定程度上克服这一缺陷，但所付出的时间代价却相对较高。光线跟踪的计算精度受采样的影响非常大，因此其关键参数大部分与光线跟踪中的采样和差值计算相关。

光能传递在计算前需要对表面进行细分，表面细分的情况将直接影响到计算的时间和精度，这也是光能传递计算中的一个难点。光能传递模型中的关键参数多与表面细分程度和剩余能量有关。光能传递只考虑了漫反射光，对于具有镜面反射的场景来说实际上还是要应用光线跟踪才能得到准确的结果。由于不包含采样过程，因此相对于光线跟踪来说，光能传递在图像质量上具有一定的优势。

总的来说，光线跟踪模型在建筑光环境模拟领域中的应用更为广泛和成熟，同时其兼容性也更好。光能传递模型在这一领域中也有自己的优势，例如，不依赖于视角和图像质量高。对于一般的应用来讲，它们之间的差异并不大。

5.2 天然采光模拟软件

建筑采光作为建筑品质的一个重要指标，也是近年来绿色建筑评价和设计规范一直以强制性标准条文来要求的指标之一。采光分析软件DALI是国内首款建筑采光专业分析软件，产品构建于AutoCAD平台，主要为建筑设计师或绿色建筑评价单位提供建筑采光的定量和定性分析工具，功能操作充分考虑建筑设计师的传统习惯，可快速对单体或建筑空间进行采光计算，是《建筑采光设计标准》实施的配套必备工具。

5.2.1 软件特点

(1) 支持国标《建筑采光设计标准》的要求及《绿色建筑评价标准》的相关采光指标要求。

1) 支持最新实施的《建筑采光设计标准》(GB 50033—2013)。

2) 支持国家和地方《绿色建筑评价标准》关于采光指标要求的计算。

(2) 充分利用模型共享技术，简单高效。

1) 直接利用节能或暖通负荷计算模型作为单体模型，无须二次建模，解决国内外其他产品需重复建模的问题。

2) 总图或遮挡模型直接利用日照分析模型，可重复利用已有模型，在完成节能、日照指标分析的基础上，快速完成采光指标的分析。

3) 支持复杂建筑（复杂屋面、异形曲面、坡地建筑等）建模并参与采光计算。

(3) 直观、高效、全面的采光分析工具。

1) 提供点、面（区域）、立体多种不同的采光分析功能，用于直观表现项目的采光效果。

2）自动按采光标准要求计算房间的采光点位置，最小采光系数和平均采光系数可适用于不同标准和规范的需求。

3）单点分析、采光计算可快速获取房间某点或某区域的采光系数。

4）达标率、地下采光、内区采光、视野率、眩光指数等结合最新的《绿色建筑评价标准》要求进行快速分析计算。

5）采光报告、采光评价指标报告和三维采光更能为项目提供汇报素材。

6）输出详细到任一房间的项目采光分析报告书，各分析统计表可灵活输出到 Word 或 Excel 格式，方便形成不同需求的报告格式。

7）输出独立、详细的评价指标分析报告书，并支持分析结果以多种形式彩图输出。

8）提供三维采光分析功能，可直观获得房间某一视角的亮度或照度的等值线图或伪彩色图。

9）结合建筑日照 Sun、建筑节能 BECS、能效测评 BESI、暖通负荷 BECH 等实现绿色建筑设计指标全覆盖。

5.2.2 软件功能

1. 模型处理

提供单体建筑以及室外总图建筑和遮挡物的三维建模工具。

2. 采光设置

选定采光设计标准和建筑类型，设置反射比、门窗类型、房间类型等。

3. 采光分析

提供采光计算、达标率、地下采光、内区采光等主要分析功能，并支持进行全阴天和晴天的三维采光分析等辅助分析功能。

4. 结果浏览

可将分析结果数据转成彩图，并提供最终的采光及采光评价指标报告。

5.2.3 操作流程

虽然光环境模拟的对象可能千差万别，但模拟过程都是基本类似的，大致分为模型建立、模型检查、采光设置、采光计算、结果分析等步骤，具体做法如图 5.3 所示。

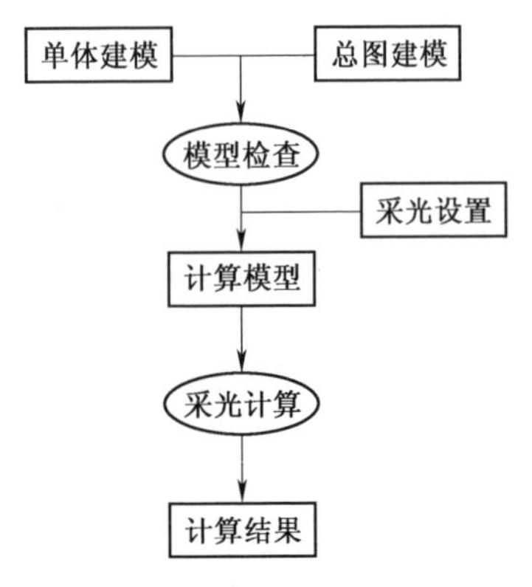

图 5.3 光环境模拟流程

5.3 建筑采光软件的安装与设置

DALI 构筑在 AutoCAD 平台上，而 AutoCAD 又构筑在 Windows 平台上，因此用户是使用 Windows + AutoCAD + DALI 来解决问题。对于 Windows 和 AutoCAD 的基本操作，本书不进行讲解，若没有使用过 AutoCAD，可通过其他资料解决 AutoCAD 的入门操作。

5.3.1 软件和硬件环境

DALI 对硬件并没有特别的要求，只要能满足 AutoCAD 的使用要求即可。当然更好的 CPU 和更多的内存有利于提高使用效率，特别是平均采光系数的计算量很大，更好的 CPU 可以减少等待的时间。此外，除了 CPU 和内存，其他硬件的作用也很重要，例如，使用软件前要确认鼠标完好，支持滚轮缩放和中键平移的功能。作为 CAD 应用软件，屏幕的分辨率是非常关键的，用户至少应当在 1024×768 的分辨率下工作，如果达不到这个条件，用户操作图形的区域很小，很难得心应手。

5.3.2 软件的安装

DALI 软件的安装过程简单明了，十分直观，相关注意事项可查看安装盘上的说明文件。此外，请确保在安装 DALI 软件之前计算机上已经安装了 AutoCAD软件。

程序安装后，将在桌面上建立启动快捷图标“采光分析 DALI”。运行该快捷方式即可启动 DALI。如果计算机安装了多个符合 DALI 要求的 AutoCAD 平台，那么首次启动时将提示选择 AutoCAD 平台。如果不喜欢每次都询问 AutoCAD 平台，可以选择“下次不再提问”，这样下次启动时，就直接进入 DALI 了。如果想要改变 AutoCAD 平台，例如安装了更合适的 AutoCAD平台，或由于工作的需要，需变更 AutoCAD 平台，用户只要更改 DALI 安装目录下的 startup. ini，SelectAutoCAD=1，或者用另一个更加方便的方法，即在屏幕菜单的“帮助”菜单下使用“选择平台”命令，即可恢复到可以选择 AutoCAD 平台的状态。

5.3.3　用户界面

DALI 对 AutoCAD 的界面进行了必要的扩充，界面如图 5.4 所示，下面做一些必要的介绍。

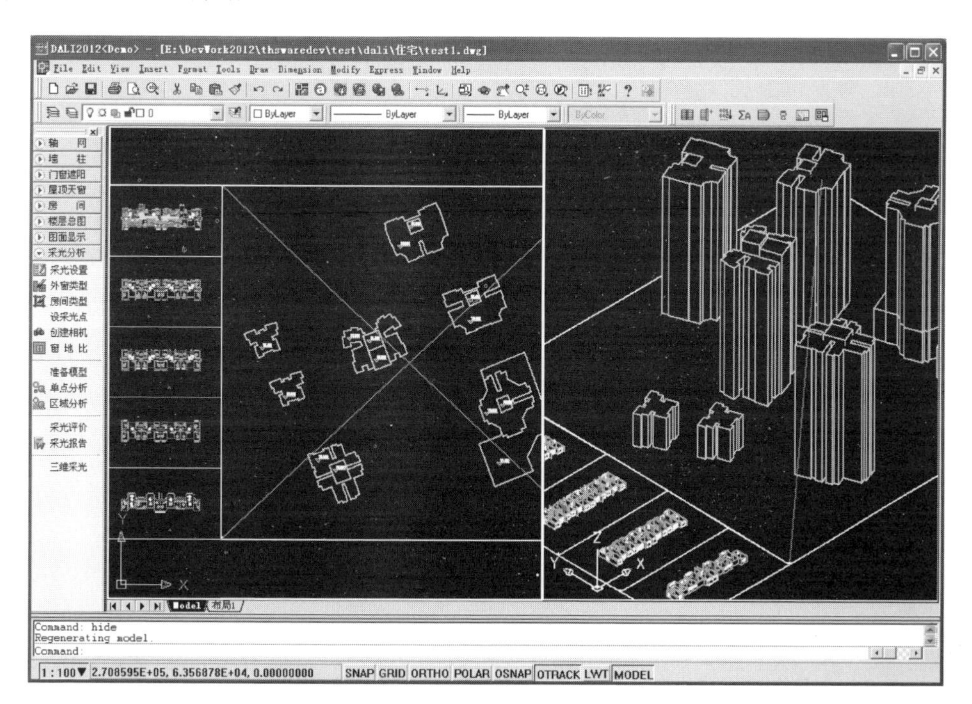

图 5.4　DALI 用户界面

1. **屏幕菜单**

DALI 的主要功能都列在屏幕菜单上，屏幕菜单采用“开合式”两级结构，第一级菜单可以单击展开第二级菜单，任何时候最多只能展开一个一级菜单，展开另外一个一级菜单时，原来展开的菜单自动并拢。二级菜单是真正可以执行任务的菜单，大部分菜单项都有图标，以方便用户更快地确定菜单项的位置。当光标移到菜单项上时，AutoCAD 的状态行会出现该菜单项功能的简短提示。

2. **右键菜单**

在此介绍绘图区的右键菜单，其他界面上的右键菜单见相应的章节，而过于明显的菜单功能在此不做介绍。右键菜单有两类：一类是空选右键菜单，列出绘图任务最常用的功能；另一类是特定对象的右键菜单，列出该对象相关的操作。

3. **工具条**

工具条和屏幕菜单对应，为了节省屏幕空间，工具条在默认情况下不开启，用户可以右击 AutoCAD 的工具条，可以选择打开 DALI 菜单组的各个工具条。

4. **命令行按钮**

在命令行的交互提示中，有分支选择的提示，都变成局部按钮，可以单击该按钮或单击键盘上对应的快捷键，即进入分支选择。

提示：不要再加一个回车了。用户可以通过设置，关闭命令行按钮和单键转换的特性。

5. **文档标签**

AutoCAD 平台是多文档的平台，可以同时打开多个 DWG 文档，当有多个文档打开时，文档标签出现在绘图区上方，可以点取文档标签快速切换当前文档。用户可以配置关闭文档标签，把屏幕空间还给绘图区。

6. **模型视口**

DALI 通过简单的鼠标拖放操作，就可以轻松地操纵视口，不同的视口可以放置不同的视图。

(1) 新建视口。当光标移到当前视口的 4 个边界时，光标形状发生变化，此时开始拖放，就可以新建视口。

提示：光标稍微位于图形区一侧，否则可能改变其他用户界面，如屏幕菜单和图形区的分隔条和文档窗口的边界。

(2) 改视口大小。当光标移到视口边界或角点时，光标的形状会发生变化，此时，按住鼠标左键进行拖放，可以更改视口的尺寸，通常与边界延长线重合的视口也随之改变。若不需改变延长线重合的视口，可在拖动时按住 Ctrl 或 Shift 键。

（3）删除视口。更改视口的大小，使它某个方向的边发生重合（或接近重合），视口自动被删除。

（4）放弃操作。在拖动过程中，如果想放弃操作，可按 ESC 键取消操作。如果操作已经生效，则可以用 AutoCAD 的放弃（UNDO）命令处理。

5.3.4 采光设置

在做采光计算之前，需先进行与计算相关的设置，如图 5.5 所示。其屏幕菜单命令：

【设置】→【采光设置】(CGSZ)

设置内容主要包括以下方面。

图 5.5 采光设置对话框

1. 建筑类型

根据所要模拟的建筑类型进行选择，有民用建筑、工业建筑两个选项。

2. 地点设置

模拟对象的地理位置参数主要是用来确定分析地点的经纬度、太阳的运行轨迹、天空照度的分布情况等。在地点选项栏中单击“更多城市”，弹出主要城市的经纬度以及气候区对话框，如图 5.6 所示。选择相应的城市，点击“确定”按钮即可。

地点数据

省份	经度	纬度	气候区	附注
⊞安徽				
⊞北京				
⊞重庆				
⊞福建				
⊞甘肃				
⊟广东				
广州	113度14分	23度 8分	Ⅳ	
汕尾	115度21分	22度47分	Ⅳ	
潮阳	116度36分	23度16分	Ⅳ	
阳江	111度58分	21度50分	Ⅳ	
揭阳	116度21分	22度32分	Ⅳ	
韶关	113度37分	24度48分	Ⅳ	
惠州	114度22分	23度 5分	Ⅳ	
梅州	116度 7分	24度19分	Ⅳ	
汕头	116度41分	23度22分	III	
深圳	114度 7分	22度33分	Ⅳ	
珠海	113度34分	22度17分	Ⅳ	
佛山	113度 6分	23度 2分	Ⅳ	
肇庆	112度27分	23度 3分	Ⅳ	
湛江	110度24分	21度11分	Ⅳ	
中山	113度22分	22度31分	Ⅳ	
河源	114度41分	23度43分	Ⅳ	
清远	113度 1分	23度42分	Ⅳ	
顺德	113度15分	22度50分	Ⅳ	
云浮	112度 2分	22度57分	Ⅳ	
潮州	116度38分	23度40分	Ⅳ	
东莞	113度45分	23度 2分	Ⅳ	
⊞广西				
⊞贵州				
⊞海南				
⊞河北				
⊞河南				

经纬度用小数表示　编辑数据　确 定　取 消

图 5.6　地区选择对话框

3. 光气候区

我国地域辽阔，各地区光气候有很大的区别，如西北广阔高原地区室外平均照度值高达 31.46lx，而四川盆地及东北地区则只有 21.18lx，相差达 50%，若采用统一标准值来规定显然是不合理的，因此我国采光标准根据室外天然光年平均照度值（E_q）大小将全国划分为Ⅰ～Ⅴ共 5 个光气候区，其中Ⅰ区，$E_q \geqslant 28$；Ⅱ区，$26 \leqslant E_q < 28$；Ⅲ区，$24 \leqslant E_q < 26$；Ⅳ区，$22 \leqslant E_q < 24$；Ⅴ区：$E_q < 24$。再根据光气候特点，按年平均照度值确定分区系数。

光气候区选项有Ⅰ、Ⅱ、Ⅲ、Ⅳ、Ⅴ共5个光气候区可供选择，前面选定项目所在地的城市后，软件自动匹配光气候区。

4. **采光标准**

2016版DALI采用的采光标准是最新的《建筑采光设计标准》（GB 50033—2013）的要求，采用默认设置即可。

5. **采光引擎**

采光引擎根据项目的计算需要有以下三种可选方式，如图5.7所示。

（1）模拟法：调用计算工具Radiance模拟计算（最真实、最常用）。

（2）公式法：由经验数据总结得出，计算采光系数平均值（用于粗算，速度快）。

（3）公式法扩展：考虑室外天空散射遮挡，是对标准中给出的公式法计算的扩展。

图5.7　采光引擎选项

6. **反射比**

系统默认顶棚、地面、墙面、外表面的反射比取值分别为0.75、0.3、0.6、0.5，还可以通过饰面材料的反射比对话框选取常用的饰面材质，然后点击“确定”按钮即可（见图5.8）。该对话框主要用于确定墙体、顶棚、地面等空间元素的反射比等属性，这些参数将提供分析过程中的计算条件。

7. **其他相关设置**

（1）“分析精度”：可选择粗算或精算，分析精度影响计算分析的速度、模拟质量以及计算结果的准确度。

提示：只有模拟法可控制分析精度。

（2）“网格参数”：设置房间的网格大小及墙面偏移量。

（3）“特别网格”：设置超大（或过小）房间的网格参数、优化网格数量、平衡精度和计算速率。

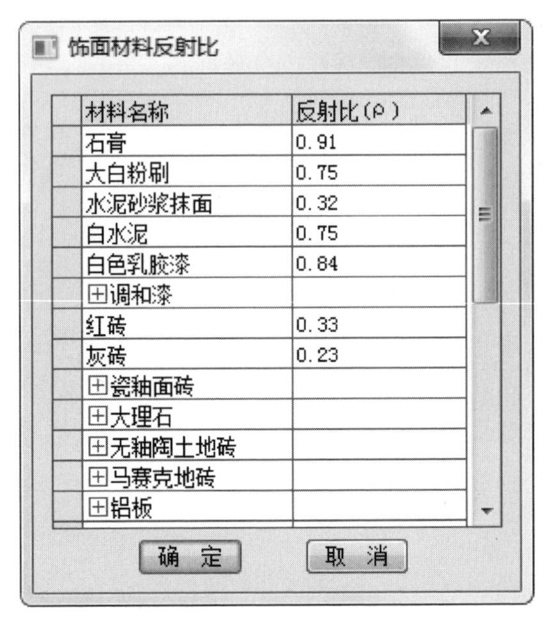

图 5.8 选择反射比

(4)“多雨地区”：如果勾选，则玻璃的污染系数取值有区别。

(5)“忽略柱子”：如果勾选，房间边界不考虑柱子，以墙体为边界。

(6)“自动更新模型”：勾选时，每次计算均会“准备模型”；未勾选时，软件会自动将构建的模型数据放置内存，除“三维采光”均不再更新模型。如遇大型工程，当模型未变化时，不勾选此项，会节省时间。

(7)“阳台栏板透光率”：在0～1取值，数值越大，透明率越高。

(8)“标准层只计算最底层”：如果勾选，标准层将不会展开计算，以节省计算时间。

5.4 建筑采光模型建模

5.4.1 单体建模

单体模型是采光计算的基础条件，建筑采光建模是依据采光计算数据建立几何模型，模型的内容应包括计算范围内的遮挡建筑、被遮挡建筑（包括室内采光模型的建立）、地形及其相互关系。软件直接从建筑模型中提取计算所需要的围护结构数据，同时由围护结构形成房间对象，用于设定采光计算的相关参数。如果有原始设计图纸的电子文档，就可以大大减少重新建模的工作量。DALI 可以打开、导入或转换主流建筑设计软件的图纸，然后根据建筑的框架就可以搜索出建筑的空间划分，为后续的采光计算奠定基础。

单体建筑的设计工作图是采光计算的基础条件，如果有绿建节能设计 BECS 的工作图，那么它完全可以作为采光分析的工作图，这样建模的工作量最小，也可以从建筑设计的平面图转成采光设计的工作图。如果缺乏建筑单体的 DWG 平面图，也没有绿建节能设计的工作图，软件也提供了建模工具，本节介绍单体建筑工作图的建立。

5.4.1.1 条件图

做采光分析计算需要有符合要求的建筑图档，这种图档不同于普通线条绘制的图形，而是由含有建筑特征和数据的构件构成，实际上是一个虚拟的建筑模型。纯 CAD 图纸和天正 3 格式图不能直接用于采光计算，但可以通过转换和适当修改变成符合要求的建筑图形。

提示：建筑设计软件和采光计算软件对建筑模型的要求是不同的，建筑设计软件更注重图纸的表达，而采光计算软件更注重构成房间的围护结构连接的严谨性。

常见的建筑设计电子图档是 DWG 格式的，如果有绿建节能设计 BECS 的工作图则可以直接导入图纸。如果有绿建建筑 Arch 或天正建筑 5.0 以上版本绘制的电子图档，也可以通过转换，用最短的时间建立采光工作图。如果使用天正建筑 5.0 以下版本或其他 AutoCAD 的二维图档，那么要花费一些时间来转换处理，如果转换效果不理想，也可以将其作为底图，重新描绘建筑框架。

1. **图层转换**

屏幕菜单命令：

【条件图】→【图层转换】(TCZH)

建筑设计图如果是用天正的图层标准绘制的，那么转成绿建软件的图层标准可更好地操作。

2. **转条件图**

屏幕菜单命令：

【条件图】→【转条件图】(ZTJT)

用于识别转换天正 3 或理正建筑图，按墙线、门窗、轴线和柱子所在的不同图层进行过滤识别（见图 5.9）。由于本功能是整图转换，因此对原图的质量要求较高，对于绘制比较规范和柱子分布不复杂的情况，本命令成功率较高。

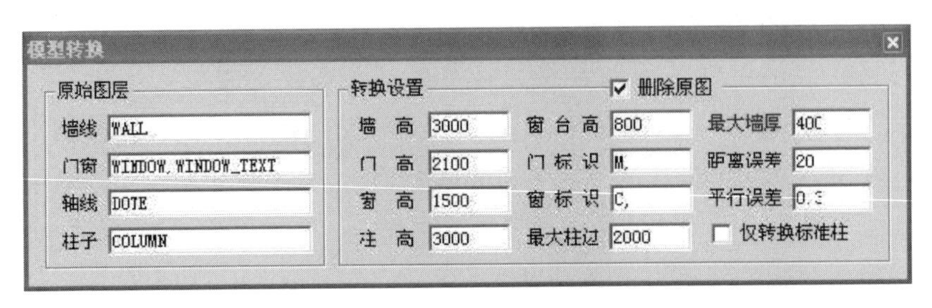

图 5.9　“模型转换”对话框

操作步骤：

(1) 按命令行提示，分别用光标在图中选取墙线、门窗（包括门窗号）、轴线和柱子，选取结束后，它们所在的图层名被自动提取到对话框，也可以手动输入图层名。

提示： 每种构件可以有多个图层，但不能彼此共用图层。

(2) 设置转换后的竖向尺寸和容许误差。这些尺寸可以按占比例最多的数值设置，因为后期批量修改十分方便。

(3) 要想让系统能够识别炸成散线的门窗，需要设置门窗标识，也就是说，大致在门窗编号的位置输入一个或多个符号，系统将根据符号代表的标识，判定这些散线转成门或窗。总之，标识的目的是告诉系统转成什么。

提示： 如下的情况不予转换：标识同时包含门和窗两个标识，无门窗编号，包含 MC 两个字母的门窗。

(4) 框选准备转换的图形。一套工程图有很多个标准层图形，一次转换多少取决于图形的复杂度和绘制得是否规范，最少一次要转换一层标准图，最多支持全图一次转换。

提示： 对于绘制不规范的原始图，转换前需适当处理，如消除重线和整理图层等，这将大大增加转换成功率。本命令并不能保证 100% 正确地将 2D 条件图转成 DALI 的工作图，因此必要的时候要用编辑命令，使得墙体接好。

5.4.1.2　轴网绘制

轴网在采光计算中没有实质用处，仅反映建筑物的布局和围护结构的定位。轴网由轴线、轴号和尺寸标注三个相对独立的系统构成。绘制轴网通常分为三个步骤：

（1）创建轴网，即绘制构成轴网的轴线。

（2）轴网标注，即生成轴号和尺寸标注。

（3）编辑修改轴号。

1. **创建轴网**

屏幕菜单命令：

【轴网】→【绘制轴网】（HZZW）

【轴网】→【墙生轴网】（QSZW）

（1）“直线轴网”用于创建直线正交轴网或非正交轴网的单向轴线，可以同时完成开间和进深尺寸数据设置，其对话框如图 5.10 所示。

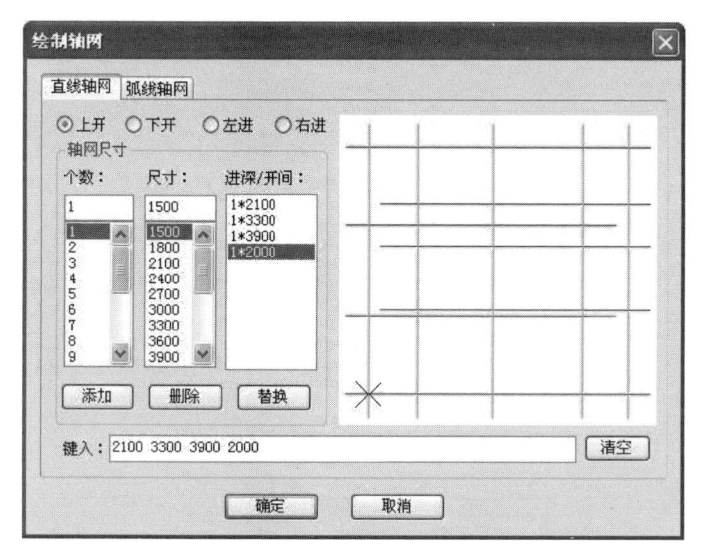

图 5.10 “直线轴网”对话框

输入轴网数据有两种方式：

1）直接在“键入”栏内键入，每个数据之间用空格或逗号隔开，输入完毕回车生效。

2）在“个数”和“尺寸”中键入，或鼠标点击从下方数据栏获得待选数据，双击或点击“添加”按钮后生效。

（2）“弧形轴网”用于创建一组同心圆弧线和过圆心的辐射线组成弧线形轴网。当开间的总和为 360°时，生成弧线轴网的特例，即圆轴网，其对话框如图 5.11 所示。

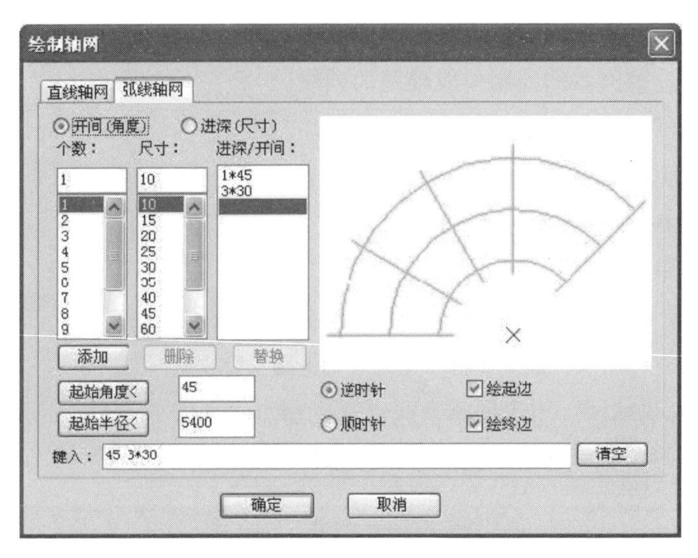

图 5.11　弧线轴网的对话框

图 5.13 中，“开间”是由旋转方向决定的房间开间划分序列，用角度表示，以度（°）为单位。“进深”是半径方向上由内到外的房间划分尺寸。“起始半径”是最内侧环向轴线的半径，最小值为零，可在图中点取半径长度。“起始角度”是起始边与 X 轴正方向的夹角，可在图中点取弧线轴网的起始方向。

提示：当弧线轴网与直线轴网相连时，应不画起边或终边以免轴线重合。

(3)“墙生轴网”用于在已有墙体上批量快速生成轴网，很像先布置轴网后画墙体的逆向过程，在墙体的基线位置上自动生成轴网（见图 5.12）。

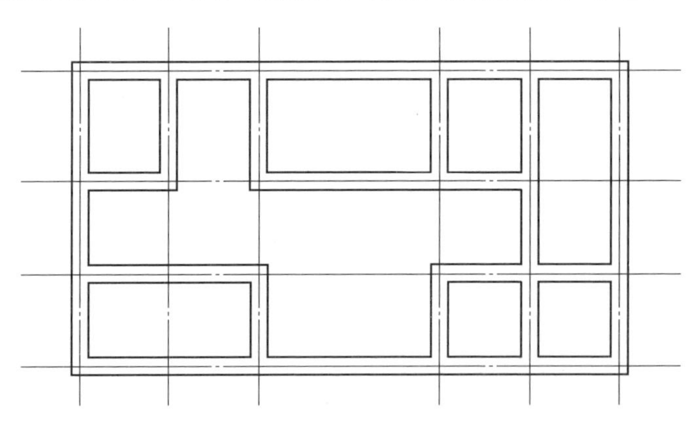

图 5.12　墙体生成的轴网

2. **轴网标注**

轴网的标注有轴号标注和尺寸标注两项，软件自动一次性智能完成，但两者属不同的自定义对象，在图中是分开独立存在的。

屏幕菜单命令：

【轴网】→【轴网标注】(ZWBZ)

右键菜单命令：

〈选中轴线〉→【轴网标注】(ZWBZ)

本命令对起止轴线之间的一组平行轴线进行标注，能够自动完成矩形、弧形、圆形轴网以及单向轴网和复合轴网的轴号和尺寸标注。

如果需要，可更改对话框（见图 5.13）列出的参数和选项，其中“单侧标注”指在轴网点取的那一侧标注轴号和尺寸，另一侧不标；“双侧标注”指轴网的两侧都标注。勾选“共用轴号”后，标注的起始轴线选择前段已经标好的最末轴线，则轴号承接前段轴号继续编号。并且前一个轴号系统编号重排后，后一个轴号系统也自动相应地重排编号。设置完成后，分别点选第一根和最后一根轴线即可。

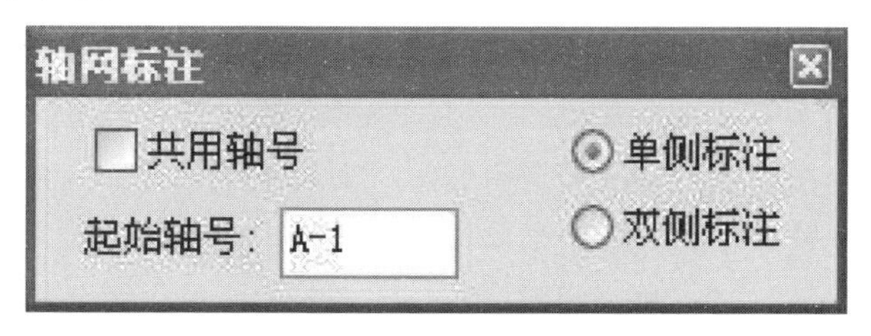

图 5.13 轴网标注对话框

选取“共用轴号”后的标注操作示意如图 5.14 所示。

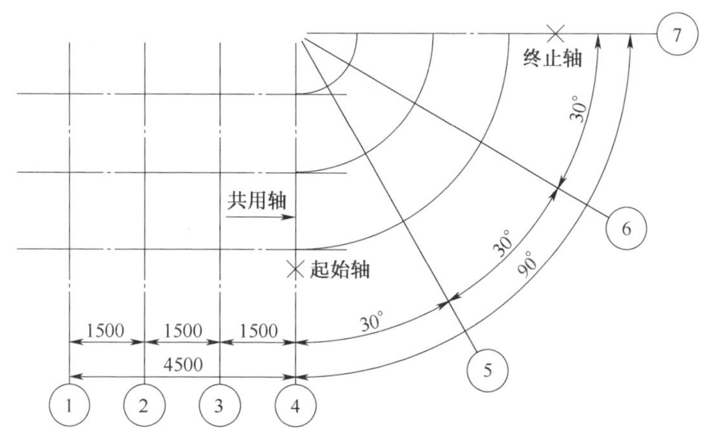

图 5.14 组合轴网的标注

5.4.1.3 墙柱

墙体作为建筑房间的分隔构件和门窗的载体，是主要的围护结构。在进行模型处理过程中，与墙体打交道最多，房间的采光能否正常分析往往与墙体处理连接是否正确密切相关，如果不能用墙体有效地围成建筑房间，采光计算将无法进行。

墙体的定位线叫作墙体基线，通常应当和轴线对齐。墙体连接关系的判断都是依据于基线，如墙体的连接、相交、延伸和剪裁等，因此，互相连接的墙体应当使得其基线准确交接。DALI规定墙基线不能重合，也就是墙体不能重合，如果在绘制过程中产生重合墙体，系统将弹出警告，并阻止这种情况的发生。建筑设计图不需要显示基线，但作为采光工作图，把墙基线打开有利于检查墙体的交接情况。从图形表示来说，墙基线一般应当位于墙体内部。

墙体分为四种主要类型：

（1）外墙：与室外接触，并作为建筑物的外轮廓。

（2）内墙：建筑物内部空间的分隔墙。

（3）户墙：住宅建筑户与户之间的分隔墙，或户与公共区域的分隔墙。

（4）虚墙：用于室内空间的逻辑分割（如居室中的餐厅和客厅分界）。

柱子在采光计算中，只起到消减房间工作区面积的作用。建筑设计图中，柱子和墙是关联的，同材料时墙柱融合，不同材料时柱子修剪墙线。采光分析软件不关心图面是否严格符合施工图的表达要求，主要关注墙是否围合成闭合房间。因此，可以将所有柱子都转成几何柱，几何柱是与墙完全独立的构件，不影响墙的交接处理，便于使墙准确地交汇在一起，避免房间的闭合性出现问题。DALI提供了标准柱和异型柱的创建。标准柱的截面形式有矩形、圆形、正多边形等，异形柱的截面可以是任意闭合曲线。

墙柱都有材料属性，即墙柱的主材，主材影响墙柱的平面表达，除了玻璃幕墙是透明构件影响采光外，其他主材对采光计算都没有影响。

设置墙柱的步骤如下。

1. 设置墙柱高度

屏幕菜单命令：

【墙柱】→【当前层高】（DQCG）

【墙柱】→【改高度】（GGD）

创建墙柱的时候，默认高度是当前楼层高度，可以用“当前层高”设置默认的楼层高度，这样可以避免每次创建墙体时都要修改墙柱高度。对于已经创建好的墙柱，可以用“改高度”批量修改墙柱的高度。

2. **创建墙体**

屏幕菜单命令：

【墙柱】→【创建墙体】(CJQT)

在平面图上布置墙体，通常布置在已经绘制的轴网上。墙体的所有参数都可以在创建后编辑修改。直接创建墙体有三种方式，即连续布置、矩形布置和等分创建。直接创建墙体的对话框中（见图 5.15）左侧的图标为创建方式，可以创建单段墙体、矩形墙体和等分加墙，“总宽”“左宽”“右宽”用来指定墙的宽度和基线位置，三者互动，应当先输入总宽，然后输入左宽或右宽。“高度”参数的默认值取当前层高，而不是上次的数值，若想改变这一项，设置“当前层高”即可。

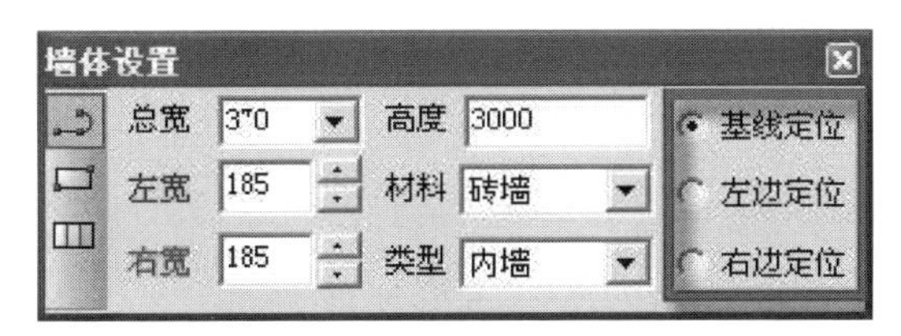

图 5.15　创建墙体对话框

该对话框右侧是创建墙体时的三种定位方式，即基线定位、左边定位、右边定位，表达的意义如图 5.16 所示，左边定位和右边定位特别适合描图时描墙边画墙的情况。

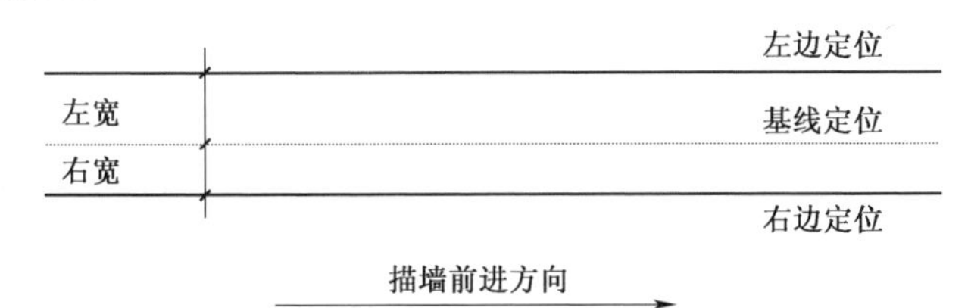

图 5.16　墙体绘制示意图

创建墙体是一个浮动对话框，画墙过程中无须关闭，可连续绘制直墙、弧墙，墙线相交处自动处理。墙宽和墙高数值可随时改变，当绘制墙体的端点与已绘制的其他墙段相遇时，自动结束连续绘制，并开始下一连续绘制过程。

需要指出，在基线定位时，为了墙体与轴网的准确定位，系统提供了自动捕捉，即捕捉已有墙基线和轴线。DALI 在划分房间的时候将自动设置墙类型。如果要对连通空间进行功能划分，则需要设置墙类型为虚墙。后续的房间相关功能会自动改变墙类型：

（1）“搜索房间”：自动识别内外墙。

（2）“搜索户型”：在搜索房间的基础上，将内墙转换为户墙。

（3）“天井设置”：在搜索房间的基础上，将天井空间的墙体转换为外墙。

3. 玻璃幕墙的创建

屏幕菜单命令：

【墙柱】→【创建墙体】（CJQT）

【墙柱】→【幕墙加梁】（MQJL）

【墙柱】→【删墙上梁】（SQSL）

玻璃幕墙的创建与普通墙类似，材料选“玻璃幕墙”即可。这里需要强调的是幕墙与上层楼板结合处的梁模型。如果不设置梁，那么玻璃幕墙全部都是透光的，如果楼板结合处有梁，那么玻璃幕墙上部梁高的部分就是挡光不透明，因此需要建梁的模型。

要给幕墙加梁或修改梁高，用“幕墙加梁”命令，输入梁高即可。如果需要删除幕墙上的梁，用“删墙上梁”命令即可。

4. 创建柱

如果是创建标准柱，屏幕菜单命令：

【墙柱】→【标准柱】（BZZ）

标准柱的截面形式为矩形、圆形或正多边形。通常柱子的创建以轴网为参照，创建标准柱的步骤如下（对话框见图 5.17）：

（1）设置柱的参数，包括截面类型、截面尺寸和材料等。

（2）选择柱子的定位方式。

（3）根据不同的定位方式回应相应的命令行输入。

（4）重复步骤（1）～（3），或回车结束。

图 5.17　标准柱对话框

5. **创建异形柱**

创建异形柱的屏幕菜单命令：

【墙柱】→【异形柱】(YXZ)

本命令可将闭合的 PLINE 转为柱对象。柱子的底标高为当前标高（ELEVATION），柱子的默认高度取自当前层高。

转几何柱的屏幕菜单命令：

【墙柱】→【转几何柱】(ZJHZ)

本命令把与墙关联的柱转成几何柱，避免它们干扰墙的交接，柱子外观并没有变化，只是墙线可以穿过柱子。

5.4.1.4　门窗

门窗是嵌入墙体内的构件，对于采光来说，关注的是构件是否透光。DALI通过“门窗类型”命令来描述门窗的透光特性。是否创建不透光的门对于采光计算的影响微小，只是让图面贴近实际便于理解。

提示：门窗的三维样式图块对不同的材料进行了图层划分，这样做只是为了形象表达，DALI 并没有对这些材料属性进行区分。

门窗操作步骤简介如下。

1. **设置门窗种类**

DALI 可以创建下列门窗种类。

(1) 普通门。二维视图和三维视图都用图块来表示，可以从门窗图库中分别挑选门窗的二维形式和三维形式，其合理性由用户自己来掌握。普通门的参数如图 5.18 所示，其中“门槛高”指门的下缘到所在的墙底标高的距离，通常就是离本层地面的距离。

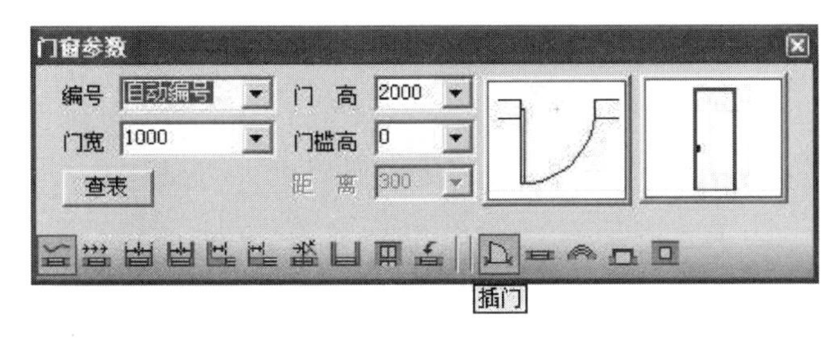

图 5.18　普通门设置窗口

(2) 普通窗。其特性和普通门类似，其参数如图 5.19 所示，普通窗比普通门多一个“高窗”属性。

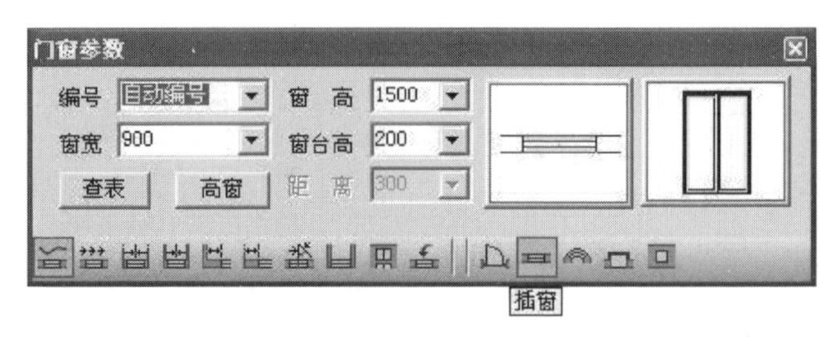

图 5.19 普通窗设置窗口

(3) 弧窗。弧窗安装在弧墙上，并且和弧墙具有相同的曲率半径。弧窗的参数如图 5.20 所示。此外，弧墙也可以插入普通门窗，但门窗的宽度不能很大，尤其是在弧墙的曲率半径很小的情况下，门窗的中点可能超出墙体的范围而导致无法插入。

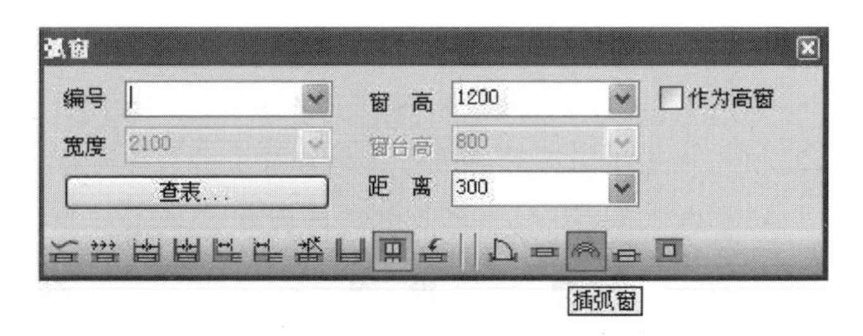

图 5.20 弧窗设置窗口

弧窗三维效果如图 5.21 所示。

图 5.21 弧墙上弧窗示意

(4) 凸窗。凸窗即外飘窗，包括四种类型，其中矩形凸窗具有侧挡板特性

（见图 5.22 和图 5.23）。凸窗在采光计算的时候与普通窗没有区别，即凸窗不会增加采光效果。矩形凸窗如果设置了挡板，房间的采光会有所降低。对于落地凸窗，即楼板挑出的凸窗，实际上是用带窗来实现的，即创建凸窗前自动添加若干段墙体，然后在这些墙体上布置带窗，因此它不是凸窗构件，尽管它借用了凸窗的用户界面来创建。

图 5.22 凸窗设置窗口

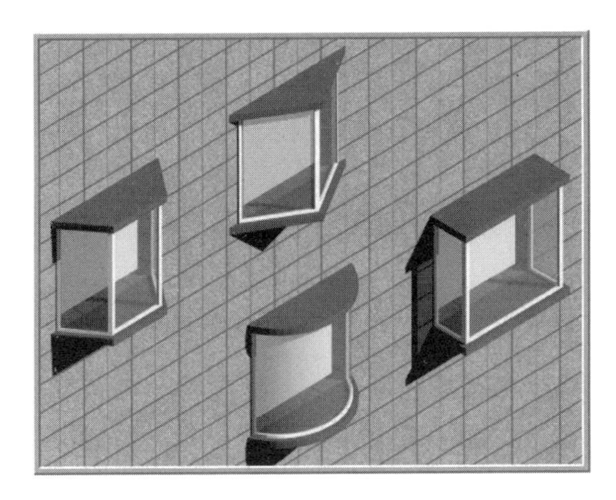

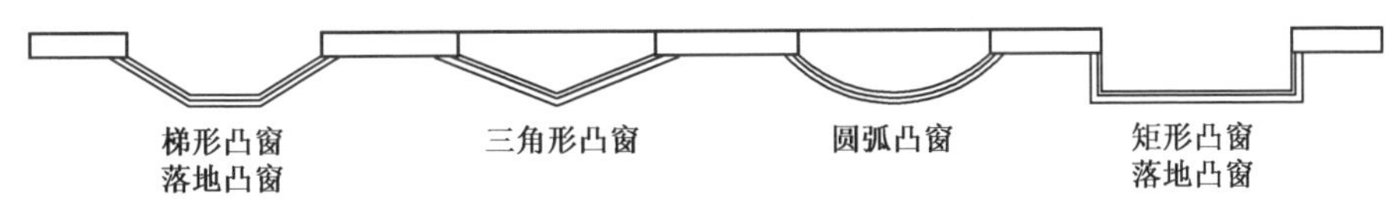

图 5.23 四种凸窗的三维和二维图形

（5）矩形洞。墙上的矩形洞可以穿透也可以不穿透墙体，有多种二维形式可选。矩形洞的参数如图 5.24 所示，对于不穿透墙体的洞口，要制定洞嵌入墙体的深度，不穿透的洞仅涉及图形表达的问题，不影响采光计算。

图 5.25 给出了平面图各种洞口的表示方法。

（6）转角窗。转角窗的参数如图 5.26 所示。如果是楼板出挑的落地转角凸窗，则实际上是用带窗来实现的，即创建凸窗前自动添加若干段墙体，然后在这些墙体上布置带窗，因此它不是真正的转角窗构件，尽管它借用了转角窗的用户界面来创建。

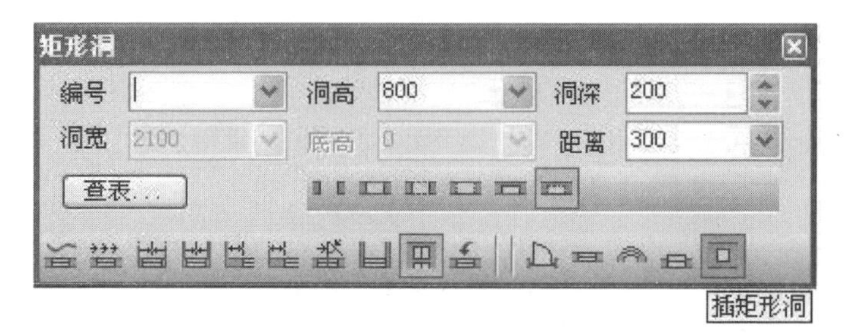

图 5.24　矩形洞设置窗口

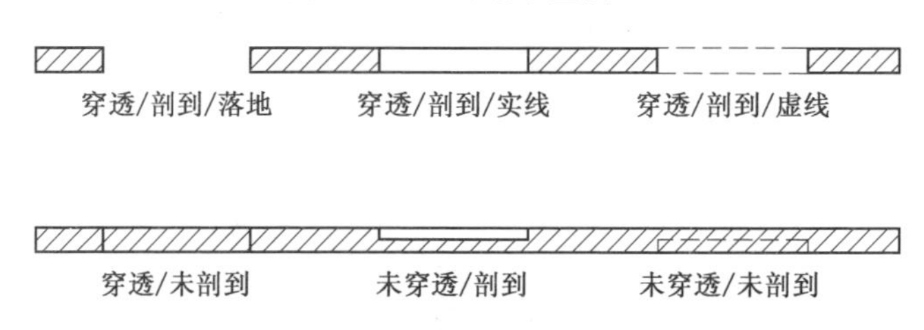

图 5.25　矩形墙洞的二维形式

图 5.26　转角窗设置窗口

转角窗的三维效果如图 5.27 所示。

图 5.27　转角窗三维示意

(7) 带形窗。不能外飘，可以跨越多段墙，包括弧形墙。图 5.28 给出了带形窗的参数。

图 5.28 带形窗设置窗口

带形窗的三维效果如图 5.29 所示。

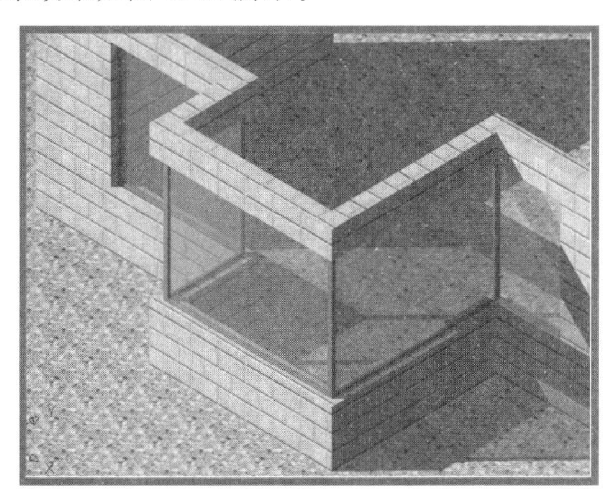

图 5.29 带形窗三维示意

2. **输入门窗编号**

屏幕菜单命令：

【门窗阳台】→【门窗编号】(MCBH)

本命令用于给图中的门窗编号，可以单选编号也可以多选批量编号，分支命令“自动编号”与门窗插入对话框中的“自动编号”一样，按门窗的洞口尺寸自动组号，原则是由四位数组成，前两位为宽度后两位为高度，按四舍五入提取，比如 900×2150 的门编号为 M09×22。这种规则的编号可以直观看到门窗规格，目前被广泛采用。编号是门窗的一个重要属性，用来标识同类门窗，同编号的门窗其洞口尺寸和构件透光性质完全相同。没有编号的门窗，会给透光性质的设置带来不便。实际工程中，为了审查方便，门窗编号一般与建筑专业提供的门窗表相对应。

3. **插入门窗**

屏幕菜单命令：

【门窗阳台】→【插入门窗】(CRMC)

右键菜单命令：

〈选中墙体〉→【插入门窗】(CRMC)

建筑门窗类型和形式非常丰富，然而大部分门窗都是标准的洞口尺寸，并且位于一段墙内。创建这类门窗，就是要在一段墙上确定门窗的位置。建筑设计 Arch 软件提供了多种定位方式，以便用户快速地在一段墙内确定门窗的位置。

普通门、普通窗、弧窗、凸窗和矩形洞的定位方式基本相同，因此 Arch 用一个命令就可以完成这些门窗类型的创建。以普通门为例，对话框下有一工具栏，分隔条左边是定位方式的选择，右边是门窗类型的选择，对话框上是待创建门窗的参数。

提示：在弧墙插入的是普通门窗，当门窗的宽度很大，而弧墙的曲率半径很小时，可能导致门窗的中点超出墙体的区域范围，这时不能正确插入。

门窗的插入方式主要有以下几类：

(1) 自由插入。可在墙段的任意位置插入，利用这种方式插入时，非常快速，但不好准确定位，因此，该方式通常用在方案设计阶段。鼠标以墙中线为分界，内外移动控制内外开启方向，单击一次 Shift 键控制左右开启方向，然后单击确定门窗的插入位置和开启方向。

(2) 顺序插入。以距离点取位置较近的墙边端点或基线端为起点，按给定距离插入选定的门窗。此后顺着前进方向连续插入，插入过程中可以改变门窗类型和参数。在弧墙顺序插入时，门窗按照墙基线弧长进行定位。

(3) 轴线等分插入。将一个或多个门窗等分插入到两根轴线之间的墙段上，先点取门窗大致的位置和开向（Shift ——左右开），然后在插入门窗的墙段上任取一点，该点相邻的轴线亮显。如果墙段内缺少轴线，则该侧按墙段基线等分插入。最后输入门窗个数。

(4) 墙段等分插入。与轴线等分插入相似，本命令在一个墙段上按较短的边线等分插入若干个门窗，开启方向的确定同自由插入。

(5) 垛宽定距插入。系统自动选取距离点取位置最近的墙边线顶点作为参考位置，快速插入门窗，垛宽距离在对话框中预设。本命令特别适合插室内门，开启方向的确定同自由插入。

(6) 轴线定距插入。与垛宽定距插入相似，系统自动搜索距离点取位置最近的轴线与墙体的交点，将该点作为参考位置快速插入门窗。

(7) 角度定位插入。本命令专用于弧墙插入门窗，按给定角度在弧墙上插入直线型门窗。点取弧线墙段，然后键入需插入门窗的角度值。

(8) 智能插入。本插入模式具有智能判定功能，系统将一段墙体分为三段，两端段为定距插，中间段为居中插（见图 5.30）。当鼠标处于两端段中，系统自动判定门开向有横墙一侧，内外开启方向用鼠标在墙上内外移动变换；两端的定距插有两种，墙垛定距和轴（基）线定距，可用 Q 键切换，且二者用不同颜色短分割线提示，以便不看命令行就知道当前处于什么定距状态。

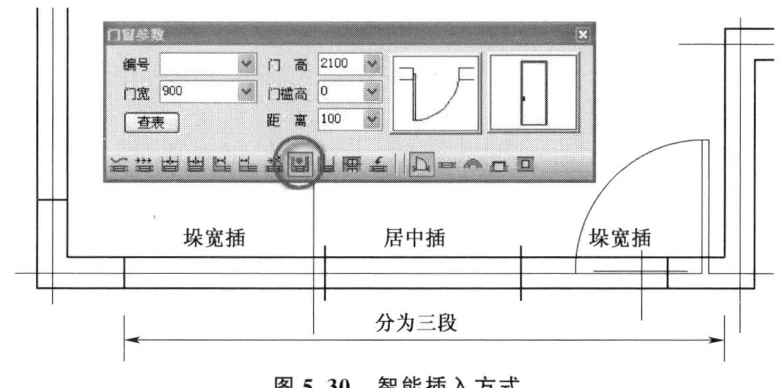

图 5.30　智能插入方式

(9) 满墙插入。门窗在门窗宽度方向上完全充满一段墙，使用这种方式时，门窗宽度参数由系统自动确定。

采用上述几种方式插入的门窗实例如图 5.31 所示。

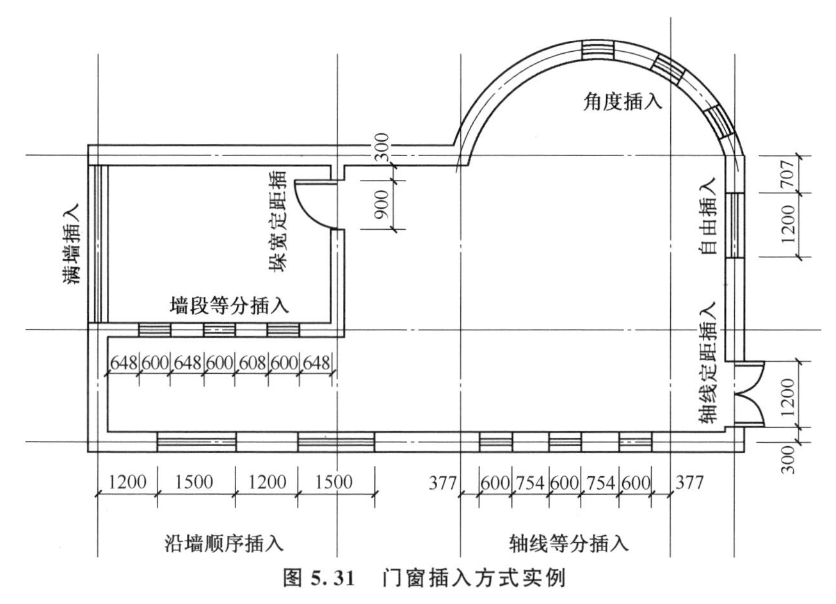

图 5.31　门窗插入方式实例

(10) 上层插入。上层窗指的是在已有的门窗上方再加一个宽度相同、高度不同的窗，这种情况常常出现在厂房或大堂的墙体设计中。

在对话框下方选择“上层插入”方式（见图 5.32)，输入上层窗的编号、窗高和窗台到下层门窗顶的距离。使用本方式时，注意尺寸参数，上层窗的顶标高不能超过墙顶高。

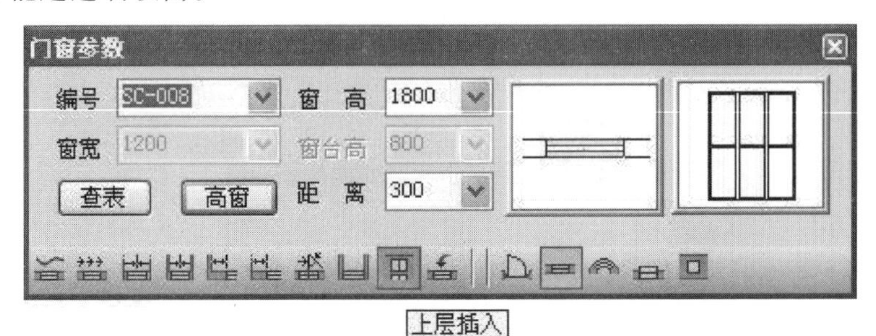

图 5.32　插入上层门窗的选项

上层窗三维实例如图 5.33 所示。

图 5.33　上层窗三维实例

4. **转角窗设置**

屏幕菜单命令：

【门窗阳台】→【转角窗】(ZJC)

右键菜单命令：

〈选中墙体〉→【转角窗】(ZJC)

在墙角的两侧插入等高角窗，有三种形式，即随墙的非凸角窗（也可用带形窗完成)、落地的凸角窗和未落地的凸角窗。转角窗的起始点和终止点在一个墙角的两个相邻墙段上，转角窗只能经过一个转角点。如果不是凸窗，最好用下面介绍的带形窗，操作会更方便。转角窗设置窗口如图 5.34 所示。

图 5.34　转角窗设置窗口

其操作步骤如下：

(1) 确定角窗类型：不选取“凸窗”，就是普通角窗，窗随墙布置；选取“凸窗”，再选取“楼板出挑”，就是落地的凸角窗；只选取“凸窗”，不选取“楼板出挑”，就是未落地的凸角窗。

(2) 输入窗编号和外凸尺寸。

(3) 点取墙角点，注意在内部点取。

(4) 拉动光标会动态显示角窗样式。

(5) 分别输入两个墙段上的转角距离，墙线显示为虚线的为当前一侧。

未落地凸角窗的平面图如图 5.35 所示。

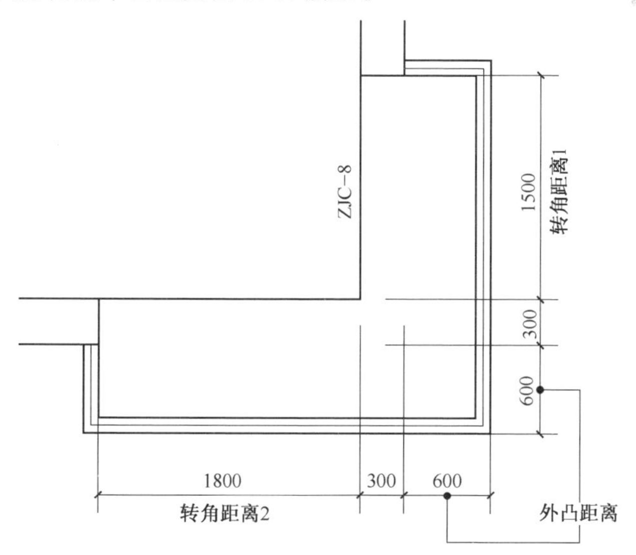

图 5.35　未落地凸角窗的实例平面图

5. **带形窗设置**

屏幕菜单命令：

【门窗阳台】→【带形窗】(DXC)

右键菜单命令：

〈选中墙体〉→【带形窗】(DXC)

本命令用于插入高度不变，水平方向沿墙体走向的带形窗，此类窗转角数不限。点取命令后命令行提示输入带形窗的起点和终点。带形窗的起点和终点可以在一个墙段上，也可以经过多个转角点（见图 5.36）。

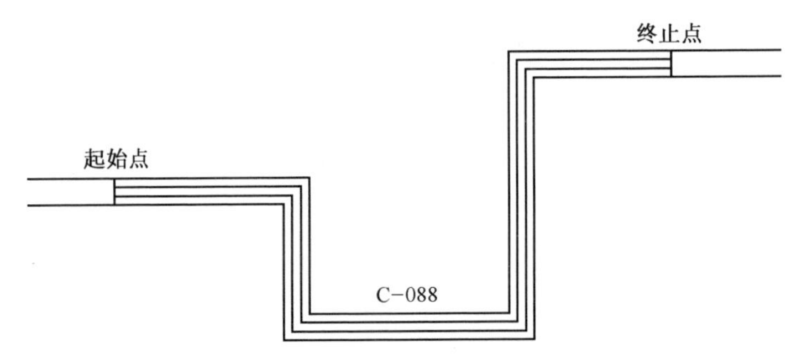

图 5.36　带形窗的插入实例

建筑中常见的封闭阳台用带形窗最为方便，先绘制封闭的墙体然后从起点到终点插入带形窗，就形成一个带阳台窗的封闭阳台，如图 5.37 所示。

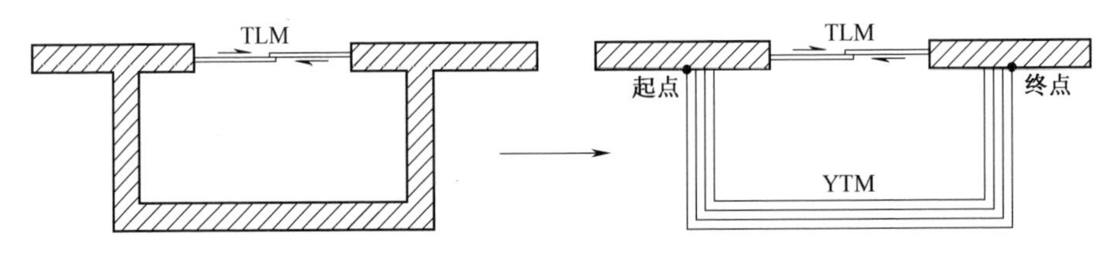

图 5.37　封闭阳台实例

6. **门窗编辑**

屏幕菜单命令：

【门窗阳台】→【插入门窗】(CRMC)

右键菜单命令：

〈选中门窗〉→【对象编辑】(DXBJ)

常用的修改门窗参数的方法有四种：①利用插门窗对话框中的“替换”按钮修改；②对门窗进行“对象编辑”；③在特性表中进行修改；④用“门窗整

理”命令修改。

（1）门窗替换。打开“插入门窗”对话框并按下“替换”按钮（见图5.38），在右侧勾选准备替换的参数项，然后设置新门窗的参数，最后在图中批量选择准备替换的门窗，系统将用新门窗在原位置替换掉原门窗。对于不变的参数去掉勾选项，替换后仍保留原门窗的参数。例如，将门改为窗，宽度不变，应去掉宽度的勾选项，将其置空。事实上，替换和插入的界面完全相同，只是把“替换”作为一种定位方式。

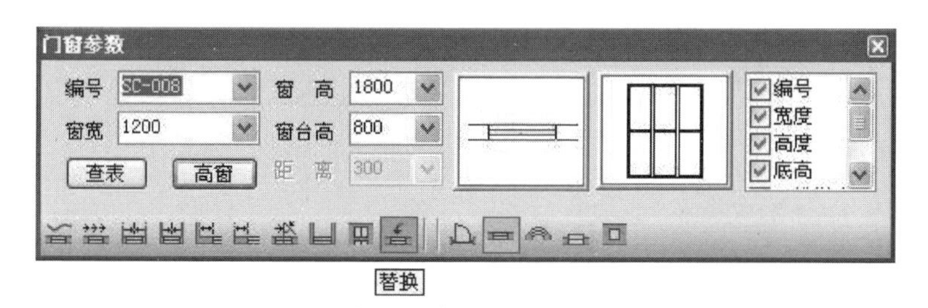

图5.38　门窗替换对话框

（2）对象编辑。利用“对象编辑”可以批量修改同编号的门窗，首先对一个门窗进行修改，当命令行提示相同编号门窗是否一起修改时，回答Y一起修改，回答N只修改这一个门窗。

（3）对象表。打开对象特性表（Ctrl+1），然后用“过滤选择”选中多个门窗，在特性表中修改门窗的尺寸等属性，达到批量修改的目的。

（4）门窗整理。“门窗整理”从图中提取全部门窗类对象的信息，并列出编号和尺寸参数表格，用鼠标点取某个门窗信息，视口自动对准到该门窗并将其选中，用户可以在图中采用前面介绍的方式修改图形对象，然后按“提取”按钮将图中参数更新到表中，也可以在表中输入新参数后再按“应用”按钮将数据写入到图中（见图5.39）。如果对某个编号行修改参数，该编号的全部门窗会一起修改。

7. **阳台**

屏幕菜单命令：

【门窗阳台】→【阳台】（YT）

阳台降低了下层门窗的自然光采光，因此需要建模，可以直接建模，也可以作为下层门窗的“遮阳类型”建模。

本命令专门用于绘制各种形式的阳台，自定义对象阳台同时提供二维和三

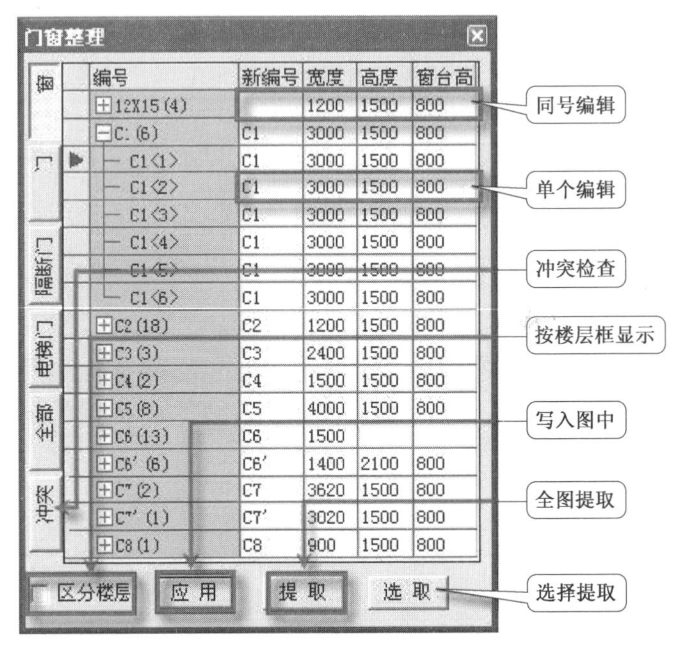

图 5.39 门窗整理列表

维视图。命令提供四种绘制方式，有梁式与板式两种阳台类型。阳台的栏板可以用右键中的“栏板切换”控制有还是无。点取命令后弹出对话框（见图 5.40），确定阳台类型，再选择一种绘制方式，进行阳台设计。

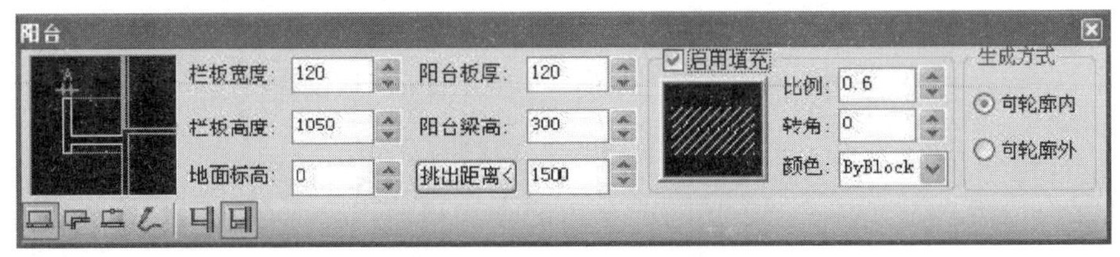

图 5.40 阳台创建对话框

在对话框的下方图标中选定创建方式：

（1）直线阳台绘制。用阳台的起点和终点控制阳台长度，挑出距离确定阳台宽度，此方法适合绘制直线形阳台。阳台挑出距离可从图中量取或输入，绘制过程中有预览，如果阳台位置反了，可用 F 键翻转。

提示：阳台两端的栏板绘制中碰到墙体将自动去掉。

（2）外墙偏移生成法。用阳台的起点和终点控制阳台长度（见图 5.41 和图 5.42），按墙体向外偏移距离作为阳台宽来绘制阳台。此方法适合绘制阳台栏板形状与墙体形状相似的阳台。

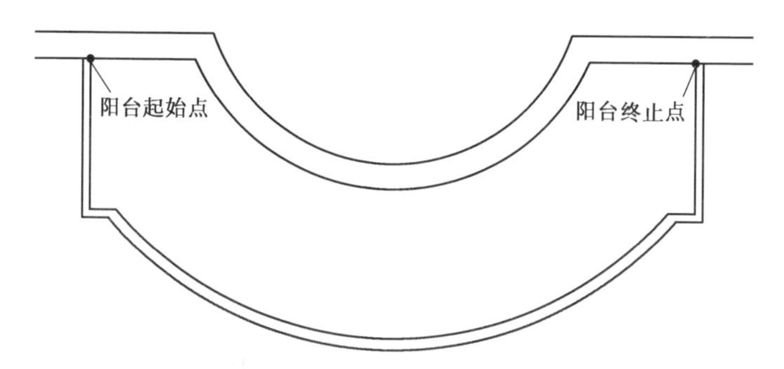

图 5.41 外墙偏移生成的阳台平面图

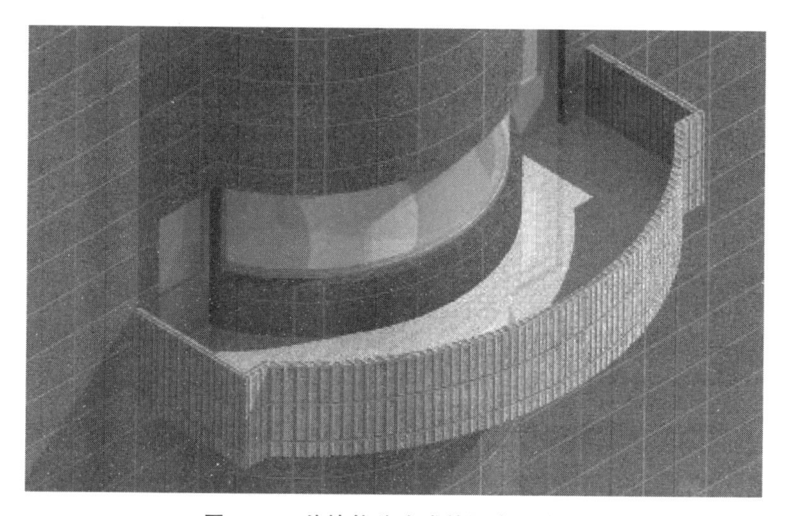

图 5.42 外墙偏移生成的阳台三维图

生成的阳台有边线和顶点两种夹点，用来拖拽编辑。

(3) 栏板轮廓线生成法。

1) 在外墙准备生成阳台的那侧点取起点。

2) 在外墙准备生成阳台的那侧点取终点。

3) 选择阳台经过的墙体。

4) 输入偏移距离，即阳台栏板外侧距外墙外表面的距离。

(4) 直接绘制法。依据外墙直接绘制阳台，适用范围比较广，可创建直线阳台、转角阳台、阴角阳台、凹阳台和弧线阳台以及直弧阳台。先选取准备生成阳台的起点，然后点取阳台的各转折点，栏板轮廓的每一个转折点都要点取，终点点取结束后回车生成（见图 5.43 和图 5.44）。

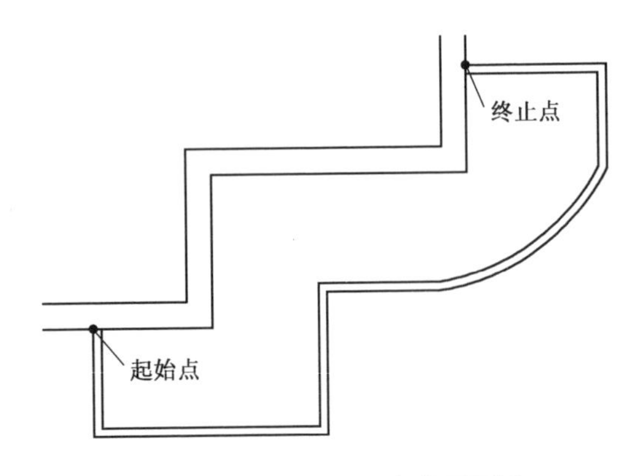

图 5.43　直接绘制阳台的平面图

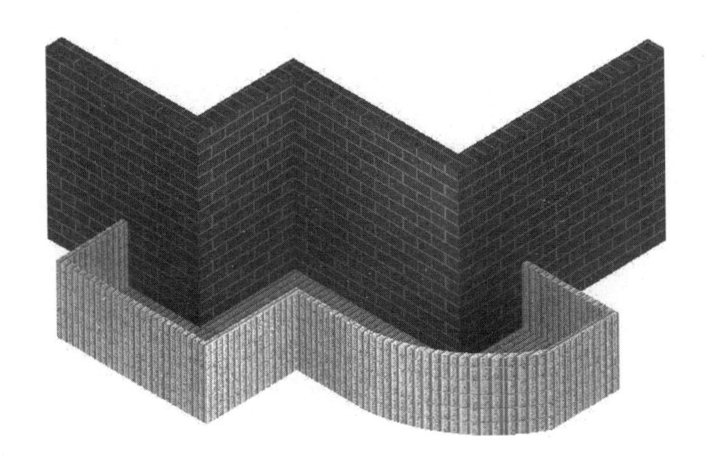

图 5.44　直接绘制阳台的三维图

5.4.1.5　屋顶及天窗

屋顶是建筑物的顶部围护结构，除平屋顶外，其他屋顶在几何上比较复杂多变。DALI 除了提供常规屋顶——平屋顶、多坡屋顶、人字屋顶外，还提供了用二维线转屋顶的工具来构建复杂的屋顶。

提示： DALI 中规定屋顶对象要放置到屋顶所覆盖的房间上层楼层框内。

屋顶天窗的设置可以在屋顶上插入天窗，在三维工作图上就可以看到三维天窗，也可以在下层房间定义天窗，工作图上看不到三维天窗，转计算模型的时候才可看到天窗。

用“模型观察”可以看到计算模型。前一种方法所见即所得，比较直观，但操作稍微麻烦一些；后一种方法比较简单，但不够直观。

1. **生成屋顶线**

生成屋顶线的屏幕菜单命令：

【屋顶天窗】→【搜屋顶线】(SWDX)

本命令是一个创建屋顶的辅助工具，搜索整栋建筑物的所有墙体，按外墙的外皮边界生成屋顶平面轮廓线。该轮廓线为一个闭合 PLINE，用于构建屋顶的边界线。

2. **人字坡顶**

人字坡顶的屏幕菜单命令：

【屋顶天窗】→【人字坡顶】(RZPD)

以闭合的 PLINE 为屋顶边界，按给定的坡度和指定的屋脊线位置，生成标准人字坡屋顶。屋脊的标高值默认为 0（见图 5.45），如果已知屋顶的标高可以直接输入，也可以生成后编辑抬高。由于人字屋顶的檐口标高不一定平齐，因此使用屋脊的标高作为屋顶竖向定位标志。

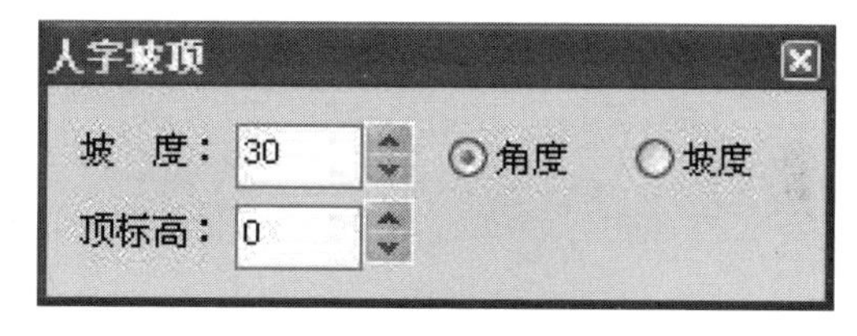

图 5.45 人字坡顶的创建对话框

创建人字坡顶的操作步骤：

(1) 准备一封闭的 PLINE，或者用“搜屋顶线”作为人字坡顶的边界线。

(2) 在对话框中输入屋顶参数，然后点取 PLINE。

(3) 分别点取屋脊起点和终点，如取边线，则得到单坡屋顶。

理论上讲，只要是闭合的 PLINE 就可以生成人字坡顶，具体的边界形状依据设计而定。当然，也可以在生成屋顶后与闭合 PLINE 进行布尔编辑运算，切割出形状复杂的坡顶。

图 5.46 为几个多边形人字坡顶的实例。

3. **多坡屋顶**

多坡屋顶的屏幕菜单命令：

【屋顶天窗】→【多坡屋顶】(DPWD)

由封闭的任意形状 PLINE 线生成指定坡度的坡形屋顶，可采用对象编辑单独修改每个边坡的坡度，以及用限制高度切割顶部为平顶形式。

生成多坡屋顶的操作步骤：

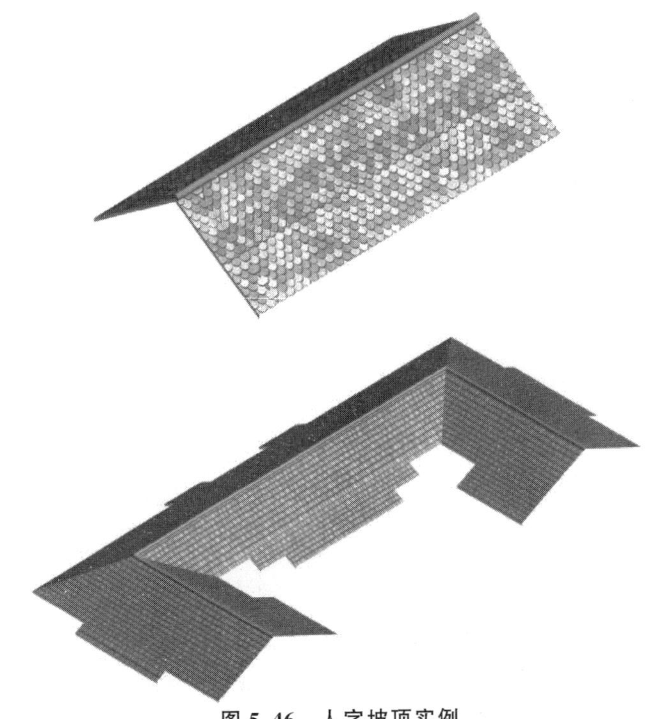

图 5.46　人字坡顶实例

(1) 准备一封闭的PLINE，或利用“搜屋顶线”生成的屋顶线作为屋顶的边线。

(2) 执行命令，图中点取PLINE。

(3) 给出屋顶每个坡面的等坡坡度或接受默认坡度。

(4) 回车生成。

(5) 选中“多坡屋顶”通过右键对象编辑命令进入坡屋顶编辑对话框，进一步编辑坡屋顶的每个坡面，还可以通过屋顶的夹点修改边界。

在坡屋顶编辑对话框中（见图5.47），列出了屋顶边界编号和对应坡面的几何参数。单击电子表格中某边号一行时，图中对应的边界用一个红圈实时响应，表示当前处理对象是这个坡面。用户可以逐个修改坡面的坡角或坡度，修改完后请点取“应用”使其生效。“全部等坡”能够将所有坡面的坡度统一为当前的坡面。坡屋顶的某些边可以指定坡角为90°，对于矩形屋顶，表示双坡屋面的情况。生成的标准多坡屋顶如图5.48所示。

对话框中的“限定高度”可以将屋顶在该高度上切割成平顶，效果如图5.49所示。

坡屋顶

边号	坡角	坡度	边长
1	30.00	57.7%	1453
2	30.00	57.7%	5399
3	30.00	57.7%	1453
4	30.00	57.7%	5399

☑限定高度

600

全部等坡

应用

确定

取消

图 5.47 多坡屋顶编辑对话框

图 5.48 标准多坡屋顶

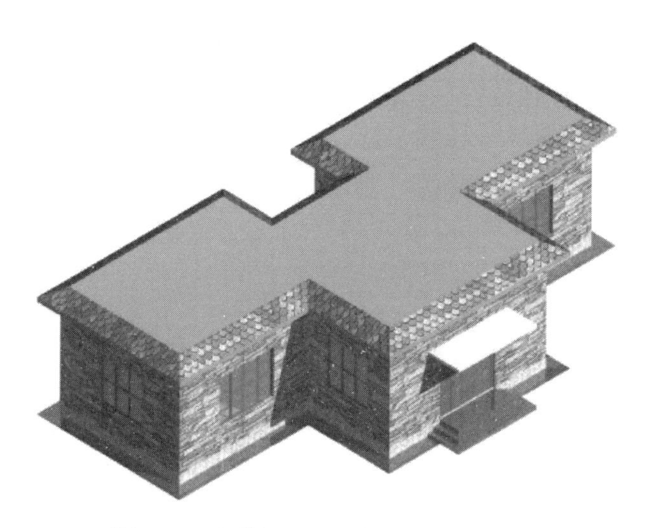

图 5.49 多坡屋顶限定高度后成为平屋顶

4. **拉伸屋顶**

拉伸屋顶的屏幕菜单命令：

【屋顶天窗】→【拉伸屋顶】(LSWD)

本命令通过在纵向拉伸屋面立面轮廓线并向下赋予一个屋面厚度生成屋顶对象，轮廓曲线用 PLINE 表达。先选择屋顶轮廓（PLINE），然后在立面轮廓上点取一点作为定位基点，再点取屋顶基线第一点拖拽屋顶预览，在平面图上点取屋顶拉伸的第二点，生成屋顶。

5. **平屋顶**

平屋顶的屏幕菜单命令：

【屋顶天窗】→【平屋顶】(PWD)

本命令由闭合曲线生成平屋顶。在 DALI 中，通常情况下平屋顶无须建模，系统根据平面图自动封顶。但屋顶有时有出挑距离，对下面的房间采光有影响，因此手动建平屋顶会使采光计算更准确。

6. **线转屋顶**

线转屋顶的屏幕菜单命令：

【屋顶天窗】→【线转屋顶】(XZWD)

本命令将由一系列直线段构成的二维屋顶转成三维屋顶模型（PFACE)。

其操作步骤如下：

(1) 选择组成二维屋顶的线段，最好全选，以便一次完整生成。

(2) 输入屋顶檐口的标高，通常为 0。

(3) 系统会自动搜索除了周边之外的所有交点，用绿色×提示，给这些交点赋予一个高度。

(4) 根据需要确定是否删除二维线段。

(5) 命令结束后，二维屋顶转成了三维屋顶模型，如图 5.50 所示。

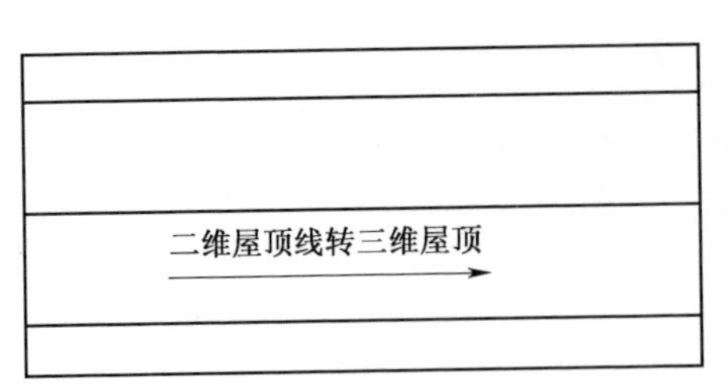

图 5.50 二维屋顶转成三维屋顶

7. 多脊屋顶

多脊屋顶的屏幕菜单命令：

【屋顶天窗】→【多脊屋顶】(DJWD)

本命令一次生成多个人字屋顶，结合“檐口对齐”，完成多脊屋顶的创建。单个屋顶的生成与人字屋顶相同，本功能在多脊屋顶总轮廓线上根据每个屋脊线的位置，顺序生成多个人字屋顶（见图 5.51）。

生成后，相邻的人字屋顶的檐口未必是对齐的，可用“檐口对齐”命令将其逐一对齐，形成完整的多脊屋顶。

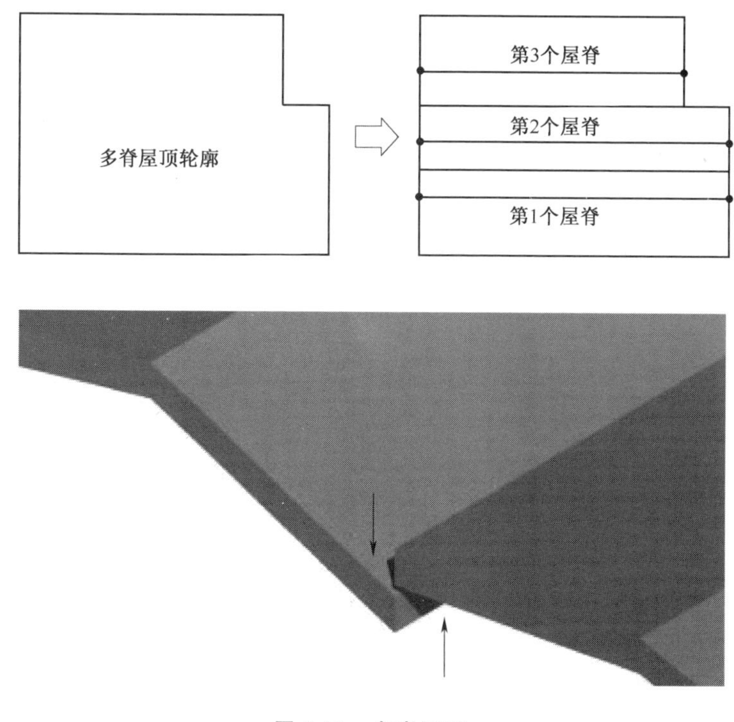

图 5.51 多脊屋顶

8. 墙齐屋顶

墙齐屋顶的屏幕菜单命令：

【屋顶天窗】→【墙齐屋顶】(QQWD)

本命令以坡屋顶为参考，自动修剪屋顶下面的外墙，使这部分外墙与屋顶对齐。人字屋顶、多坡屋顶和线转屋顶均支持本功能，人字屋顶的山墙由此命令生成。本命令必须在完成“搜索房间”和“建楼层框”后进行，坡屋顶单独一层。再将坡屋顶移至其所在的标高或选择“参考墙”，由参考墙确定屋顶的实际标高。最后选择准备进行修剪的标准层图形，屋顶下面的内外墙被修剪，其形状与屋顶吻合（见图 5.52）。

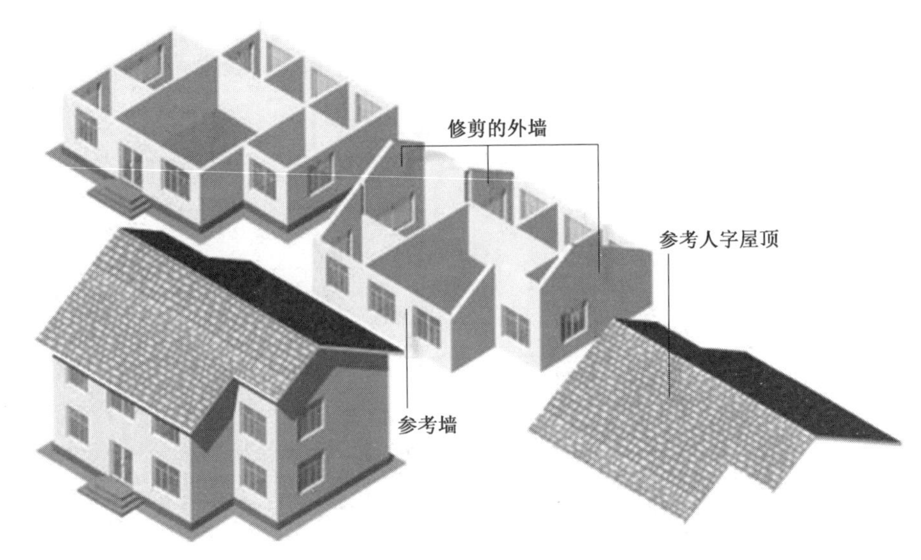

图 5.52　墙齐屋顶的实例

9. **添加老虎窗**

添加老虎窗的屏幕菜单命令：

【屋顶天窗】→【加老虎窗】(JLHC)

本命令在三维屋顶坡面上生成参数化的老虎窗对象，控制参数比较详细。老虎窗与屋顶属于父子逻辑关系，必须先创建坡屋顶才能够在其上正确加入老虎窗。老虎窗的创建对话框如图 5.53 所示。

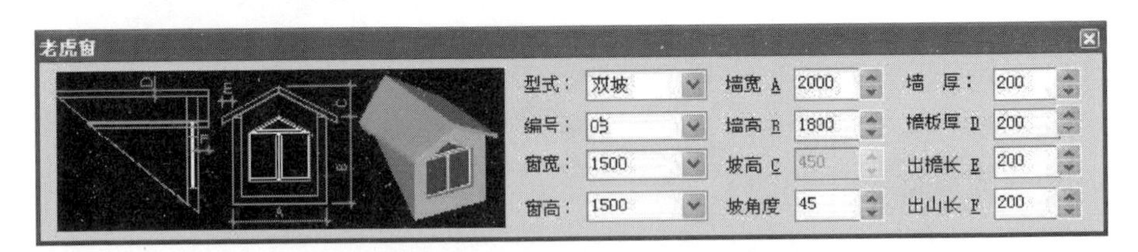

图 5.53　老虎窗的创建对话框

根据光标拖拽老虎窗的位置，系统自动确定老虎窗与屋顶的相贯关系，包括方向和标高。在屋顶坡面点取放置位置后，系统插入老虎窗并自动求出与坡顶的相贯线，切割掉相贯线以下部分实体。

创建老虎窗的参数意义：

(1)“型式”：有双坡、三角坡、平顶坡、梯形坡和三坡共五种类型。

(2)“编号”：老虎窗编号。

(3)“窗宽”：老虎窗的小窗宽度。

(4)“窗高”：老虎窗的小窗高度。

(5)“墙宽 A”：老虎窗正面墙体的宽度。

(6)“墙高 B”：老虎窗侧面三角形墙体的最大高度。

(7)“坡高 C”：老虎窗屋顶高度。

(8)“坡角度”：坡面的倾斜坡度。

(9)“墙厚”：老虎窗墙体厚度。

(10)“檐板厚 D”：老虎窗屋顶檐板的厚度。

(11)“出檐长 E”：老虎窗侧面屋顶伸出墙外皮的水平投影长度。

(12)“出山长 F”：老虎窗正面屋顶伸出山墙外皮长度。

提示：上述个别参数对于某些型式的老虎窗来说没有意义，因此被置为灰色无效。

五种老虎窗的二维视图如图 5.54 所示，老虎窗三维表现如图 5.55 所示。

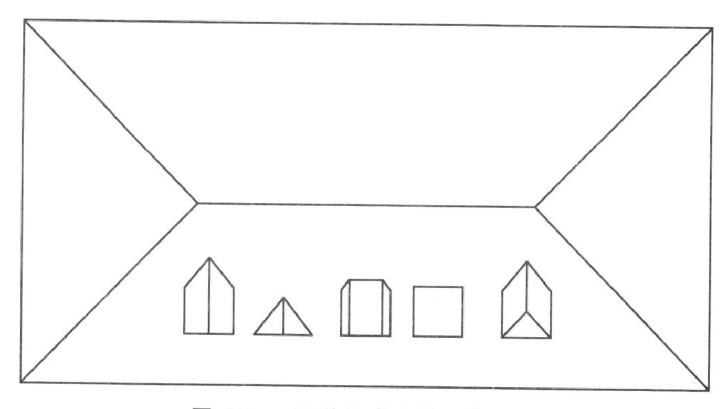

图 5.54 五种老虎窗的二维视图

10. 厂房天窗

厂房天窗的屏幕菜单命令：

【屋顶天窗】→【厂房天窗】(CFTC)

本命令在厂房屋顶上创建天窗，支持排烟天窗和避风天窗（见图 5.56），可在屋顶上沿任意方向布置天窗，自动开洞，删除天窗后洞口自动消除闭合。

图 5.55　老虎窗的三维表现

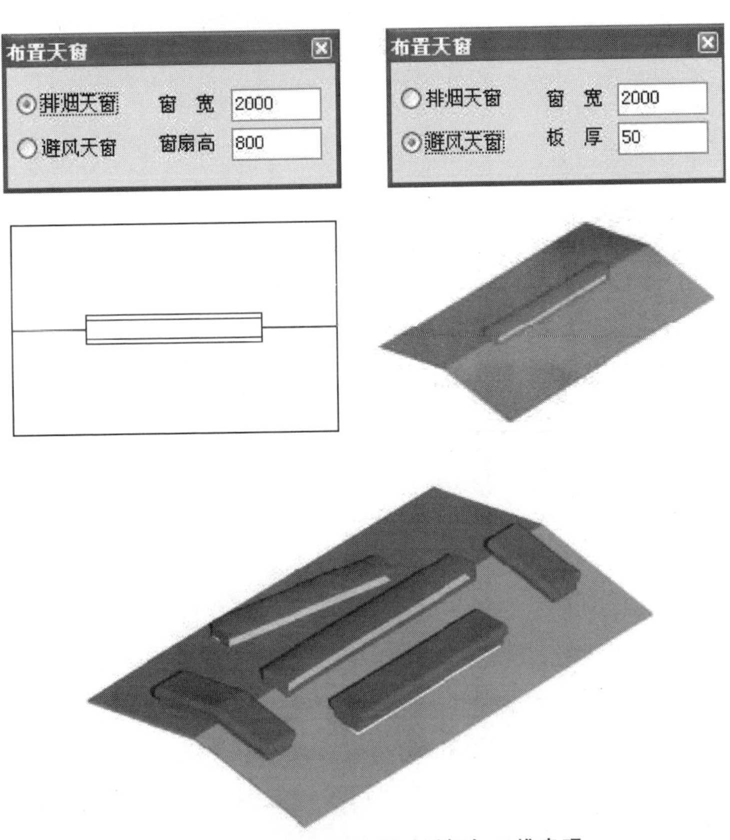

图 5.56　厂房天窗设置对话框与三维表现

11. **插入天窗**

插入天窗的屏幕菜单命令：

【屋顶天窗】→【插入天窗】(CRTC)

本命令可以在人字屋顶和多坡屋顶上插入天窗（见图5.57）。

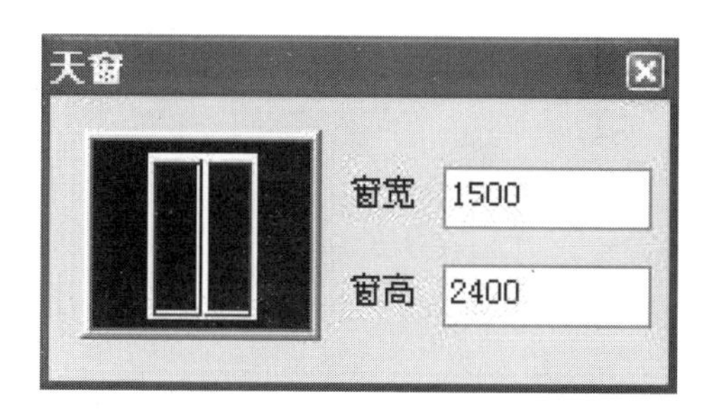

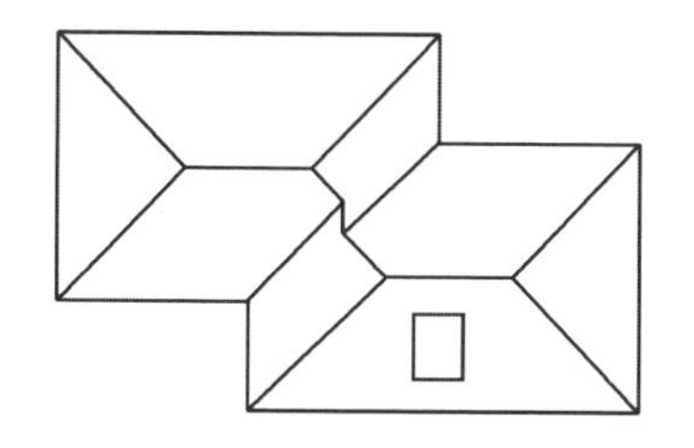

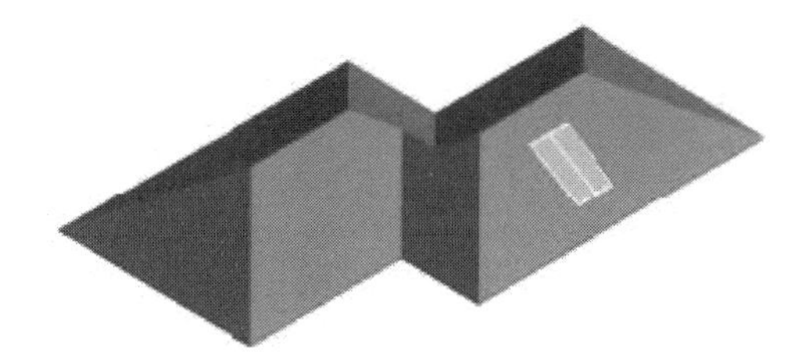

图5.57　屋顶天窗的实例

12. **屋顶开洞**

屋顶开洞的屏幕菜单命令：

【屋顶天窗】→【屋顶加洞】(WDJD)

【屋顶天窗】→【屋顶消洞】(WDXD)

本命令可为人字屋顶和多坡屋顶添加洞或消去洞。

(1) 加洞：事先用闭合PLINE绘制一个洞口水平投影轮廓线，系统按这个边界开洞（见图5.58）。

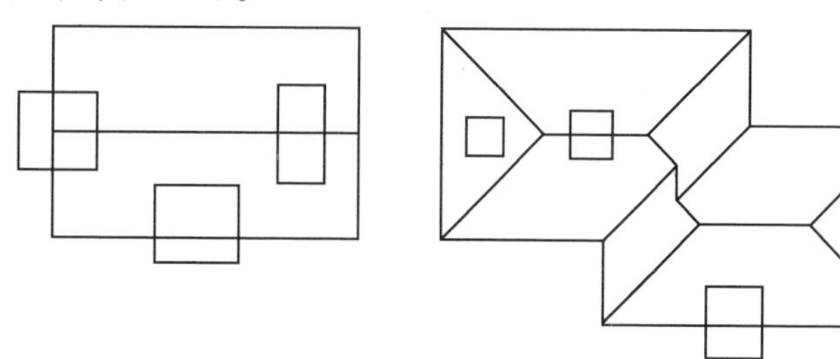

图5.58　洞口轮廓线

（2）消洞：点击洞内删去洞口，恢复屋顶原状。

屋顶开洞的实例如图 5.59 所示。

图 5.59　屋顶开洞的实例

13. **定义天窗**

定义天窗的屏幕菜单命令：

【门窗】→【定义天窗】(DYTC)

定义天窗命令是将封闭线条定义成天窗。封闭线条可以是多义线和圆。先将封闭线条布置在天窗下的房间所在楼层上，系统转计算模型时会自动将其投影到屋顶上。

5.4.1.6　房间楼层

1. **空间划分**

采光计算是以房间为基本单位进行的，房间由墙围合而成。围护结构把室内各个空间和室外分隔开，围合成本层建筑外轮廓的墙就是外墙，它与室外接触的表面就是外表面。用来分隔各个房间的墙为内墙。居住建筑中某些房间共同属于某个使用者，这里称为户型或套房，围合成户型但又不与室外大气接触的墙，就是户墙。

房间平面是由墙体闭合而成的平面区域，墙体必须准确地首尾相连围合成闭合区域。就几何拓扑关系而言，墙就是一条线段（基线），房间就是一个闭合区域。房间与墙之间有下列逻辑（见图 5.60）关系：

（1）构成房间边界的墙线的 2 个端点必须铰接其他墙的端点，否则就是孤立的墙，不作为房间边界。

（2）墙线不允许重叠，包括部分重叠。

（3）墙角称为节点，每个节点有 2 段或更多的墙相接交汇。

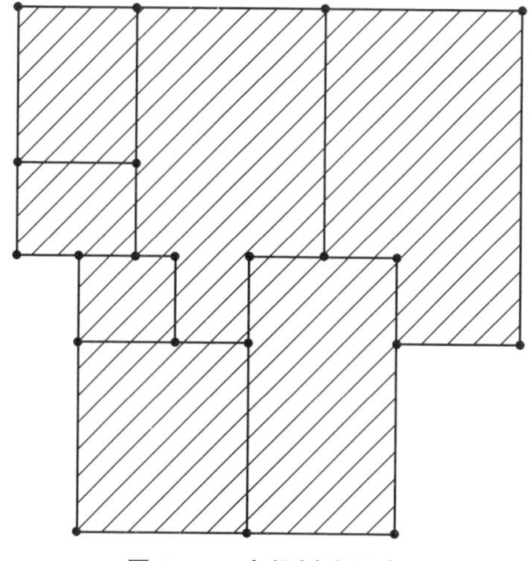

图 5.60 空间划分示意

2. **搜索房间**

搜索房间的屏幕菜单命令：

【空间划分】→【搜索房间】(SSFJ)

本命令是建筑模型处理中一个重要命令和步骤，能够快速地划分室内空间和室外空间，即创建或更新一系列房间对象和建筑轮廓，同时自动将墙体区分为内墙和外墙。需要注意的是，建筑总图上如果有多个区域，要分别搜索，也就是一个闭合区域搜索一次，建立多个建筑轮廓。如果某房间区域已经有一个(且只有一个)房间对象，本命令不会将其删除，只更新其边界和编号。

提示：房间搜索后记录了围成房间的所有墙体的信息，此后如果对墙体进行了几何修改，则必须重新搜索房间，如果不重新搜索，则出现无效房间。如何直观地区分有效和无效房间呢？选中房间对象后，有效房间在其周围的墙基线上有一圈蓝色边界，无效房间则没有(见图 5.61)。

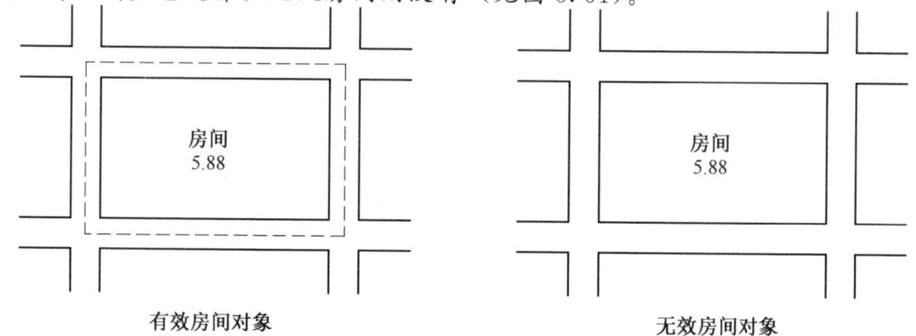

图 5.61 房间对象是否有效的不同表示方法

图 5.62 是“搜索房间”命令生成的对话框，一般只输入起始编号，其他选项接受默认的设置就可以。房间对象的默认名称为“房间”，这个名称是房间的标称，不代表房间的采光功能类型，通过“房间类型”设置采光的功能类型，设置了房间的采光类型后，名称的后面会加一个带“采光分类”的房间功能。例如，一个房间对象显示为“主卧（卧室）”，“主卧”是房间名称，“卧室”是房间的采光类型。

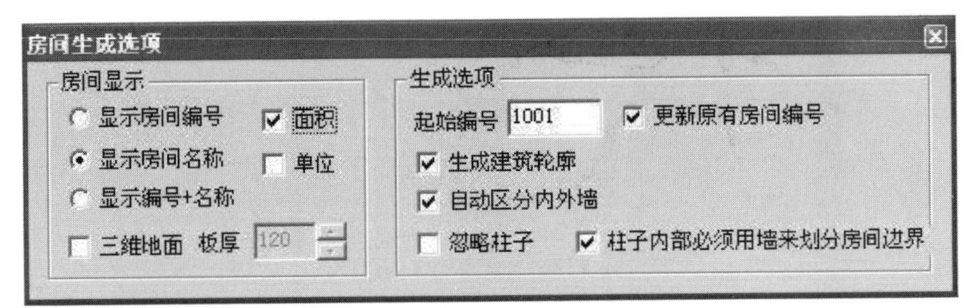

图 5.62　房间生成的对话框

对话框选项和操作解释：

(1)“显示房间名称”：房间对象以名称方式显示。

(2)“显示房间编号”：房间对象以编号方式显示。

(3)“面积”“单位”：房间使用面积的标注形式，显示面积数值或面积加单位。

(4)“三维地面”“板厚”：房间对象是否具有三维楼板，以及楼板的厚度。

(5)“更新原有房间编号”：是否更新已有房间编号。

(6) “生成建筑轮廓”：是否生成整个建筑物的室外空间对象，即建筑轮廓。

(7)“自动区分内外墙”：自动识别和区分内外墙的类型。

(8)“忽略柱子”：房间边界不考虑柱子，以墙体为边界。

(9)“柱子内部必须用墙来划分房间边界”：当围合房间的墙只搭到柱子边而柱内没有墙体时，系统给柱内添补一段短墙作为房间的边界。

房间对象生成实例如图 5.63 所示。

提示：

(1) 如果搜索的区域内已经有一个房间对象，则更新房间的边界，否则创建新的房间。

(2) 对于敞口房间，如客厅和餐厅，可以用虚墙来分隔。

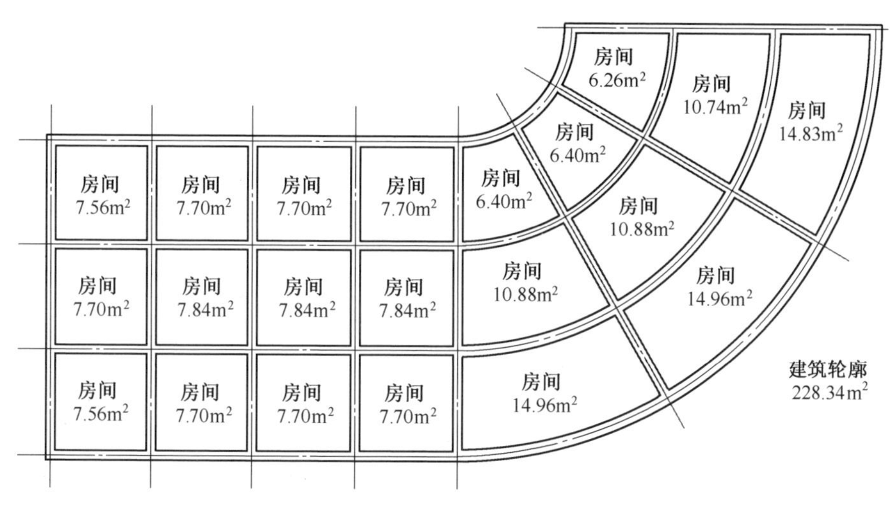

图 5.63　房间对象生成实例

(3) 再次强调，修改了墙体的几何位置后，要重新进行房间搜索。

(4) 搜索时自动生成本层建筑轮廓，转计算模型的时候要用到，不能删除它。

3. **房间排序**

房间排序的屏幕菜单命令：

【空间划分】→【房间排序】(FJPX)

前面介绍过，房间的表示有名称和编号两种方式，二者一一对应，用什么方式取决于用户的习惯和设计需要。当用编号表示时，如果多次房间搜索，得到的编号可能会杂乱无章，这时可以使用“房间排序”命令，把选中的房间按照位置排序，给出有规律的编号。

4. **搜索户型**

搜索户型的屏幕菜单命令：

【空间划分】→【搜索户型】(SSHX)

本命令搜索并建立单元套房对象。“搜索户型”应当在搜索房间后进行，即内外墙已经完成了识别，系统在搜索户型的同时把户与户之间的边界内墙变为分户墙。搜索时，选择组成单元套房的所有房间。户型对象有不同的填充样式可选，也可以设置不同的颜色以便区分不同的户型。户型的填充可能会干扰其他操作，必要时冻结其图层。

搜索户型命令对话框如图 5.64 所示。

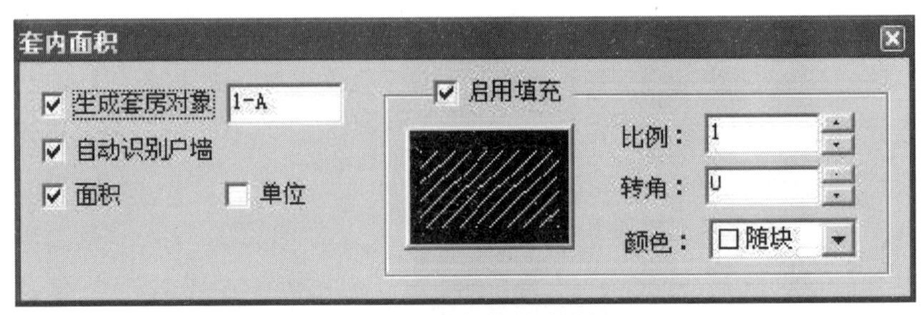

图 5.64　搜索户型对话框

操作中需要注意勾选“生成套房对象”，以便在套房边界的区域内生成“套房对象”；勾选“启用填充”，以便套房区域用填充样式进行填充，该填充样式可在图案填充库中挑选。

房间户型图如图 5.65 所示。

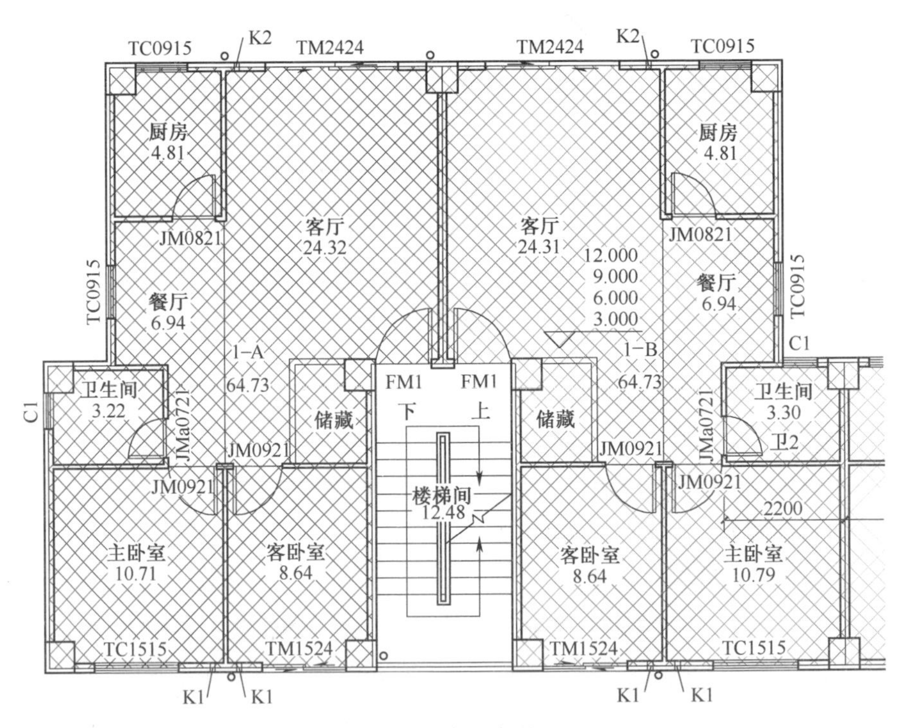

图 5.65　房间户型图

提示：不同楼层的户型需要用不同编号予以区分，如 1—A、2—A。如果户型跃层，则不同楼层的户型分别搜索后共用一个编号。程序自动把同编号的户型对象视为一户。

5. 设置天井

设置天井的屏幕菜单命令：

【空间划分】→【设置天井】(SZTJ)

该命令完成天井空间的划分和设置，一定要在“搜索房间”后再操作本设置，否则天井的边界墙体内外属性会不对。

天井对象如图 5.66 所示。

6. 跃层空间处理

若房间为跃层，搜索出来的上层房间要设置成无楼板（见图 5.67），以便底层镂空。

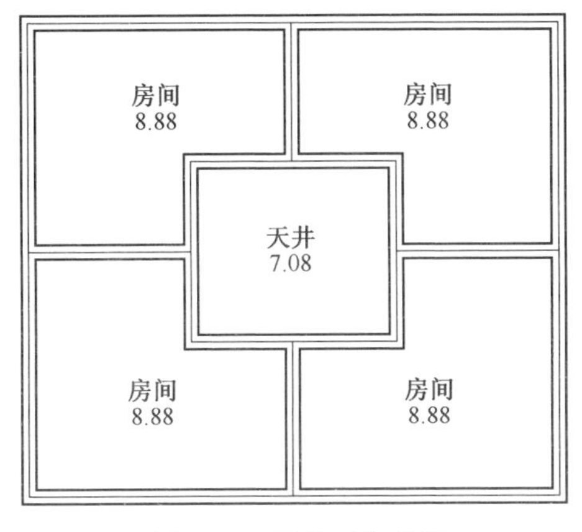

图 5.66 天井对象示意

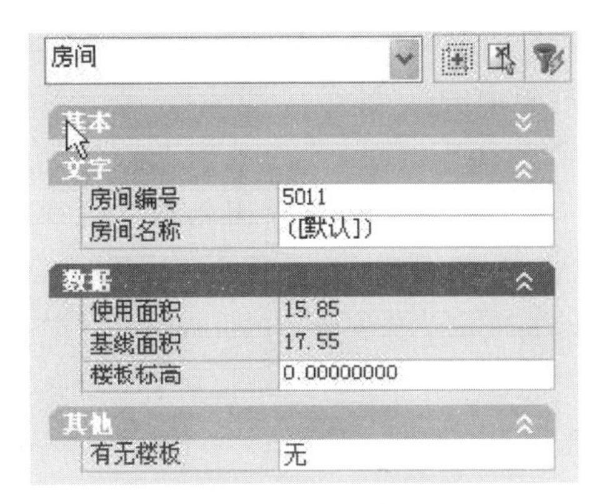

图 5.67 跃层房间

7. 创建楼层框

创建楼层框的屏幕菜单命令：

【空间划分】→【建楼层框】(JLCK)

本命令用于全部标准层在一个 DWG 文件的模式下，确定标准层图形的范围，以及标准层与自然层之间的对应关系，其本质就是一个楼层表。先选择第一个角点，再向第一角点的对角拖拽光标，点取第二点，形成框住图形的方框；然后点取从首层到顶层上下对齐的参考点，通常用轴线交点；再根据实际情况输入本楼层框对应自然层的层号和层高。

楼层框的层号和层高可以采用在位编辑进行修改，方法是首先选择楼层框对象，再用鼠标直接点击层号或层高数字，数字呈蓝色为被选状态，直接输入新值替代原值，或者将光标插入数字中间，像编辑文本一样再修改（见

图 5.68)。楼层框具有五个夹点，鼠标拖拽四角上的夹点可修改楼层框的包容范围，拖拽对齐点可调整对齐位置。

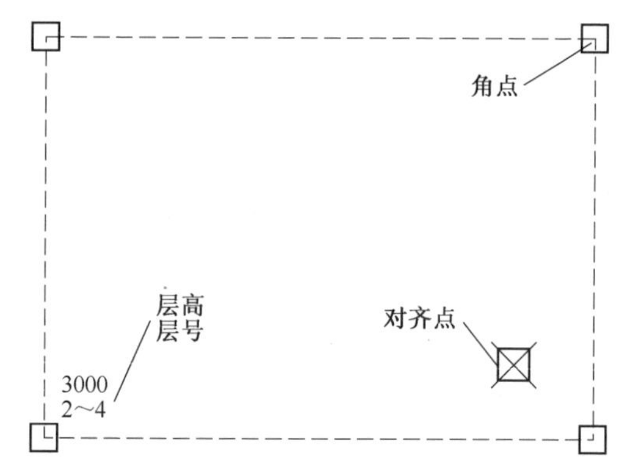

图 5.68　楼层框的外观和夹点

5.4.1.7　图形检查

1. 重叠检查

重叠检查的屏幕菜单命令：

【检查】→【重叠检查】(CDJC)

本命令用于检查图中重叠的墙体、柱子、门窗和房间，可删除或放置标记。检查后如果有重叠对象存在，则弹出检查结果（见图 5.69)。

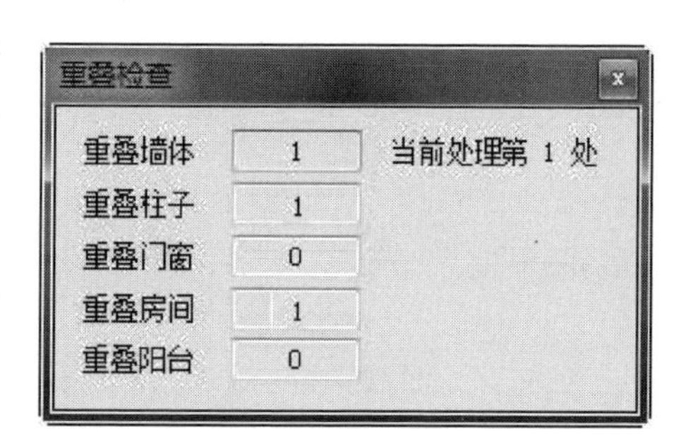

图 5.69　重叠检查的结果

此时可以用鼠标缩放和移动视图，以便准确地删除重叠的对象，命令行有以下分支命令可以操作：

下一处 (Q)：(转移到下一重叠处)

上一处 (W)：(退回到上一重叠处)

删除黄色 (E)：(删除当前重叠处的黄色对象)

删除红色 (R)：(删除当前重叠处的红色对象)

切换显示 (Z)：(交换当前重叠处黄色和红色对象的显示方式)

放置标记 (A)：(在当前重叠处放置标记，不做处理)

退出 (X)：(中断操作)

2. 柱墙检查

柱墙检查的屏幕菜单命令：

【检查】→【柱墙检查】(ZQJC)

本命令用于检查和处理图中柱内的墙体连接。节能计算要求房间必须由闭合墙体围合而成，即便有柱子，墙体也要穿过柱子相互连接起来。有些图档，特别是来源于建筑的图档往往会有这个缺陷，因为在建筑中柱子可以作为房间的边界，只要能满足搜索房间建立房间面积，对建筑而言就足够了。为了处理这类图档，DALI 采用“柱墙检查”对全图的柱内墙进行批量检查和处理，处理原则如下：

（1）该打断的给予打断。

（2）未连接墙端头，延伸连接后为一个节点时自动连接（见图 5.70）。

（3）未连接墙端头，延伸连接后多于一个节点时给出提示，人工判定是否连接（见图 5.70）。

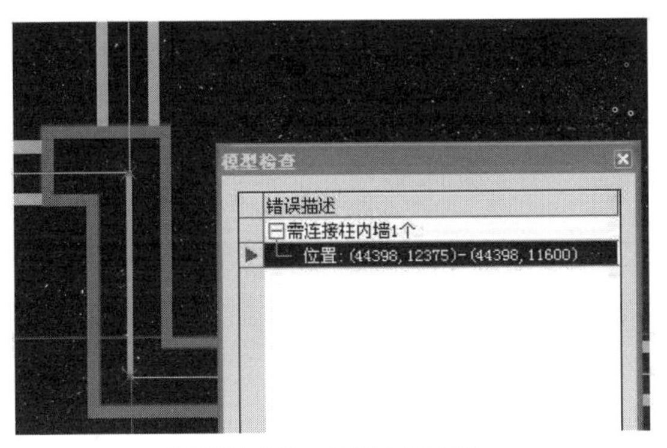

提示连接位置，但需人工判定

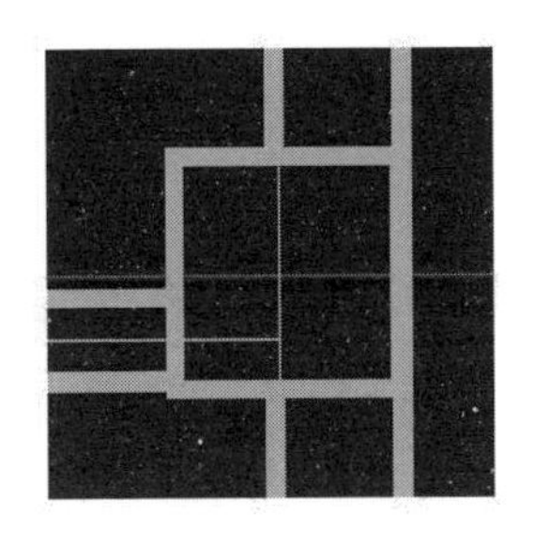

自动连接修复

图 5.70　柱墙检查示意

3. **墙基检查**

墙基检查的屏幕菜单命令：

【检查】→【墙基检查】（QJJC）

本命令用来检查并辅助修改墙体基线的闭合情况，系统能判定清楚的，会自动闭合；若有多种可能的，则给出示意线辅助修改。但当一段墙体的基线与其相邻墙体的边线超过一定距离时，软件不会去判定这两段墙是否要连接（见图 5.71）。例如，默认距离为 50mm，可在 sys/Config.ini 中手动修改墙基检查控制误差“WallLinkPrec”的值。

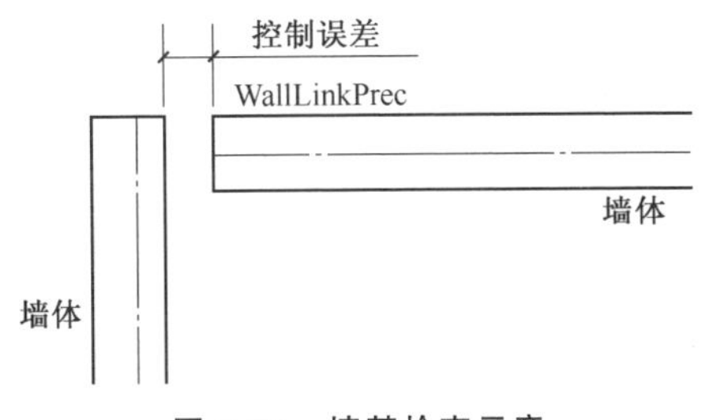

图 5.71　墙基检查示意

4. **模型检查**

模型检查的屏幕菜单命令：

【检查】→【模型检查】（MXJC）

在做采光分析之前，利用本功能检查建筑模型是否符合要求，这些错误或不恰当之处，将使分析和计算无法正常进行。通常会对以下项目进行检查：

（1）超短墙。

（2）未编号的门窗。

（3）超出墙体的门窗。

（4）楼层框层号不连续、重号和断号。

（5）与围合墙体之间关系错误的房间对象。

检查结果将提供一个清单（见图 5.72），这个清单与图形有关联关系，用鼠标点取提示行，图形视口将自动对准到错误之处，可以即时修改，修改过的提示行在清单中以淡灰色显示。

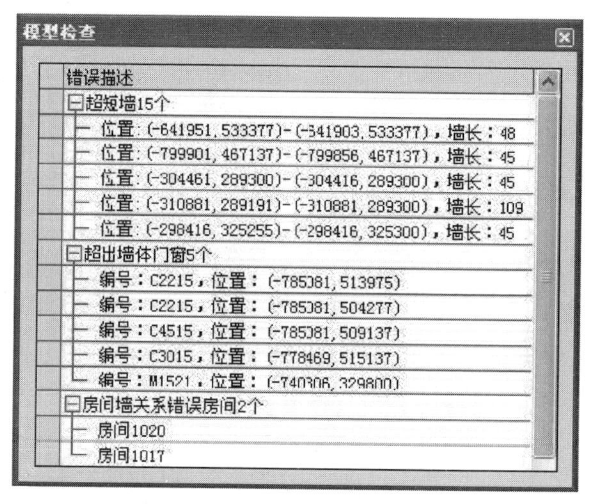

图 5.72　模型检查的错误清单

5. **模型观察**

模型观察的屏幕菜单命令：

【检查】→【模型观察】（MXGC）

本命令用渲染技术实现采光计算模型的可视化模拟，用于观察采光计算模型的正确性，进行本观察前必须正确完成如下设计：建立标准层，完成搜索房间并建立有效的房间对象，创建除平屋顶之外的屋顶，建立楼层框（表），这样才能查看到正确的建筑模型和数据。本命令不仅可以检查单体模型，而且可以检查单体与总图综合在一起的模型（见图 5.73）。

在观察窗口中，可以用鼠标和键盘进行平移、旋转和缩放。

鼠标键操作的控制原则是直接针对场景：

左键——转动，中键——平移，滚轮——缩放

键盘键操作的控制原则是针对观察者：

←——左移，↑——前进，↓——后退，→——右移

Ctrl+←——左转 90°，Ctrl+↑——上升，Ctrl+↓——下降，Ctrl+→——右转 90°

Shift+←——左转，Shift+↑——仰视，Shift+↓——俯视，Shift+→——右转

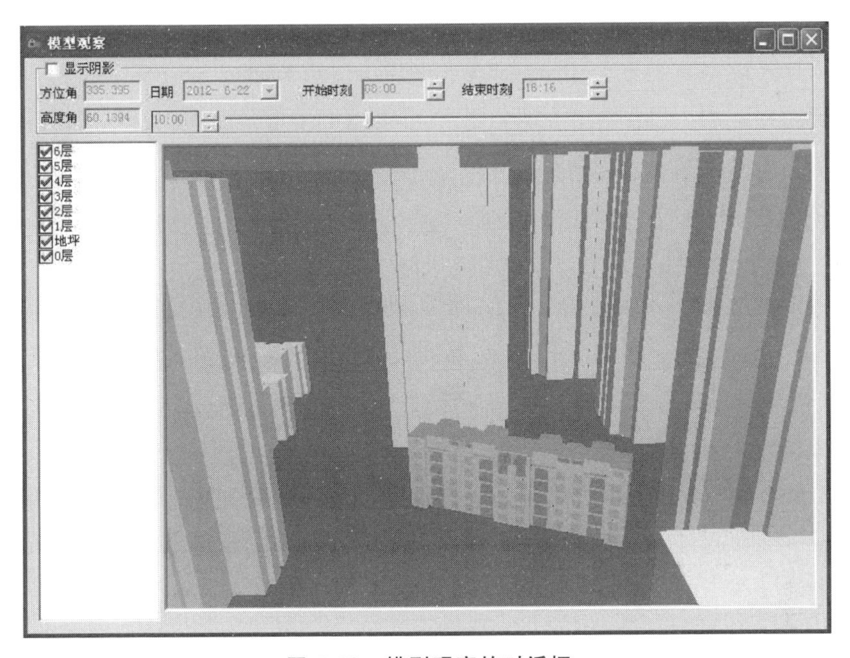

图 5.73 模型观察的对话框

本节主要介绍了采光计算工作图是如何建立的，这也是采光计算中花费时间最多的一个环节。在按照本节介绍的内容建立好单体模型后，就可以开始尝试进行采光计算了，不过采光和室外的周边环境也是密切相关的，因此，为了准确计算，还需要建立总图模型。

5.4.2 总图建模

本节主要介绍采光计算时对分析对象周围环境的建筑和其他遮挡物模型的建立，总图模型范围如何确定，以及如何与单体模型整合。周围环境的建筑和其他遮挡物会影响房间的采光，因此对周边室外总图模型的建立是很有必要的。如果不建立总图模型，则认为周围环境无遮挡。且总图的单位制需要与单

体相同，即 mm。

5.4.2.1 总图概述

总图模型描述的是设计建筑的周边环境。它需要建立下列信息：

(1) 总图的图形范围以及与单体建筑的对齐整合机制。

(2) 影响设计建筑采光的室外三维遮挡物。

DALI 用楼层框确定总图范围，层号为 0 表示总图而不是普通楼层。单体建筑与总图整合的原理是，总图楼层框上的对齐点与单体建筑的各层对齐点对齐，单体平面与总图平面的指北针符号指向同向，当然，这个整合是程序在计算时自动完成的。模型创建好后，用户可以用“模型观察”进行核对，看单体建筑与总图的关系是否正确。

总图楼层框内的任何三维对象都作为总图模型，因此用户可以用 AutoCAD 支持的任何方式建立三维总图对象。

提示： 配套的日照分析软件 SUN 的模型可以用来作为 DALI 的总图模型，如果 SUN 的模型是米制，则事先要放大 1000 倍转成毫米制，然后复制到 DALI 的总图框内即可，当然代表当前设计建筑的模型要从总图框内删除。

5.4.2.2 总图建模

尽管有建立总图三维模型的通用手段，DALI 还是提供了常用柱状单体建筑建模的配套软件（建筑设计 Arch/节能设计 Becs），提供了快速提取周边建筑模型的方法。

1. 建总图框

建总图框的屏幕菜单命令：

【总图】→【建总图框】(JZTK)

本命令用于创建总图框对象，确定总图的范围以及对齐点。运行命令后，手动选取两个对角点及对齐点，设置好内外高差后，总图框就生成了（见图 5.74）。

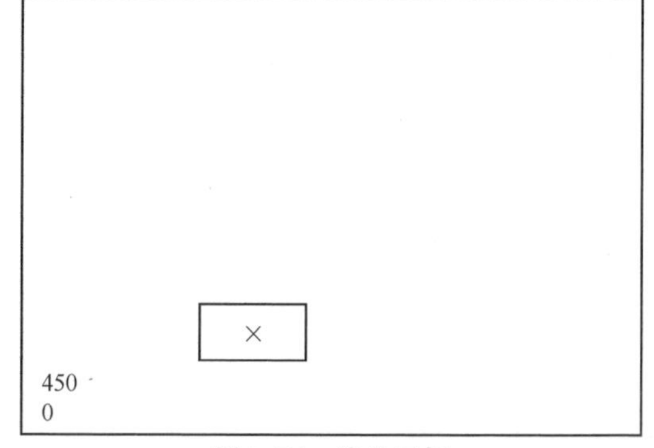

图 5.74 建总图框

2. 赋予建筑高度

赋予建筑高度的屏幕菜单命令：

【总图】→【建筑高度】(JZGD)

本命令有两个功用：一是把代表单体建筑轮廓的闭合 PLINE 赋予一个给定高度和底标高，生成三维的建筑轮廓模型；二是对已有模型重新编辑高度和标高。操作时，首先选择现有的建筑轮廓或者闭合多段线或圆，选取建筑物的轮廓线，然后键入建筑轮廓的高度，并键入建筑的底部标高，完成建筑高度的编辑。

单体建筑的外轮廓线必须用封闭的 PLINE 来绘制。建筑高度表示的是竖向恒定的拉伸值，如果一个建筑物的高度分成几部分参差不齐，请分别赋给高度。圆柱状甚至是悬空的遮挡物，都可以用本命令建立。生成的三维建筑轮廓模型属于平板对象，用户也可以用“平板”建模。用户还可以调用 OPM 特性表设置 PLINE 的标高（ELEVAION）和高度（THICKNESS），并放置到相应的图层上作为建筑轮廓。

尽管总图模型对图层没有要求，但本命令建立的模型是放到特定图层的，这样可以使得模型可以用于日照分析，使不同软件的协作更流畅。

菜单上“标高开/关”和“高度开/关”用于控制是否显示单体建筑轮廓的 3 个参数，当开关打开时，从俯视图上可看到底标高、高度和顶标高数值，直接点击修改标高和高度参数，模型同步联动更新，也可以双击进行对象编辑改变高度和标高（见图 5.75）。

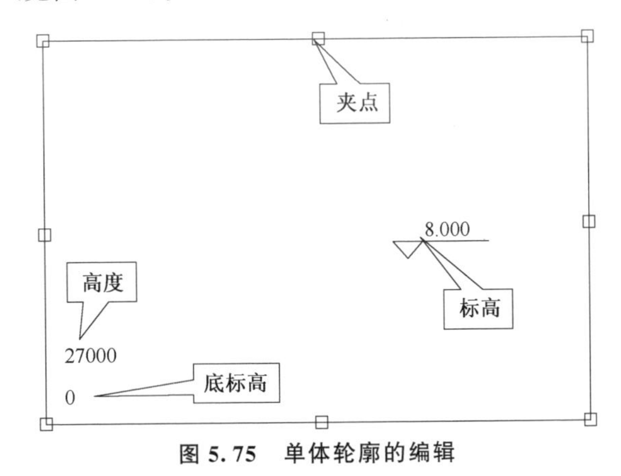

图 5.75 单体轮廓的编辑

3. 提取单体

提取单体的屏幕菜单命令：

【总图】→【提取单体】(TQDT)

将配套的建筑设计软件 Arch 的模型或节能设计 BECS 的模型提取到本图，作为遮挡物。首先选择配套的 DWG 图（建筑设计图或节能模型）或外部楼层表 bdf 文件；然后确认该单体建筑的内外高差，以便正确落在总图上；最后点取插入位置和转角，默认的基点是单体建筑的对齐点。

4. **本体入总**

本体入总的屏幕菜单命令：

【总图】→【本体入总】(BTRZ)

这个命令用于将单体模型插入总图或者在总图区域内更新，这样可以在同一张 DWG 工作图内既拥有总图，也拥有其中若干单体建筑的楼层图，这样在对单体建筑进行日照分析时，可以在楼层图中更轻松地查看各个日照窗的日照时长。

运行本命令后，单体图会自动将其楼层平面图的对齐点与总图框的对齐点重合，并且按照楼层图中的指北针方向在总图中的设定，生成一个建筑模型。如果更改了楼层图的轮廓、高度或者方向，运行本命令后，总图中的建筑轮廓、标高以及朝向也会随之更新。

5.4.3 辅助工具

DALI 中还有一些常用的辅助功能，灵活使用这些辅助工具能够更方便地完成建模和核对工作。

5.4.3.1 注解工具

1. **单行文字**

单行文字的屏幕菜单命令：

【注解工具】→【单行文字】(DHWZ)

本命令能够单行输入文字和字符，输入到图面的文字独立存在，特点是灵活，修改编辑不影响其他文字。单行文字输入对话框如图 5.76 所示。

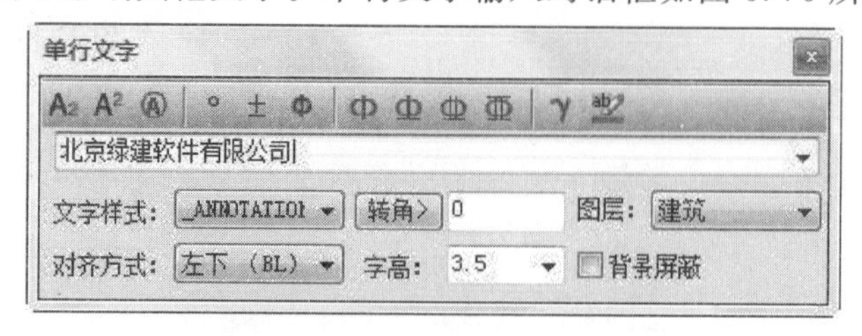

图 5.76 “单行文字”对话框

2. **尺寸标注**

尺寸标注的屏幕菜单命令：

【注解工具】→【尺寸标注】(CCBZ)

本命令是一个通用的灵活尺寸标注工具，对选取的一串给定点沿指定方向和选定的位置标注尺寸（见图 5.77 和图 5.78）。尺寸的编辑菜单在尺寸对象的右键菜单中。

图 5.77 尺寸标注设置对话框

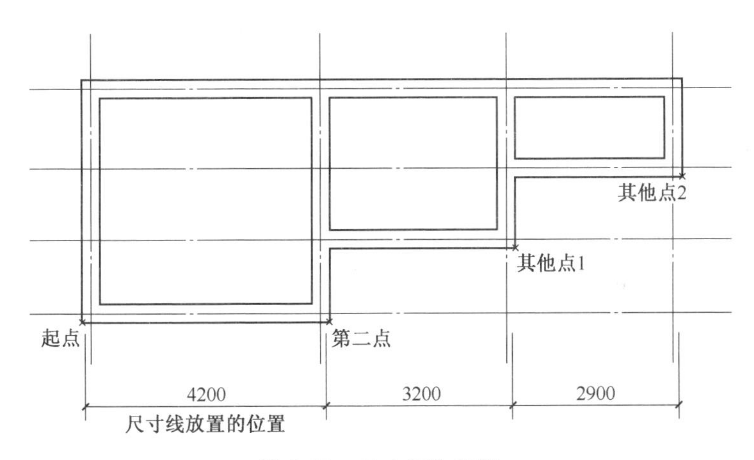

图 5.78 尺寸标注实例

3. **指北针**

指北针的屏幕菜单命令：

【注解工具】→【指北针】(ZBZ)

本命令在图中标出指北针符号。指北针由两部分组成，指北符号和文字“北”，两者一次标注出，但属于两个不同对象，“北”为文字对象。典型的标注样式如图 5.79 所示。

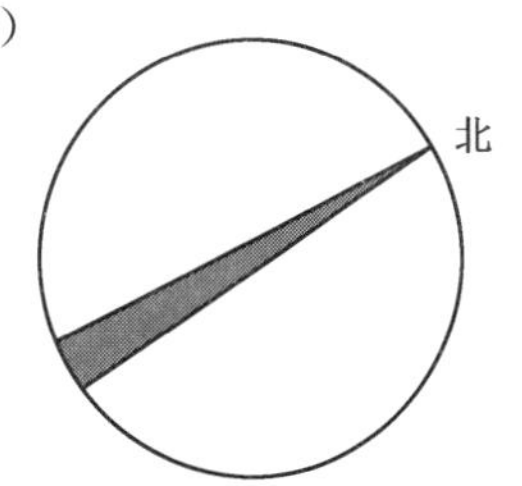

图 5.79 指北针标注实例

关于采光设置的“北向角度”，可以使用“选择指北针”来指定北向角度。

4. **箭头引注**

箭头引注的屏幕菜单命令：

【注解工具】→【箭头引注】(JTYZ)

本命令在图中标注尾部带有文字说明的箭头引注符号（见图5.80）。

图5.80　箭头引注符号的对话框

5.4.3.2　图面显示

1. **墙柱显示**

墙柱显示的屏幕菜单命令：

【墙柱对象〈右键〉】→【单线】/【双线】/【单双线】

【墙柱对象〈右键〉】→【加粗开】/【加粗关】

【墙柱对象〈右键〉】→【填充开】/【填充关】

本组命令用于控制墙柱的显示形式，对采光分析本身没有任何影响，但恰当的显示形式会给模型的整理带来方便。墙体有单线、双线、单双线三种样式，墙柱的边线有加粗和不加粗两种样式，混凝土墙柱也有填充和不填充两种样式。描图时打开墙体的单双线和边线加粗，能够清晰地看到描图进程。

2. **户型和结果显示**

户型和结果显示的屏幕菜单命令：

【墙柱对象〈右键〉】→【户型】

【墙柱对象〈右键〉】→【分析结果】

本组命令为户型对象和分析结果是否显示的控制开关。

户型只要搜索生成，打开或关闭对采光分析没有影响，关闭后图面简洁清晰，打开后能看清户型的区域和边界，用户按需决定开或关。

提示： 分析结果的关闭完全是为了使图面显示更清晰，但关闭后依赖分析结果所做的进一步分析则无法进行。

3. **注释比例**

注释比例的屏幕菜单命令：

【墙柱对象〈右键〉】→【改变比例】(GBBL)

采光的工作图有单体各层平面和总图，这些图面上包含一些文字和注释符号，适当的比例更有助于图面信息的阅读。

5.4.3.3 图层工具

图层工具的屏幕菜单命令：

【墙柱对象〈右键〉】→【图层转换】(TCZH)

【墙柱对象〈右键〉】→【关闭图层】(GBTC)

【墙柱对象〈右键〉】→【隔离图层】(GLTC)

【墙柱对象〈右键〉】→【图层全开】(TCQK)

为了方便操作，软件提供了通过图形对象隔离和关闭图层的功能，在条件图的前期处理和转换过程中使用这些功能将大大提高工作效率。

“图层转换”和“图层管理”提供对图层的管理手段，系统提供中英文两种标准图层，同时附加天正的标准图层。用户可以在图层管理中修改上述三种图层的名称和颜色，以及对当前图档的图层在三种图层之间进行即时转换（见图 5.81）。图层管理有以下功用：

图层管理(当前标准：中文)

图层关键字	中文标准	英文标准	天正标准	颜色	线型	备注
⊟建筑						
建筑-剖面	建-剖	A-SECT	S_WALL	9	CONTINUOUS	建筑除楼梯、门窗外剖到的
建筑-剖面-填充墙	建-剖-填充墙	A-SECT-FILL	A-SECT-FILL	9	CONTINUOUS	剖面填充墙
建筑-剖面-墙线	建-剖-墙	A-SECT-WALL	S_WALL	9	CONTINUOUS	剖面的墙线
建筑-剖面-楼梯	建-剖-楼梯	A-SECT-STAR	S_STAIR	9	CONTINUOUS	楼梯剖到的部分
建筑-剖面-石墙	建-剖-石墙	A-SECT-STON	A-SECT-STON	9	CONTINUOUS	剖面石墙
建筑-剖面-砖墙	建-剖-砖墙	A-SECT-BRIC	A-SECT-BRIC	9	CONTINUOUS	剖面砖墙
建筑-剖面-钢砼	建-剖-钢砼	A-SECT-RC	A-SECT-RC	9	CONTINUOUS	剖面钢砼构件
建筑-剖面-门窗	建-剖-门窗	A-SECT-OPEN	S_WINDOW	4	CONTINUOUS	剖面门窗
建筑-剖面-隔墙	建-剖-隔墙	A-SECT-MOVE	A-SECT-MOVE	9	CONTINUOUS	剖面隔墙
建筑-剖面-面层	建-剖-面层	A-SECT-FISH	S_SURF	[illegible]	CONTINUOUS	剖面的面层
建筑-地面	建-地面	A-GRND	GROUND	2	CONTINUOUS	地面
建筑-填充	建-填充	A-HATCH	PUB_HATCH	8	CONTINUOUS	各类填充
建筑-填充-墙	建-填充-墙	A-HATCH-WALL	PUB_HATCH	[illegible]	CONTINUOUS	墙体的内部填充
建筑-填充-柱	建-填充-柱	A-HATCH-COLU	PUB_HATCH	8	CONTINUOUS	柱子的内部填充
建筑-墙	建-墙	A-WALL	WALL	9	CONTINUOUS	材料分类不清的墙
建筑-墙-卫生	建-墙-卫生	A-WALL-TPTN	LVTRY	[illegible]	CONTINUOUS	卫生隔板、隔断
建筑-墙-填充墙	建-墙-填	A-WALL-FILL	WALL	9	CONTINUOUS	框架、框剪结构不承重的填
建筑-墙-女儿墙	建-墙-半高	A-WALL-PRHT	WALL	[illegible]	CONTINUOUS	女儿墙和墙高小于层高的墙

设置当前标准　图层转换　颜色应用　确 定　取 消

图 5.81 图层管理对话框

(1) 设置图层的颜色（外部文件）。

(2) 把颜色应用于当前图。

(3) 对当前图的图层标准进行转换(层名转换)。

提示: 图层的设置只影响修改后生成的新图形,已经存在的图形不受影响,除非点取"颜色应用";中文标准和英文标准之间可以相互转换,而和天正标准之间不一定能完全转换,因为前两个标准划分得更细,而和天正层名不是一一对应的关系。

5.4.3.4 浏览选择

1. 对象查询

对象查询的屏幕菜单命令:

【模型空间〈右键〉】→【对象查询】(DXCX)

利用光标在各个对象上面的移动,动态查询、显示其信息,并可以即时点击对象进入对象编辑状态(见图 5.82)。

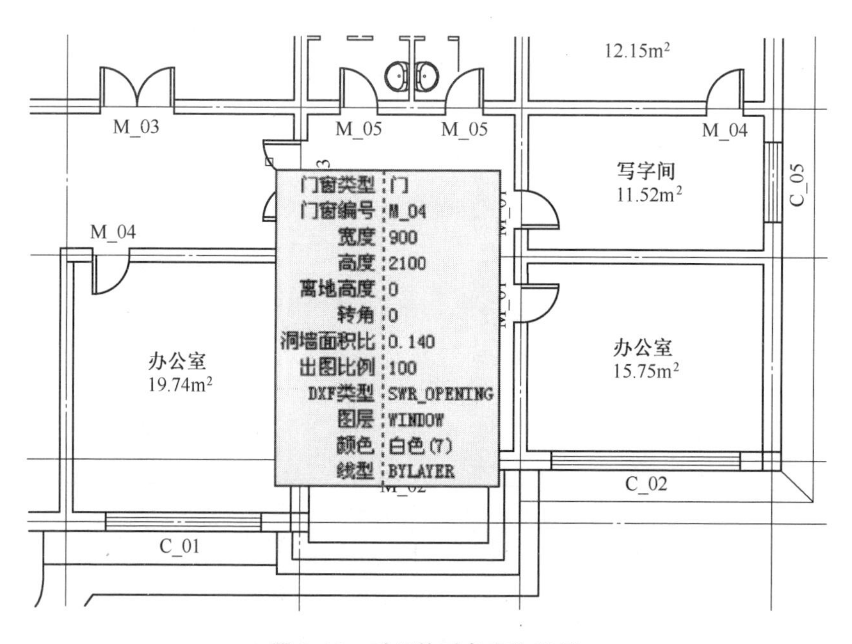

图 5.82 对门的对象查询实例

本命令与 AutoCAD 的 List 命令相似,但比 List 命令更加方便实用。调用命令后,光标靠近对象时屏幕就会出现数据文本窗口,显示该对象的有关数据,此时如果点取对象,则自动调用对象编辑功能进行编辑修改,修改完毕继续进行对象查询。

对于软件内定义对象将有详细的数据;而对于 AutoCAD 的标准对象,只列出对象类型和通用的图层、颜色、线型等信息。

2. 过滤选择

过滤选择的屏幕菜单命令：

模型空间右键→【过滤选择】(GLXZ)

本命令辅助使用者在复杂的图形中筛选出符合过滤条件的对象，建立并选择集，以便进行批量操作。对话框上提供五类过滤条件（见图 5.83)，只有勾选的过滤条件起作用。

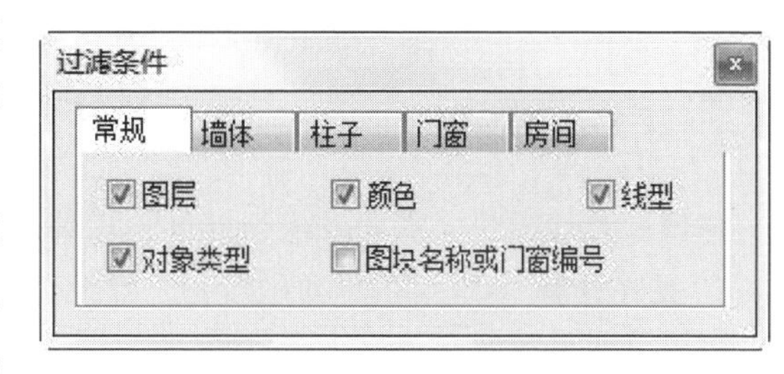

图 5.83 过滤选择对话框

常规类的选项和操作解释：

(1)“图层”：过滤选择条件为图层名。例如，过滤参考图元的图层为 A，则选取对象时只有 A 层的对象才能被选中。

(2)“颜色”：过滤选择条件为图元对象的颜色，目的是选择颜色相同的对象。

(3)“线型”：过滤选择条件为图元对象的线型，例如删去虚线。

(4) “对象类型”：过滤选择条件为图元对象的类型，例如选择所有的 PLINE。

(5)“图块名称或门窗编号”：过滤选择条件为图块名称或门窗编号，可在快速选择同名图块或编号相同的门窗时使用。每类过滤条件可以同时选择多个，即采用多重过滤条件选择；也可以连续多次使用“过滤选择”，多次选择的结果自动叠加。墙体、柱子、门窗和房间的过滤选项是将建筑数据作为过滤条件，批量选出建筑构件和房间对象。

常规选项的操作步骤：

(1) 选择过滤类选项卡，五类过滤条件同时只能有一种有效。

(2) 在某类过滤中勾选过滤条件，可多选。

(3) 命令行提示“请选择一个参考对象”时，点取作为过滤条件的对象。

(4) 接着命令行提示“选择对象”，可在复杂图中单选或框选对象，系统自动过滤出符合条件的对象组成选择集。

(5) 命令结束后，可对选择集对象进行批量操作。

5.5 建筑采光分析

本节主要介绍采光计算的功能，包括与采光计算相关的设置、二维数值分析、三维可视化分析。这些都是 DALI 的核心内容。

5.5.1 采光计算设置

在做采光计算前，需要先进行与计算相关的设置。

1. **采光设置**

采光设置的屏幕菜单命令：

【设置】→【采光设置】(CGSZ)

本功能用于设置采光计算条件和参数（见图 5.84），内容包括：

（1）“光气候区”：Ⅰ、Ⅱ、Ⅲ、Ⅳ、Ⅴ共 5 个光气候区可选，默认为Ⅲ。

（2）“建筑类型”：分为民用建筑、工业建筑。

（3）“反射比”：设定顶棚、地面、墙面、外表面等的反射比，系统默认值取顶棚 0.75、地面 0.3、墙面 0.6、外表面 0.5，可以通过对话框选取常用饰面材料的反射比（见图 5.85）。

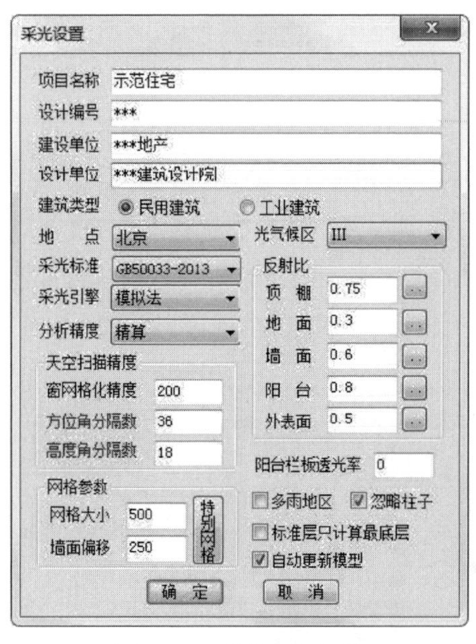

图 5.84 采光全局设置

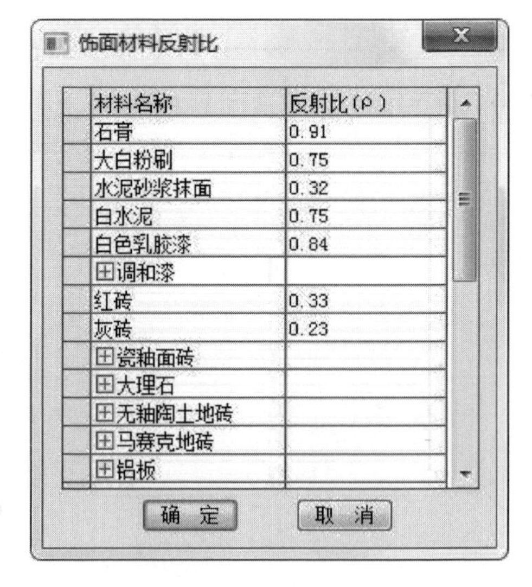

图 5.85 选择反射比

(4)“采光引擎”：提供模拟法、公式法、公式法扩展三种计算方法。

(5)“分析精度”：可选择粗算或精算（只有“模拟法”可控制分析精度）。

(6)“网格参数”：设置房间的网格大小及墙面偏移量。

(7)“特别网格”：设置超大（或过小）房间的网格参数、优化网格数量、平衡精度和计算速率（见图 5.86）。

(8)“多雨地区”：如果勾选，则玻璃的污染系数取值有区别。

(9)“忽略柱子”：如果勾选，房间边界不考虑柱子，以墙体为边界。

(10)“自动更新模型”：如果勾选，每次计算均会“准备模型”；如果未勾选，软件会自动将构建的模型数据放置内存，除“三维采光”均不再更新模型。如遇大工程，当模型未变化时，不勾选该项可节省时间。

(11)“阳台栏板透光率”：在 0～1 取值，数值越大，透明率越高。

(12)“标准层只计算最底层”：如果勾选，标准层将不会展开计算，以节省计算时间。

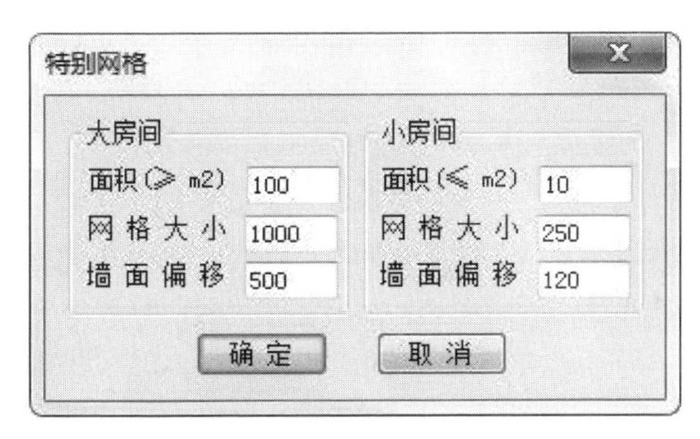

图 5.86　特别网格设置对话框

2. 门窗类型

门窗类型的屏幕菜单命令：

【设置】→【门窗类型】(MCLX)

本功能用于设置门窗与采光有关的参数，门窗类型决定了窗口的透光性能，天然光经过窗口与经过洞口的区别，经过窗框和玻璃降低了透光的性能，透光性能用透光系数 κ'_{τ} 表示：

$$\kappa'\tau = \tau\tau_{c}\tau_{w}$$

式中　τ——采光材料的透射比，窗类型表确定；

τ_{c}——窗结构的挡光折减系数，可以窗类型表确定；

τ_w——窗玻璃的污染折减系数，与房间洁净度、玻璃倾角有关，还与是否属于多雨地区有关。

门窗类型设置对话框如图 5.87 所示。窗框类型可以选择，它影响结构挡光系数。玻璃也可以选择，它影响玻璃透射比。

门窗类型

窗 门 角窗/带窗 天窗 幕墙

编号(个数)	宽度	高度	窗框类型	结构档光系数	玻璃类型	玻璃透射比	玻璃反射比ρ
(0)	0	0	单层铝窗	0.75	普通玻璃	0.89	0.08
1021(12)	960	2100	单层铝窗	0.75	普通玻璃	0.80	0.08
C0615(10)	560	:500	单层铝窗	0.75	普通玻璃	0.80	0.08
C1212(4)	1200	:200	单层铝窗	0.75	普通玻璃	0.80	0.08
C1215(28)	1200	:500	单层铝窗	0.75	普通玻璃	0.80	0.08
C1216(12)	1200	:550	单层铝窗	0.75	普通玻璃	0.80	0.08
C1510(4)	1500	:000	单层铝窗	0.75	普通玻璃	0.80	0.08
C1719(2)	1700	:900	单层铝窗	0.75	普通玻璃	0.80	0.08

确 定　　取 消

图 5.87　门窗参数设置对话框

3. 遮阳类型

遮阳类型的屏幕菜单命令：

【设置】→【遮阳类型】(ZYLX)

采光模拟计算对外部及自身的遮挡是十分敏感的，因此，当外窗有遮阳措施时，须体现在模型中。DALI 提供了若干种固定遮阳形式的设置，有平板遮阳、百叶遮阳等常见外遮阳类型（见图 5.88）。

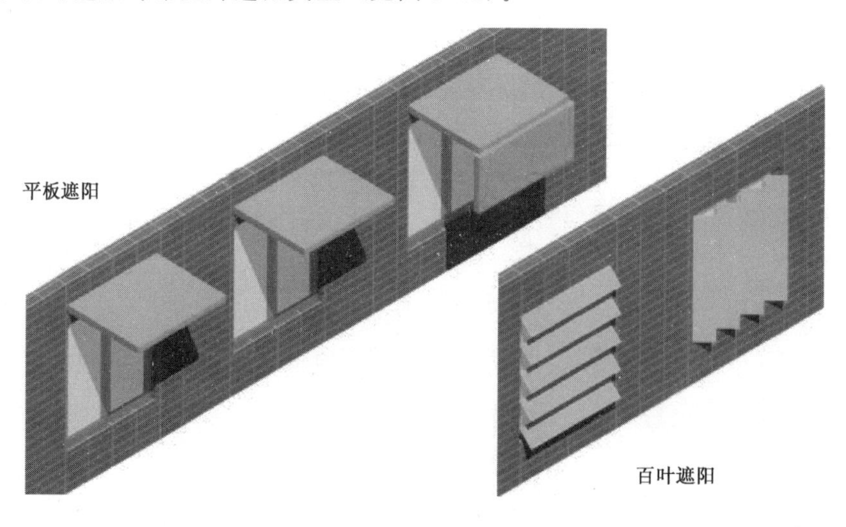

图 5.88　外遮阳形式

“遮阳类型”命令用于命名和添加多种遮阳设置，然后附给外窗，可反复修改。描述平板遮阳的参数如图 5.89 所示，描述百叶遮阳的参数如图 5.90 所示。

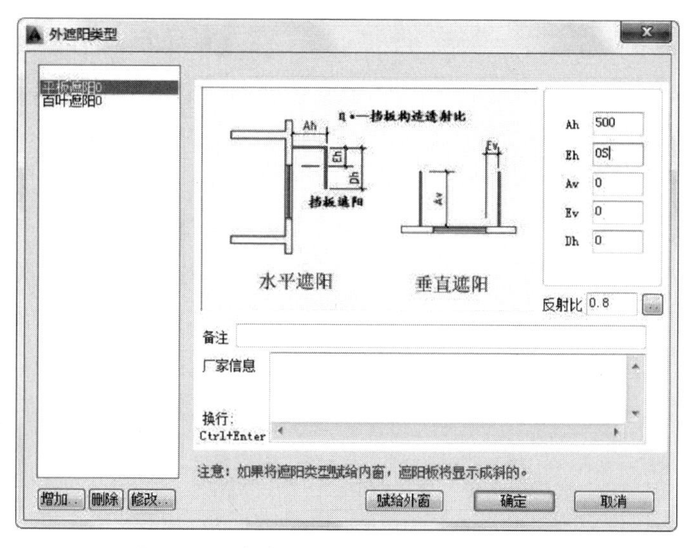

图 5.89 外遮阳设置对话框——平板遮阳

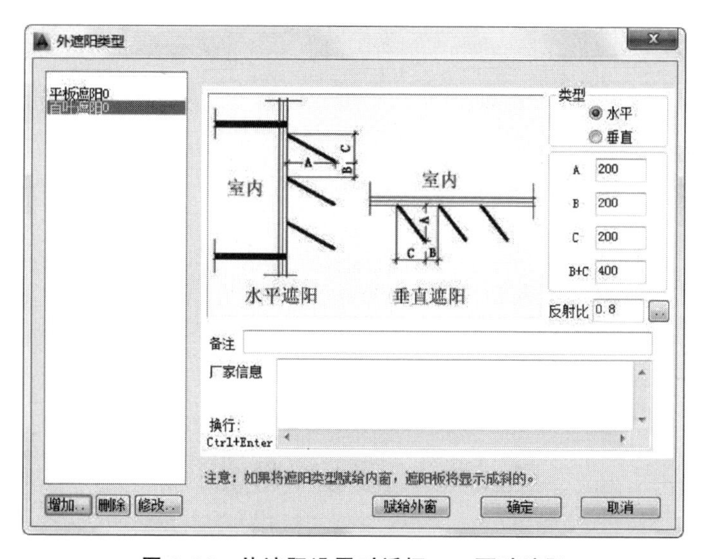

图 5.90 外遮阳设置对话框——百叶遮阳

外遮阳类型与计算参数是一一对应的，参数必须在遮阳类型对话框中设置或修改。当选中外窗时，在 AutoCAD 的特性表中可以对外窗的遮阳类型进行修改（见图 5.91），当外遮阳编号为空时，表示外窗无外遮阳措施。

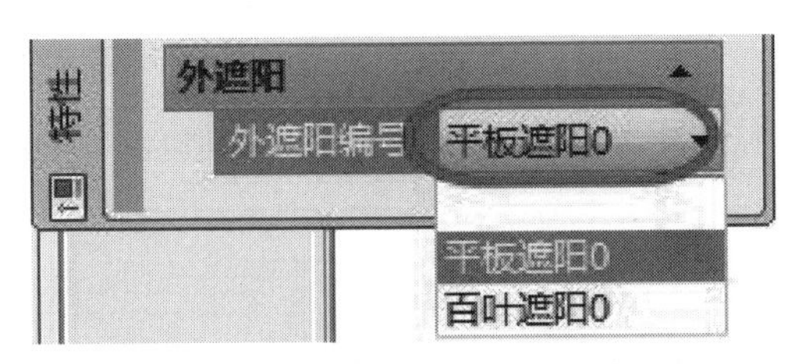

图 5.91 特性表中修改外遮阳类型

4. **房间类型**

房间类型的屏幕菜单命令：

【设置】→【房间类型】(FJLX)

房间类型决定采光要求，即采光等级，不同等级对采光系数（或照度）有不同的要求。此外，房间类型还决定了洁净程度，即清洁、一般污染、严重污染。对于民用建筑而言，采光房间的洁净度都是“清洁”。

可单独设置不同房间类型的反射比，其中默认数值为“采光设置”中反射比的设置数值（见图 5.92）。

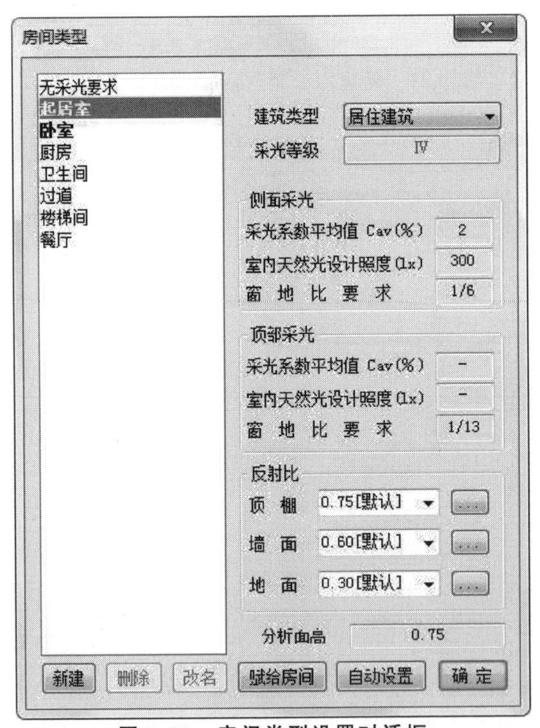

图 5.92 房间类型设置对话框

可以选中房间类型，然后“赋给房间”，更改图中的房间类型，房间类型修改后，房间名称、颜色都对应修改。不同颜色对应不同的采光等级。也可以根据图中的房间名称，自动设置房间类型，用户可以设置房间名称和类型的匹配关系（见图5.93）。

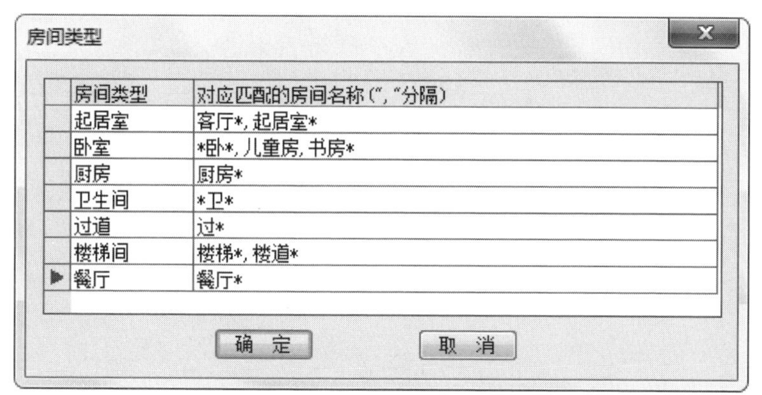

图5.93 房间类型匹配对话框

5. **布导光管**

布导光管的屏幕菜单命令：

【设置】→【布导光管】(BDGG)

本功能用于弥补房间内不利区域的采光，其设置参数内容包括（见图5.94）：

(1)“维护系数”：相当于污染系数、洁净系数的含义。

(2)“系统效率”：输入《建筑采光设计标准》(GB 50033—2013)表D.0.4中的透光折减系数。

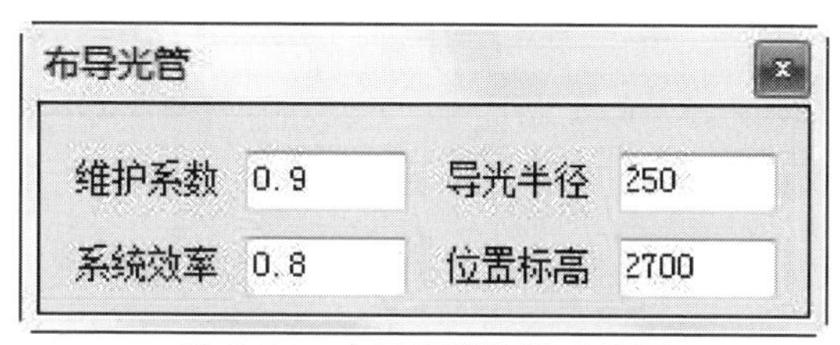

图5.94 布导光管设置对话框

6. **反光板**

反光板的屏幕菜单命令：

【设置】→【反光板】(FGB)

本功能用于弥补房间内不利区域的采光，优化室内采光效果（见图5.95），其设置参数内容包括：

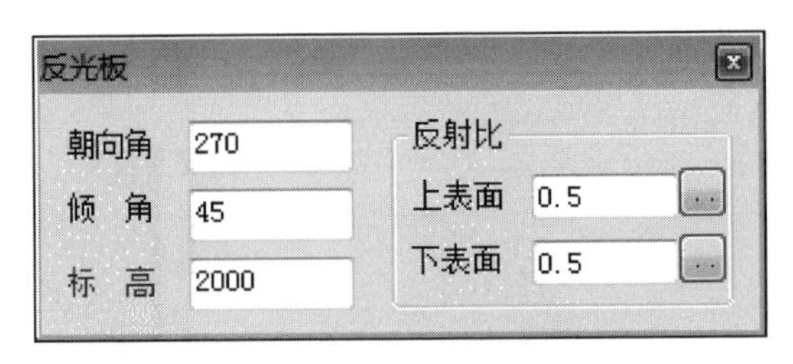

图 5.95 反光板设置对话框

(1)“朝向角”：屏幕正右向与反光板法向量水平投影线之间的逆时针夹角（见图 5.96）。

(2)“倾角”：板面与水平面之间的夹角（见图 5.96）。

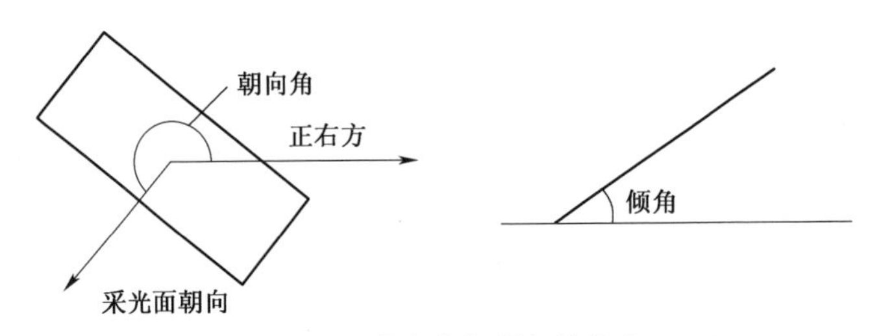

图 5.96 朝向角与倾角的定义

设置反光板的操作步骤：

(1) 绘制反光板水平投影闭合的 PLINE。

(2) 执行命令后弹出对话框，输入反光板的朝向和倾角，以及板上某个特征点的标高。

(3) 命令行提示：

选择平面上的反光板 PL 边界区域：(单选或者多选 PLINE)。

(4) 命令行提示：

点取特征点：(该点 Z 标高等于对话框上输入的标高值)。

7. 房间显示

房间显示的屏幕菜单命令：

【设置】→【房间显示】(FJXS)

通过控制切换“文本图”“网格图”的显示状态，提供多种图面显示策略，方便查看不同类型的计算结果（见图 5.97）。

8. 结果擦除

结果擦除的屏幕菜单命令：

【采光分析】→

【结果擦除】(JGCC)

本命令可快速擦除采光分析生成的小时数点，这是一个过滤选择对象的删除命令。通常，分析后的图线或数字对象数量很大，用户可以选择键入 ALL、框选或点选等方式进行。

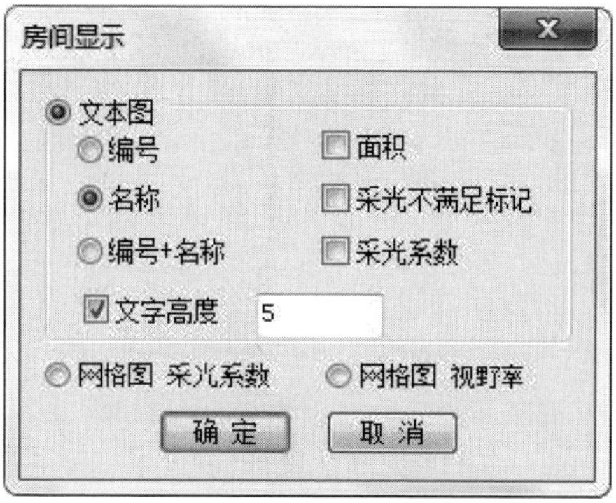

图 5.97 房间显示对话框

5.5.2 主要分析

《建筑采光设计标准》(GB 50033—2013) 用采光系数表达房间的采光质量。绿建的采光指标都是对主要房间提出的要求。采光系数是全阴天条件下，室内天然光照度与室外天然光照度的比值，它表达了建筑的采光质量，与天空的光照条件无关。因此，一旦建筑的空间布局和形态确定下来，采光系数就确定下来。DALI 采用美国伯克利国家实验室的 Radiance 引擎来计算采光，采光模型确定不变后，即可转成引擎所需要的计算模型，然后利用各种分析工具，获取各个房间的采光质量。

5.5.2.1 采光计算

采光计算的屏幕菜单命令：

【主要分析】→【采光计算】(CGJS)

本命令用于计算建筑室内空间的采光系数，并以表格或计算书的形式给出计算结果，计算规则遵循《建筑采光设计标准》。首先，需要确定计算范围，可以在左侧房间列表中按楼层、户型和房间选择要计算和输出的目标房间，也可以用“图选分析房间”的方式在图中直接选择，如图 5.98 所示。计算结果可以以表格的方式浏览（见图 5.99）。在浏览计算结果时，左边的树状结构决定了右边表格的内容，可以按楼层、户型浏览计算结果。

5.5.2.2 采光报告

采光报告的屏幕菜单命令：

【主要分析】→【采光报告】(CGBG)

提取“采光计算”的计算结果，可以 HTML、WORD 格式输出住宅、医院、学校等版式的采光报告，或将计算结果输出到 EXCEL 表格中，如

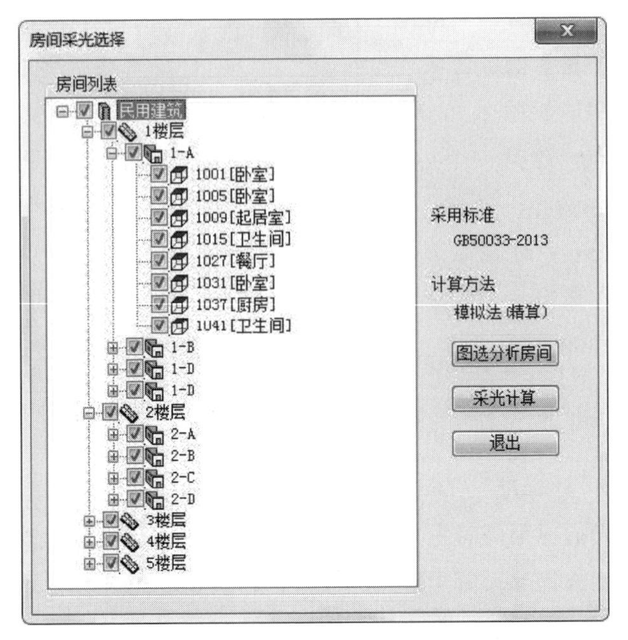

图 5.98　选择计算范围

房间采光值分析

分类	采光等级	采光类型	房间面积	采光系数C(%)	采光系数标准值(%)	结论
1-A						
1001[卧室]	IV	侧面采光	13.53	2.80	2.00	满足
1005[卧室]	IV	侧面采光	16.87	2.86	2.00	满足
1009[起居室]	IV	侧面采光	18.66	1.62	2.00	不满足
1015[卫生间]	V	侧面采光	5.11	1.72	1.00	满足
1027[餐厅]	V	侧面采光	9.33	1.12	1.00	满足
1031[卧室]	IV	侧面采光	13.74	2.16	2.00	满足
1037[厨房]	IV	侧面采光	6.79	1.26	2.00	不满足
1041[卫生间]	V	侧面采光	4.15	2.01	1.00	满足
1-B						
1-D						
1-D						

民用建筑　1　1-A　1-B　1-D　1-D　2　3　4　5

HTML报告　WORD报告　民用建筑采光设计审查　导出Excel　关 闭

图 5.99　采光计算结果浏览

图 5.100所示。其中 HTML 报告用于快速查看报告版式，WORD 报告用于输出最终结果。建筑采光分析报告书如图 5.101 所示。

5.5.2.3　地下采光

地下采光的屏幕菜单命令：

【主要分析】→【地下采光】(DXCG)

本命令用于计算地下室的采光达标率（见图 5.102），并输出彩图及计算

房间采光值分析

民用建筑
- 1
- 2
- 3
- 4
- 5
- 6

分类	采光等级	采光类型	房间面积	采光系数C(%)	采光系数标准值(%)	结论
1						
1-A						
1001[卧室]	Ⅳ	侧面采光	16.87	3.21	2.20	满足
1005[起居室]	Ⅳ	侧面采光	18.66	2.54	2.20	满足
1006[卧室]	Ⅳ	侧面采光	13.53	3.14	2.20	满足
1013[卫生间]	Ⅴ	侧面采光	5.11	3.94	1.10	满足
1025[卧室]	Ⅳ	侧面采光	13.74	1.86	2.20	不满足
1027[餐厅]	Ⅴ	侧面采光	9.33	1.66	1.10	满足
1028[厨房]	Ⅳ	侧面采光	6.79	1.21	2.20	不满足
1041[卫生间]	Ⅴ	侧面采光	4.15	1.88	1.10	满足
1-B						
1002[卧室]	Ⅳ	侧面采光	16.87	3.03	2.20	满足
1007[卧室]	Ⅳ	侧面采光	13.53	3.25	2.20	满足
1008[起居室]	Ⅳ	侧面采光	18.66	2.54	2.20	满足
1015[卫生间]	Ⅴ	侧面采光	5.11	0.27	1.10	不满足
1029[厨房]	Ⅳ	侧面采光	6.79	1.64	2.20	不满足
1030[餐厅]	Ⅴ	侧面采光	9.33	1.78	1.10	满足
1032[卧室]	Ⅳ	侧面采光	10.65	1.64	2.20	不满足
1042[卫生间]	Ⅴ	侧面采光	4.15	1.77	1.10	满足

HTML报告 WORD报告 民用建筑采光设计审查 导出Excel 关 闭

住宅采光设计审查
医院采光设计审查
学校采光设计审查
民用建筑采光设计审查

图 5.100 报告模板选择

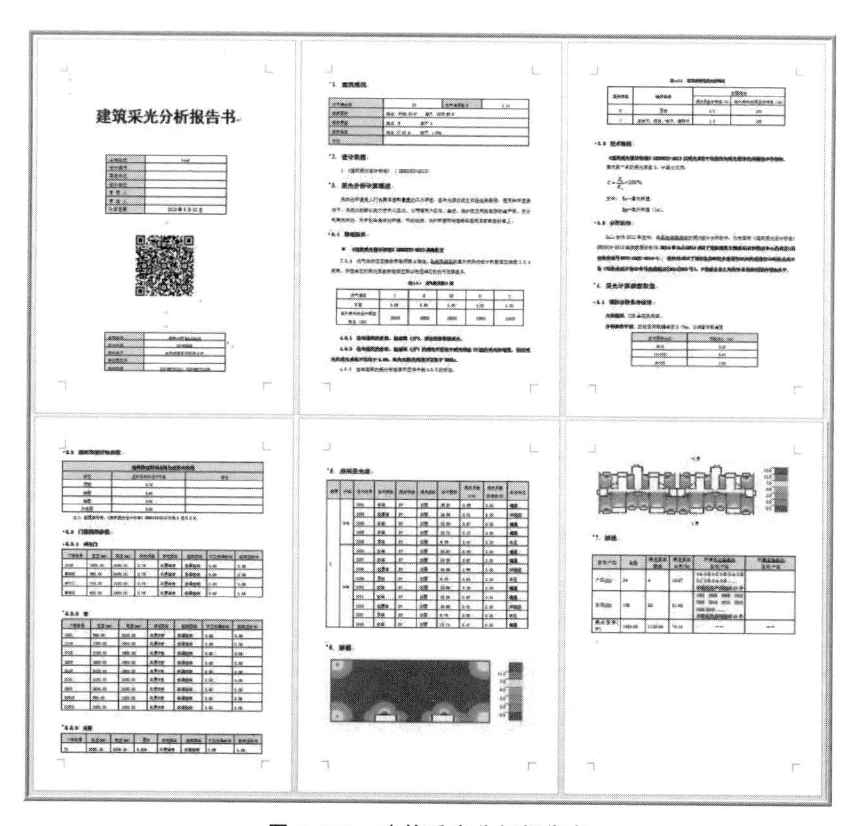

图 5.101 建筑采光分析报告书

报告书（见图 5.103）。地下采光一般是通过导光管、采光井等措施实现。

其设置参数内容包括：

（1）“采光值要求（%）”：默认 0.5，也可手动修改。

（2）“达标图宽度（像素）”：勾选后可输出达标图，并且像素宽度可调。

（3）“平均采光系数”：根据《绿色建筑评价标准》（GB/T 50378—2014），采用“平均采光系数”作为评价指标。

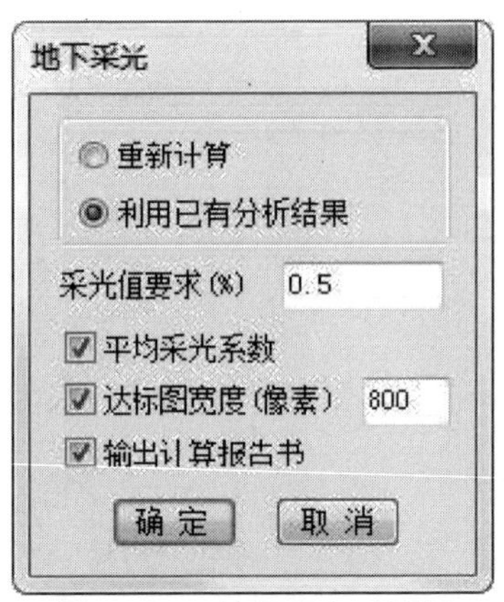

图 5.102　地下采光对话框

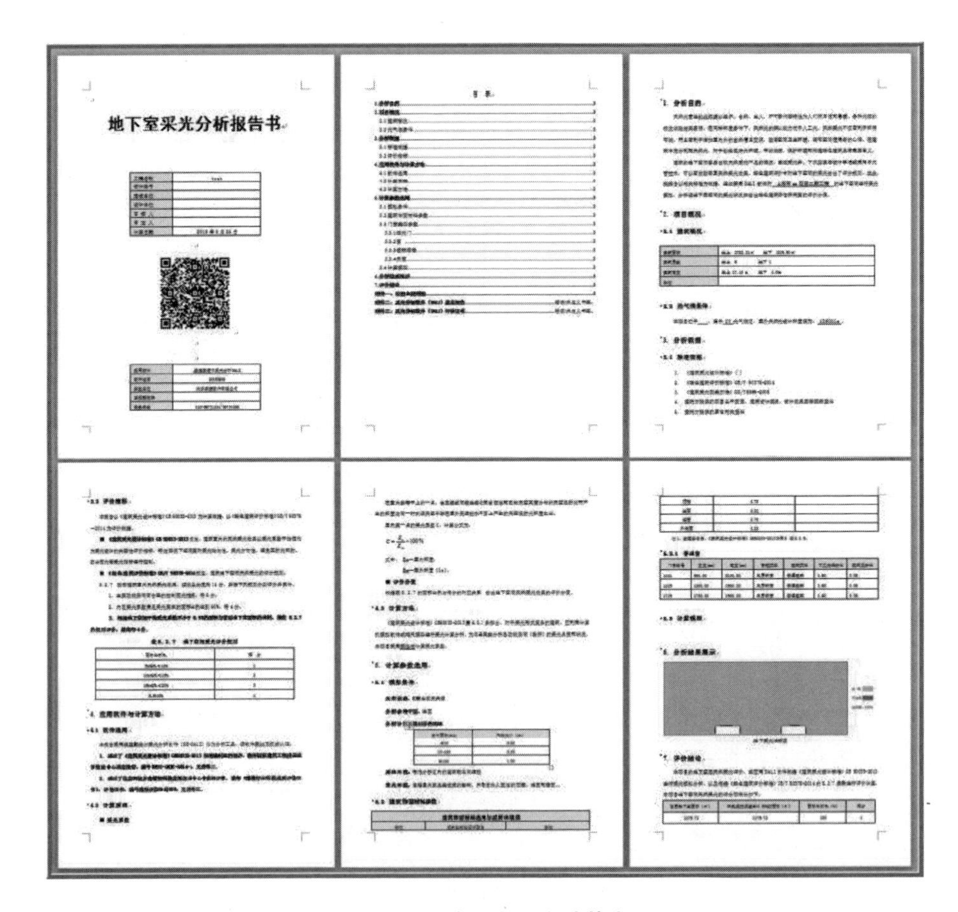
地下室采光分析报告书

图 5.103　地下室采光计算书

5.5.2.4　内区采光

内区采光的屏幕菜单命令：

【主要分析】→【内区采光】(NQCG)

依据《绿色建筑评价标准》(GB/T 50378—2014) 对内区进行采光达标率统计，并输出内区采光报告，在绿建设计中，主要是对公共建筑的要求。

软件默认内区范围为距外墙 5m 外区域，如图 5.104 所示。

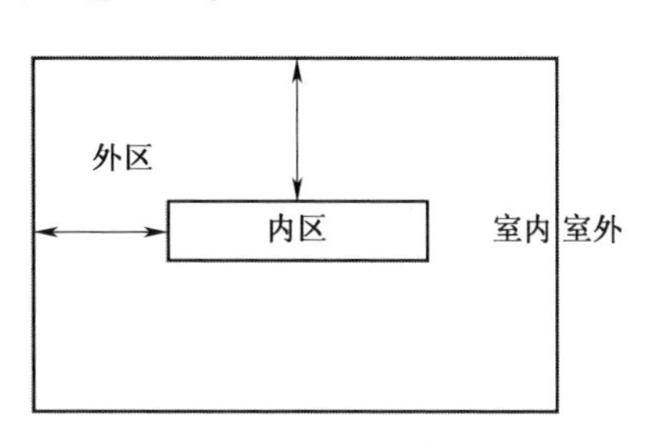

图 5.104　内区范围示意

内区采光结果浏览和内区采光计算书分别如图 5.105 和图 5.106 所示。

内区采光

楼层/房间	采光等级	采光类型	采光系数要求(%)	内区面积(m2)	达标面积(m2)	达标率(%)
7						
3001[办公室]	III	侧面	3.30	189.94	172.86	91
3005[办公室]	III	侧面	3.30	166.89	166.89	100

详表　汇总表　合并导出　导出Word　导出Excel　输出报告　关　闭

图 5.105　内区采光结果浏览

5.5.2.5　达标率计算

达标率计算的屏幕菜单命令：

【主要分析】→【达标率】(DBL)

依据《绿色建筑评价标准》(GB/T 50378—2014) 统计公建主要功能房间的采光达标率（见图 5.107）并输出报告（见图 5.108）。依据标准规定，达标率采用平均采光系数，主要也是对公共建筑的要求，居住建住一般用窗地比考核，但个别窗地比不满足的房间也可用达标率计算。

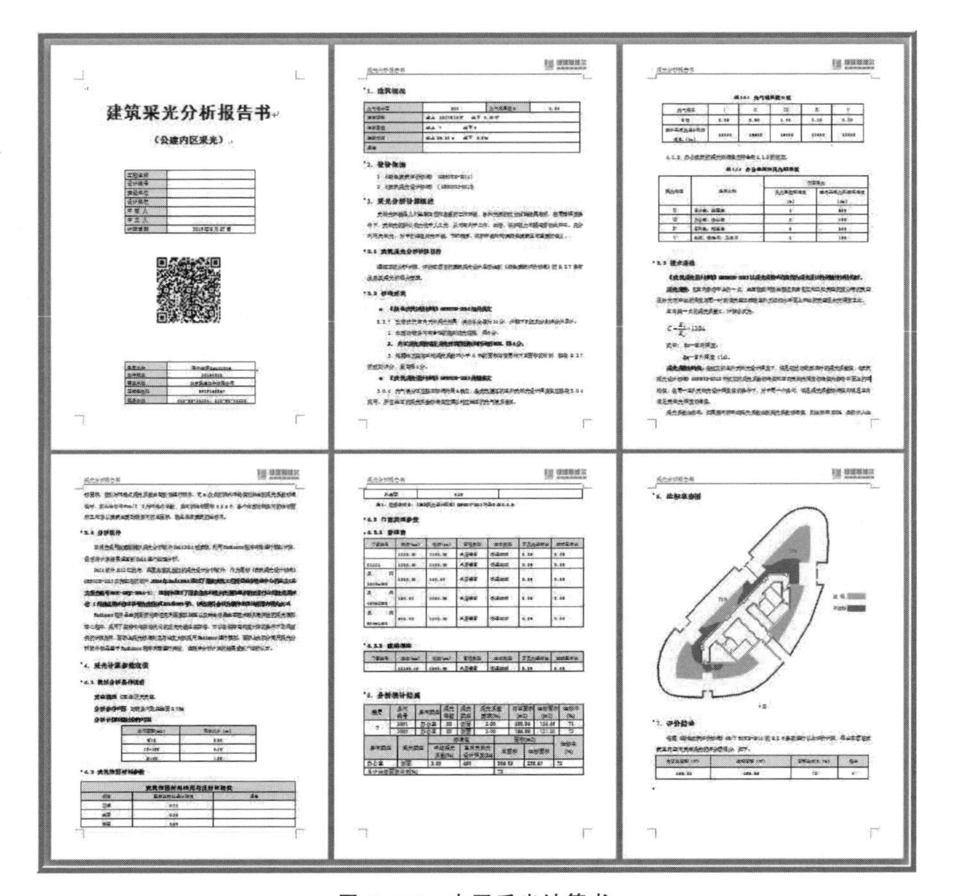
建筑采光分析报告书

（公建内区采光）

图 5.106　内区采光计算书

5.5.2.6　视野计算

视野计算的屏幕菜单命令：

【主要分析】→【视野计算】（SYJS）

本命令用于全面计算公共建筑的视野达标率，并在命令行输出计算结果。

“良好视野要求（可看到景观的面积比例%）”默认为70%，即当面积比例小于70%时，数字显示为红色，以方便查看，如图5.109所示。同时，可根据输入的像素宽度生成彩图，以便更直观地展示视野计算结果，如图5.110所示。

视野报告的屏幕菜单命令：

【主要分析】→【视野报告】（SYBG）

依据“视野计算”分析结果及《绿色建筑评价标准》（GB/T 50378—

达标率

楼层/房间	采光等级	采光类型	采光系数要求(%)	房间面积(m2)	达标面积(m2)	达标率(%)
⊟1						
├ 1001[档案室]	Ⅳ	侧面	2.20	210.11	210.11	100
├ 1002[办公室]	Ⅲ	侧面	3.30	193.56	193.56	100
├ 1006[办公室]	Ⅲ	侧面	3.30	168.83	168.83	100
├ 1009[办公室]	Ⅲ	侧面	3.30	174.26	137.36	79
└ 1016[办公室]	Ⅲ	侧面	3.30	314.00	314.00	100
⊟2~6						
├ 2001[会议室]	Ⅲ	侧面	3.30	210.11	210.11	100
├ 2002[办公室]	Ⅲ	侧面	3.30	193.56	193.56	100
├ 2006[办公室]	Ⅲ	侧面	3.30	168.83	168.83	100
├ 2009[办公室]	Ⅲ	侧面	3.30	174.26	138.38	79
└ 2016[办公室]	Ⅲ	侧面	3.30	314.00	314.00	100
⊟7						
├ 3001[办公室]	Ⅲ	侧面	3.30	587.08	587.08	100
└ 3005[办公室]	Ⅲ	侧面	3.30	484.49	484.49	100

◉详表 ○汇总表 ☑合并导出 导出Word 导出Excel 输出报告 关 闭

达标率

房间类型	采光类型	标准值		面积(m2)		达标率(%)
		平均采光系数(%)	室内天然光设计照度(Lx)	总面积	达标面积	
档案室	侧面	2.20	300	210.11	210.11	100
办公室	侧面	3.30	450	6175.46	5959.18	96
会议室	侧面	3.30	450	1050.54	1050.54	100
总计达标面积比例(%)				07		

○详表 ◉汇总表 ☑合并导出 导出Word 导出Excel 输出报告 关 闭

图 5.107 达标率结果浏览

2014）输出视野分析报告，如图 5.111 所示。

5.5.2.7 窗地比

窗地比的屏幕菜单命令：

【主要分析】→【窗地比】(CDB)

《建筑采光设计标准》(GB 50033—2013）及《绿色建筑评价标准》(GB/T 50378—2014）都对窗地面积比有要求，因此窗地面积比计算结果提供两种查看方式，如图 5.112 所示。左边的树状结构决定了右边表格的内容，可以按楼层、户型来浏览计算结果。

由于窗地比没有考虑到室外环境的遮挡，也没有考虑室内房间形状的多样性，当选择“建筑采光设计标准”进行分析时，通常只能用于方案阶段的采光估算，粗略判断方案是否满足采光的要求。为了方便在方案阶段进行方案设计的分析，软件在有详细计算功能的情况下，仍提供了窗地比的计算功能。当选择“绿色建筑评价标准（居住建筑）”评价标准时，可输出“居住建筑窗地面积比计算书”，如图 5.113 所示。

公共建筑

采光达标率计算书

图 5.108　达标率报告书

5.5.2.8　眩光分析

1. 设眩光点

设眩光点的屏幕菜单命令：

【主要分析】→【设眩光点】(SXGD)

本功能提供手动设置、自动设置两种设置方法，其中自动设置规则是借鉴《建筑采光设计标准》（GB 50033—2013）中要求的采光点设置原则，即窗中心线上，窗对面墙向房间内偏移 1m 的位置，如图 5.114 所示。对于单个窗户的单侧采光，系统自动确定，用户选择要设置眩光点的房间即可；对于复杂的采光情况，需要用户自己指定眩光点。

2. 眩光计算

眩光计算的屏幕菜单命令：

视野分析

良好视野要求（可看到景观的面积比例 %） 70　　生成彩图　图片宽度(像素) 800

楼层/房间	采光等级	采光类型	房间面积(m2)	可看到景观面积(m2)	面积比例(%)
1					
1-A					
1001[卧室]	Ⅳ	侧面	16.87	16.19	96
1005[起居室]	Ⅳ	侧面	18.66	17.88	96
1006[卧室]	Ⅳ	侧面	13.53	13.53	100
1025[卧室]	Ⅳ	侧面	13.74	6.87	50
1-B					
1002[卧室]	Ⅳ	侧面	16.87	16.87	100
1007[卧室]	Ⅳ	侧面	13.53	13.53	100
1008[起居室]	Ⅳ	侧面	18.66	18.40	99
1032[卧室]	Ⅳ	侧面	10.65	3.65	34
1-C					
1003[卧室]	Ⅳ	侧面	16.87	16.87	100
1009[起居室]	Ⅳ	侧面	18.66	18.66	100
1010[卧室]	Ⅳ	侧面	13.53	13.23	98
1033[卧室]	Ⅳ	侧面	10.65	4.87	46
1-D					
1004[卧室]	Ⅳ	侧面	16.87	16.87	100
1011[卧室]	Ⅳ	侧面	13.53	13.23	98
1012[起居室]	Ⅳ	侧面	18.66	18.40	99
1040[卧室]	Ⅳ	侧面	13.74	11.78	86

详表　汇总表　合并导出　导出Word　导出Excel　输出报告　关闭

图 5.109　视野分析结果浏览

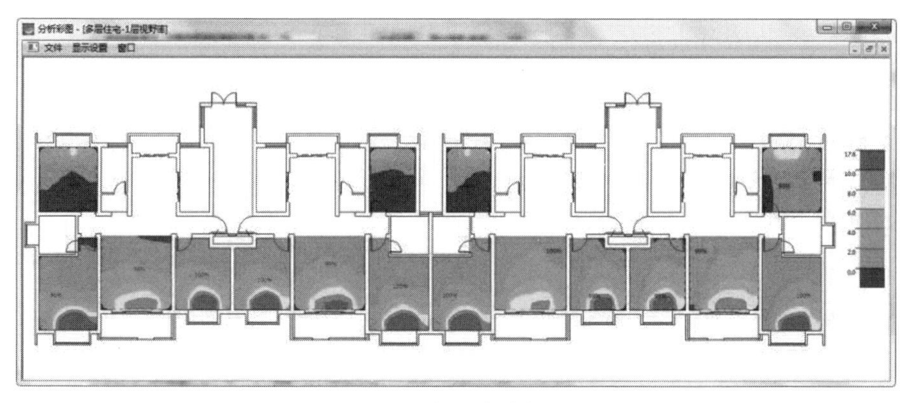

图 5.110　视野率分析彩图

【主要分析】→【眩光指数】(XGZS)

首先选择眩光点，以便确定三维视图；然后选择眩光计算参数（见图 5.115）。

眩光计算参数内容设置如下：

(1)“分析类型”：可选眩光指数 DGI。

(2)“选择模型\”：可选单线模型或双线模型。单线模型是简单模型，计算速度比较快；双线模型是基于三维工作图，面数很多，计算速度比较慢。

(3)“光气候”：可以是设计照度、临界照度、指定全阴天照度、晴天（大

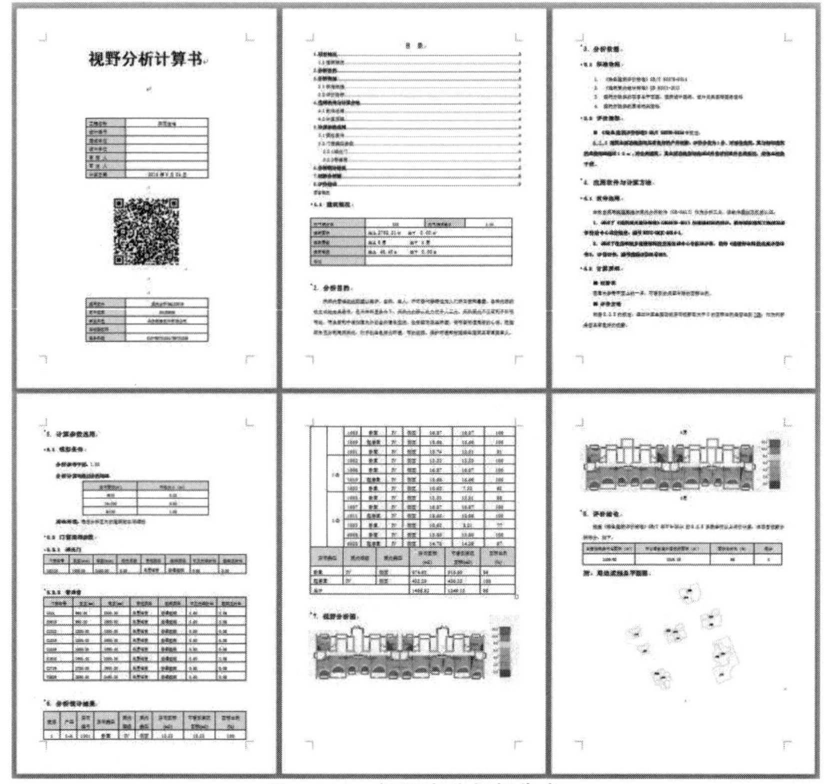

图 5.111 视野率分析报告书

气清晰、浑浊）某一时刻。

（4）“晴天设置”：设置分析地点晴天的具体日期和时间，以及是否考虑太阳直射。

眩光分析结果浏览窗口如图 5.116 所示。

3. **眩光报告**

眩光报告的屏幕菜单命令：

【主要分析】→【眩光报告】（XGBG）

依据“眩光指数”分析结果及《绿色建筑评价标准》（GB/T 50378—2014）的要求输出眩光分析报告，如图 5.117 所示。

5.5.3 辅助分析

1. **单点分析**

单点分析的屏幕菜单命令：

窗地面积比

民用建筑
- 1
- 2
- 3~4
- 5

分类	采光类型	窗面积Ac	地面积Ad	窗地比Ac/Ad	区间
1					
1-A					
1001[卧室]	侧面	3.03	13.53	0.226	≥0.200
1005[卧室]	侧面	3.57	16.87	0.212	≥0.200
1009[起居室]	侧面	5.10	18.66	0.273	≥0.200
1031[卧室]	侧面	3.57	13.74	0.260	≥0.200
1-B					
1002[卧室]	侧面	3.03	13.53	0.226	≥0.200
1006[卧室]	侧面	3.57	16.87	0.212	≥0.200
1010[起居室]	侧面	5.10	18.66	0.273	≥0.200
1032[卧室]	侧面	2.89	10.65	0.271	≥0.200
1-D					
1003[卧室]	侧面	3.03	13.53	0.226	≥0.200
1007[卧室]	侧面	3.57	16.87	0.212	≥0.200
1011[起居室]	侧面	5.10	18.66	0.273	≥0.200
1033[卧室]	侧面	2.89	10.65	0.271	≥0.200
1-D					
1004[卧室]	侧面	3.03	13.53	0.226	≥0.200
1008[卧室]	侧面	3.57	16.87	0.212	≥0.200
1012[起居室]	侧面	5.10	18.66	0.273	≥0.200
1034[卧室]	侧面	3.57	13.74	0.260	≥0.200
2					
2-A					
2001[卧室]	侧面	3.03	13.53	0.226	≥0.200
2005[卧室]	侧面	3.57	16.87	0.212	≥0.200
2009[起居室]	侧面	5.10	18.66	0.273	≥0.200
2033[卧室]	侧面	3.57	13.74	0.260	≥0.200

评价标准 绿色建筑评价标准（居住建筑） 考虑光气候修正 输出报告 导出Excel 关 闭

绿色建筑评价标准（居住建筑）
建筑采光设计标准

图 5.112 表格方式浏览结果

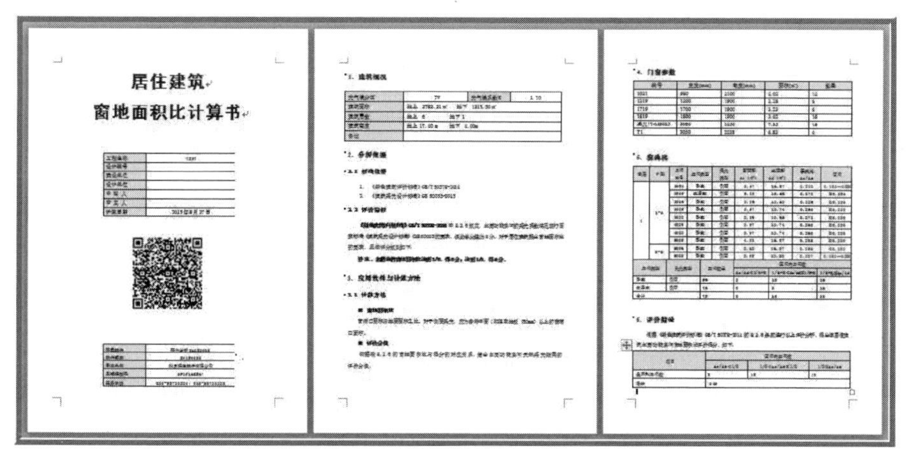

图 5.113 窗地面积比计算书

【辅助分析】→【单点分析】（DDFX）

本命令通过点取楼层框内一点计算该点采光系数，并标注到点取位置。计算高度默认是工作面高，民用建筑为 750mm，工业建筑为 1000mm。如果需要，用户也可以设置不同于工作面高的计算高度。进行计算前需要将房间显示设置到“网格图”的状态，然后根据分析面的情况点取计算点，输入分析面的高度。

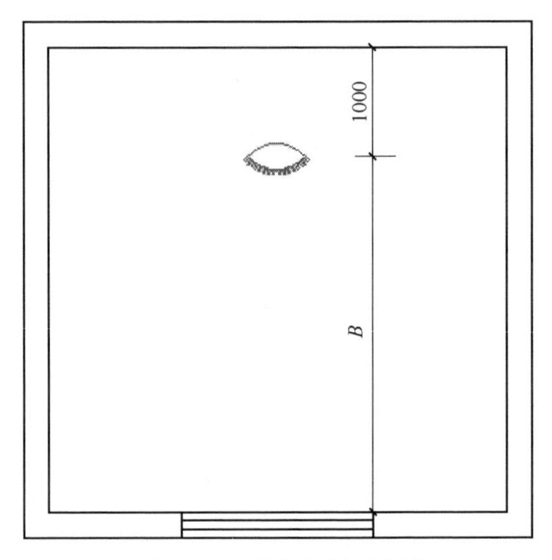

图 5.114　眩光点设置实例

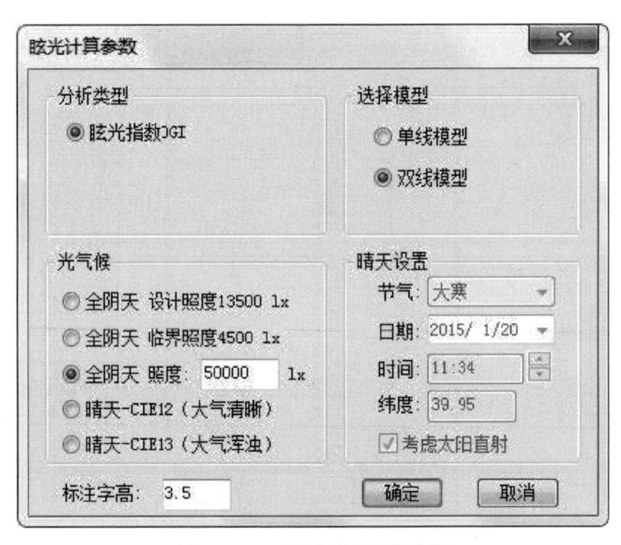

图 5.115　眩光计算对话框

2. **不利房间**

不利房间的屏幕菜单命令：

【辅助分析】→【不利房间】(BLFJ)

本命令用于列出采光效果不利的房间，方便更有针对性地进行局部采光优化（见图 5.118）。

不利房间设置参数如下：

眩光分析

楼层/房间	采光等级	采光类型	房间面积	眩光指数DGI	DGI限值	结论
⊟5						
⊟4-A						
4001[卧室]	Ⅳ	侧面	13.53	20.3	27	满足
4005[卧室]	Ⅳ	侧面	16.87	20.3	27	满足
4009[起居室]	Ⅳ	侧面	18.66	20.4	27	满足
4029[卧室]	Ⅳ	侧面	13.74	16.5	27	满足
⊟4-B						
4002[卧室]	Ⅳ	侧面	13.53	20.3	27	满足
4006[卧室]	Ⅳ	侧面	16.87	20.5	27	满足
4010[起居室]	Ⅳ	侧面	18.66	20.1	27	满足
4030[卧室]	Ⅳ	侧面	10.65	16.8	27	满足
⊟4-C						
4003[卧室]	Ⅳ	侧面	13.53	0.0	27	满足
4007[卧室]	Ⅳ	侧面	16.87	0.0	27	满足
4011[起居室]	Ⅳ	侧面	18.66	0.0	27	满足
4031[卧室]	Ⅳ	侧面	10.65	0.0	27	满足
⊟4-D						
4004[卧室]	Ⅳ	侧面	13.53	0.0	27	满足
4008[卧室]	Ⅳ	侧面	16.87	19.4	27	满足
4012[起居室]	Ⅳ	侧面	18.66	19.9	27	满足
4032[卧室]	Ⅳ	侧面	13.74	0.0	27	满足

导出Word　导出Excel　输出报告　关 闭

图 5.116　眩光分析结果浏览窗口

（1）“计算方法”：用户可根据需要选择使用公式法或公式法扩展进行计算。

（2）“输出条件”：用户自行设置输出条件及输出数目，同时也可选择“仅计算强条要求的房间”。

不利房间结果浏览如图 5.119 所示。

3. 窗口观测

窗口观测的屏幕菜单命令：

【辅助分析】→【窗口观测】（CKGC）

本命令支持采用模型观察的方式，在室内某点透过透光窗观察周边的遮挡情况，如图 5.120 所示。默认观察点为透光窗处向室内偏移 1m，高 1.6m。

4. 创建相机

创建相机的屏幕菜单命令：

【辅助分析】→【创建相机】（CJXJ）

本命令支持用相机来确定用于三维分析的视图，用户可以设置一系列相机备用于三维分析。相机高度、目标高度和焦距用对话框输入（见图 5.121），图中点取平面位置确定相机的位置和目标点。

在三维采光中，创建相机的位置应当在楼层框内，相机的相机高度、目标

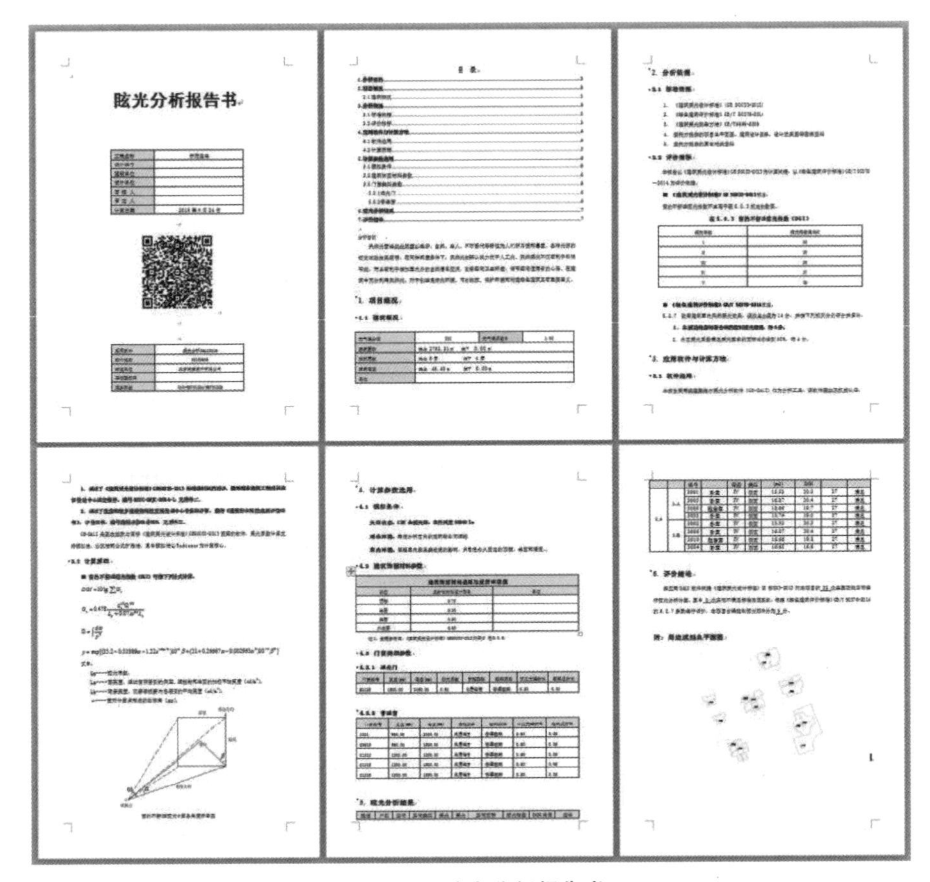

眩光分析报告书

图 5.117　眩光分析报告书

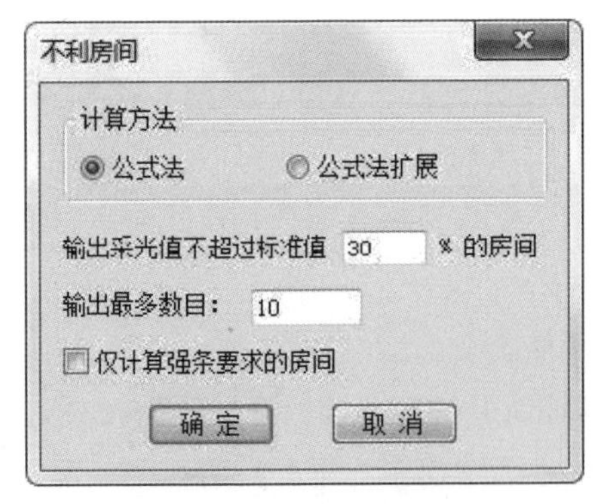

图 5.118　不利房间对话框

高度及观察方向都是参考所在楼层框的相对值，相机的实际标高会随楼层框的上下移动而改变，相机的方向也会随首层和总图指北针的旋转变换而改变。

不利房间

分类	采光等级	采光类型	房间面积	采光系数C(%)	采光系数标准值(%)	结论
1029[厨房]	Ⅳ	侧面采光	6.79	0.86	2.20	不满足
1028[厨房]	Ⅳ	侧面采光	6.79	0.87	2.20	不满足
2038[厨房]	Ⅳ	侧面采光	6.79	0.88	2.20	不满足
2037[厨房]	Ⅳ	侧面采光	6.79	0.89	2.20	不满足
3038@3[卧房]	Ⅳ	侧面采光	6.79	0.90	2.20	不满足
3037@3[卧房]	Ⅳ	侧面采光	6.79	0.92	2.20	不满足
3038@4[卧房]	Ⅳ	侧面采光	6.79	0.93	2.20	不满足
3037@4[卧房]	Ⅳ	侧面采光	6.79	0.95	2.20	不满足
4034[厨房]	Ⅳ	侧面采光	6.79	0.96	2.20	不满足
4033[厨房]	Ⅳ	侧面采光	6.79	0.97	2.20	不满足

插入图中　导出EXCEL　关闭

图 5.119　不利房间结果浏览

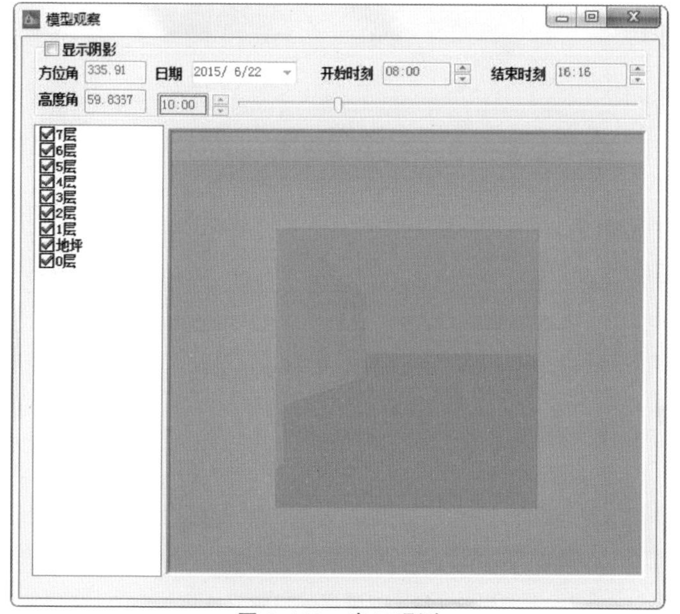

图 5.120　窗口观测

提示：不要将相机创建在楼层框外。

5. 三维采光

三维采光的屏幕菜单命令：

【辅助分析】→【三维采光】(SWCG)

三维分析类似于三维渲染，即根据相机所确定的视图，将场景中的采光状况用形象的方式表达，包括伪彩色图和等值线图。

首先选择相机，以便确定三维视图；然后选择计算类型（见图 5.122）。

三维采光参数内容设置如下：

(1)“分析类型”：可选择伪彩色图（见图 5.123）、等值线图（见图 5.124）和渲染图。

(2)“分析参数”：可选择照度或亮度。

(3)“选择模型”：单线模型或双线模型。单线模型，计算速度比较快；双线模型是基于三维工作图，面数很多，计算速度比较慢。

图 5.121 相机参数对话框

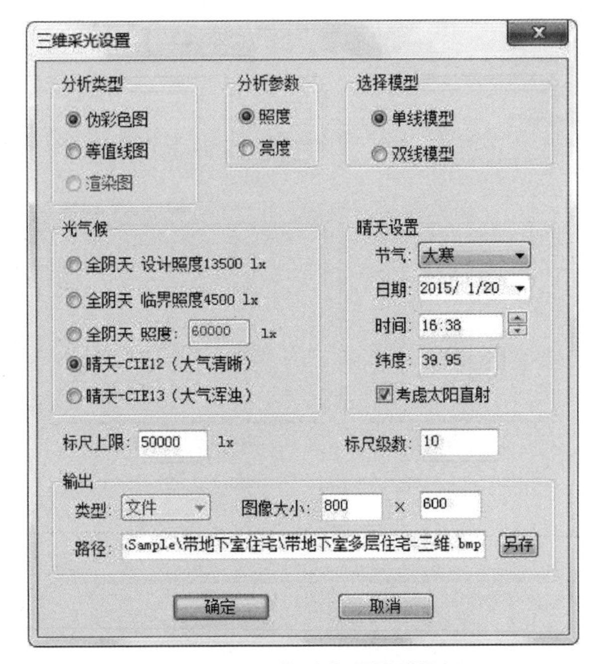

图 5.122 三维采光设置对话框

(4)“光气候”：可以选择设计照度、临界照度、指定阴天照度、晴天（大气清晰、浑浊）某一时刻。

(5)“最大照度”：设置伪彩色图或者等值线图的最大照度值（单位为 lx），如果分析参数为亮度，显示为最大亮度（单位为 nit）。最大照度（或亮度）的选择不仅与光气候条件有关，还与建筑自身的采光条件、相机位置和方向以及周边建筑的遮挡有关，可以先输入一个估计的照度（或亮度），渲染出一张伪彩色图，再根据结果修改参数得到满意的结果。

(6)“等级数目”：设置伪彩色图或者等值线图划分的颜色等级数目，等级

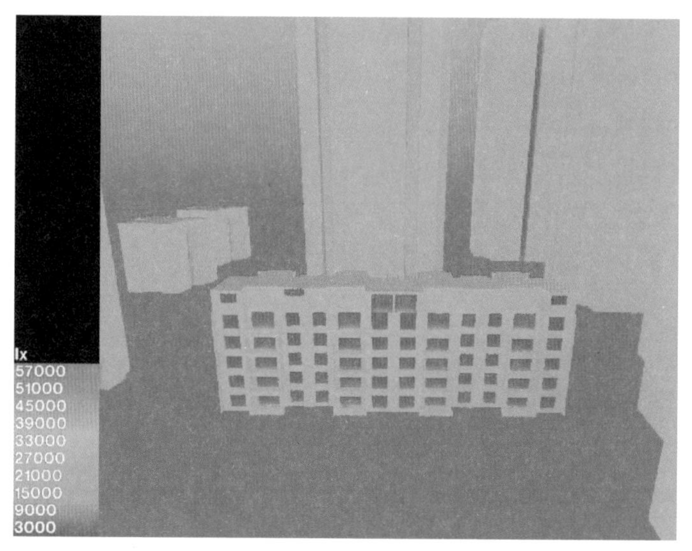

图 5.123 采光分析伪彩色图

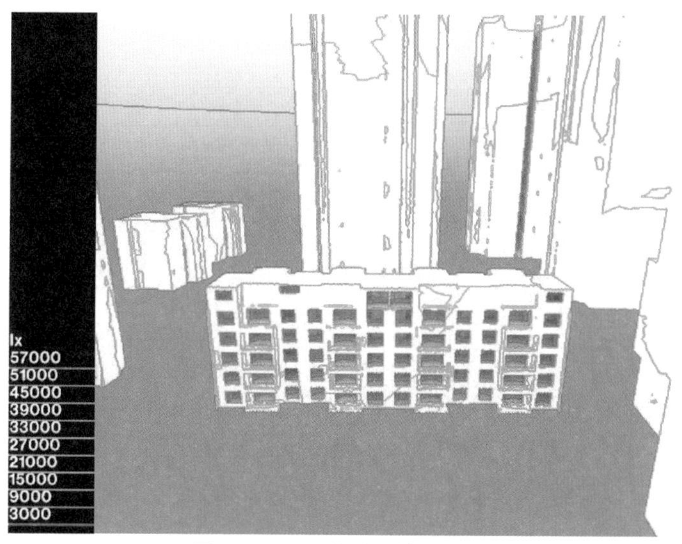

图 5.124 采光分析等值线图

数目越多，颜色划分得越细。

（7）“输出”：输入图片的文件名称和图片分辨率，分辨率越高，速度越慢。

6. **有效进深**

有效进深的屏幕菜单命令：

【辅助分析】→【有效进深】（YXJS）

本命令用于检查单侧采光窗的有效进深。单击生成有效进深线，移动鼠标可以查看结果（见图 5.125）。

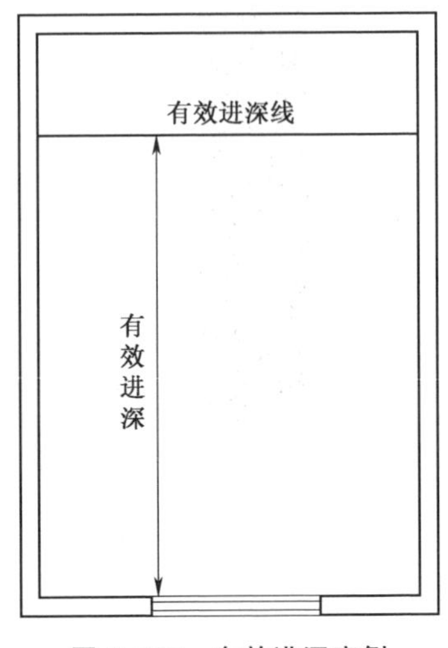

图 5.125 有效进深实例

7. **天空视比**

天空视比的屏幕菜单命令：

【辅助分析】→【天空视比】（TKSB）

本命令可用于计算透光外窗的可见天空比例。

8. **分析彩图**

分析彩图的屏幕菜单命令：

【辅助分析】→【分析彩图】（FXXT）

本命令把房间的采光系数及视野率（见图 5.126）计算成果转成彩色分析图，更形象地展示平面采光和视野状况，如图 5.127 所示。

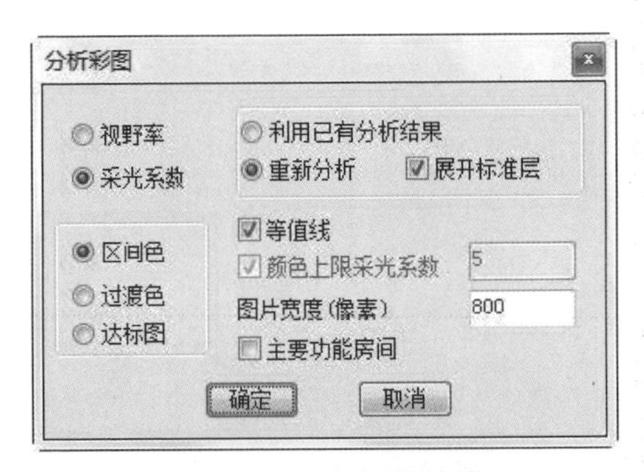

图 5.126 分析彩图对话框

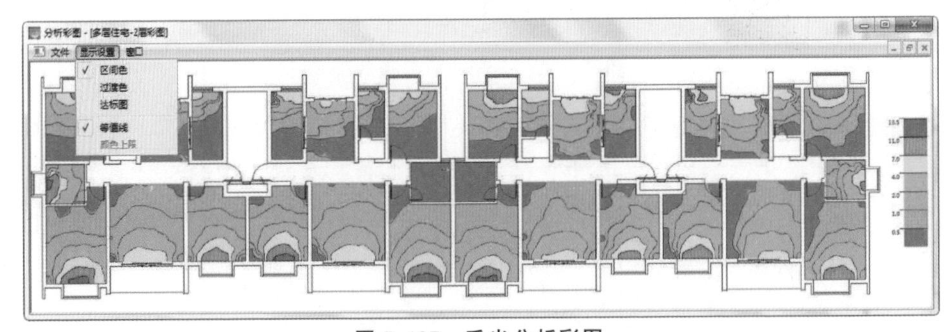

图 5.127 采光分析彩图

9. **采光评价**

采光评价的屏幕菜单命令：

【辅助分析】→【采光评价】(CGPJ)

本命令对采光计算后的一系列房间进行采光评价，统计不同采光品质级别的比例，给出表格和饼图，如图 5.128 所示。

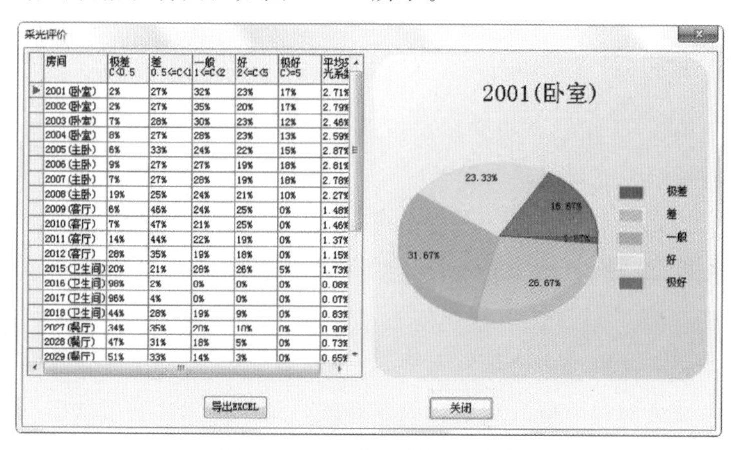

房间	极差 C<0.5	差 0.5<=C<1	一般 1<=C<2	好 2<=C<5	极好 C>=5	平均…光系…
2001(卧室)	2%	27%	32%	23%	17%	2.71%
2002(卧室)	2%	27%	35%	20%	17%	2.79%
2003(卧室)	7%	28%	30%	23%	12%	2.46%
2004(卧室)	8%	27%	28%	23%	13%	2.59%
2005(主卧)	6%	33%	24%	22%	15%	2.87%
2006(主卧)	9%	27%	27%	19%	18%	2.81%
2007(主卧)	7%	27%	28%	19%	18%	2.78%
2008(主卧)	19%	25%	24%	21%	10%	2.27%
2009(客厅)	6%	46%	24%	25%	0%	1.48%
2010(客厅)	7%	47%	21%	25%	0%	1.46%
2011(客厅)	14%	44%	22%	19%	0%	1.37%
2012(客厅)	28%	35%	19%	18%	0%	1.15%
2015(卫生间)	20%	21%	28%	26%	5%	1.73%
2016(卫生间)	98%	2%	0%	0%	0%	0.08%
2017(卫生间)	96%	4%	0%	0%	0%	0.07%
2018(卫生间)	44%	28%	19%	9%	0%	0.83%
2027(餐厅)	34%	35%	20%	10%	0%	0.90%
2028(餐厅)	47%	31%	18%	5%	0%	0.73%
2029(餐厅)	51%	33%	14%	3%	0%	0.65%

图 5.128 采光评价结果浏览

10. **视野评价**

视野评价的屏幕菜单命令：

【辅助分析】→【视野评价】(SYPJ)

本命令对视野计算后的一系列房间进行视野评价，统计不同视野品质级别的比例，给出表格和饼图，如图 5.129 所示。

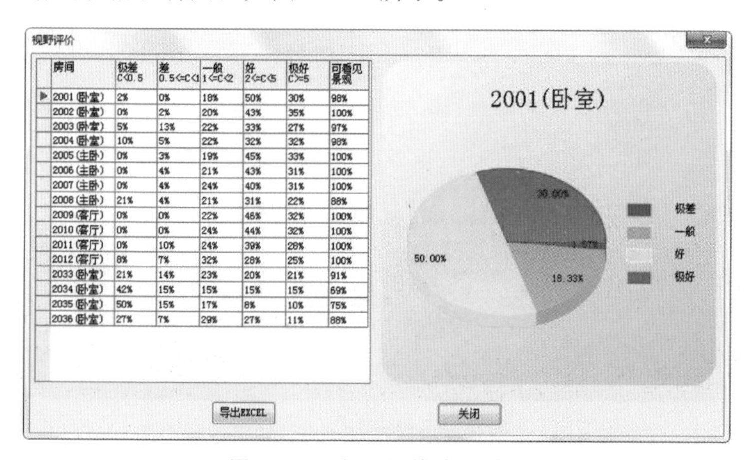

房间	极差 C<0.5	差 0.5<=C<1	一般 1<=C<2	好 2<=C<5	极好 C>=5	可看见景观
2001(卧室)	2%	0%	18%	50%	30%	98%
2002(卧室)	0%	2%	20%	43%	35%	100%
2003(卧室)	5%	13%	22%	33%	27%	97%
2004(卧室)	10%	5%	22%	32%	32%	98%
2005(主卧)	0%	3%	19%	45%	33%	100%
2006(主卧)	0%	4%	21%	43%	31%	100%
2007(主卧)	0%	4%	24%	40%	31%	100%
2008(主卧)	21%	4%	21%	31%	22%	88%
2009(客厅)	0%	0%	22%	46%	32%	100%
2010(客厅)	0%	0%	24%	44%	32%	100%
2011(客厅)	0%	10%	24%	39%	28%	100%
2012(客厅)	8%	7%	32%	28%	25%	100%
2033(卧室)	21%	14%	23%	20%	21%	91%
2034(卧室)	42%	15%	15%	15%	15%	69%
2035(卧室)	50%	15%	17%	8%	10%	75%
2036(卧室)	27%	7%	29%	27%	11%	88%

图 5.129 视野评价结果浏览

6　建筑采光设计实例分析

本书的第 1～5 章已系统介绍建筑采光设计的原理以及计算方法。本章将结合实例对建筑采光设计进行分析。

6.1　恒博华贸中国网球协会训练基地

恒博华贸中国网球协会训练基地 A2 区度假用房 E 位于河北省秦皇岛市北戴河新区，黄金海岸北侧，规划锦绣路西侧，是一座集住宿餐饮于一体的旅馆建筑。该基地占地面积 2188.59m^2，总建筑面积 42408.85m^2，其中地上建筑面积 29852.35m^2，地下建筑面积 12556.50 m^2，建筑高度 68.1m。结构形式为框架剪力墙结构，项目效果图如图 6.1 所示。

图 6.1　恒博华贸中国网球协会训练基地效果图

经采光设计，根据采光分析的结果可以看到，该工程的采光指标满足《建筑采光设计标准》(GB 50033—2013) 的设计要求，设计充分利用天然光，创造良好的光环境，有效节约能源，对构建绿色建筑具有重要的意义。根据《绿色建筑评价标准》(GB/T 50378—2014) 第 8.2.6 条和第 8.2.7 条：主要功能房间采光系数满足采光要求的面积比例达到 80%以上；内区采光系数满足采光要求的面积比例达到 60%以上；地下空间平均采光系数不小于 0.5%的面积与首层地下室面积的比例大于 20%。使用 DALI 软件可以对项目进行采光分析，分析结果如图 6.2～图 6.4 所示，且根据表 6.1 的汇总结果，项目主要功能房间采光达标率为 81.37%，满足相关标准的要求。

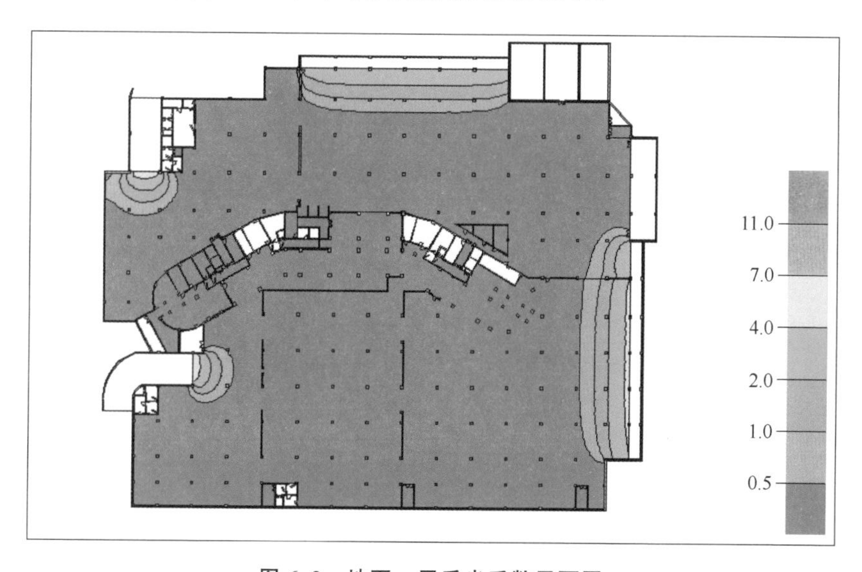

图 6.2　地下一层采光系数平面图

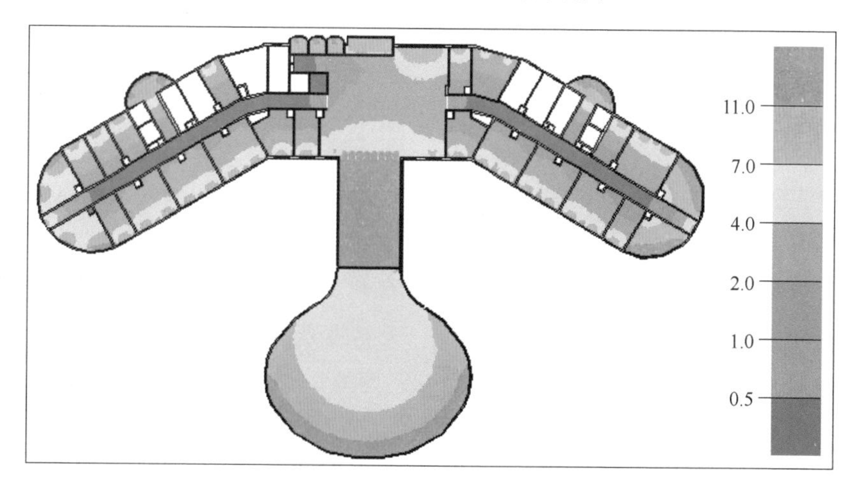

图 6.3　一层采光系数平面图

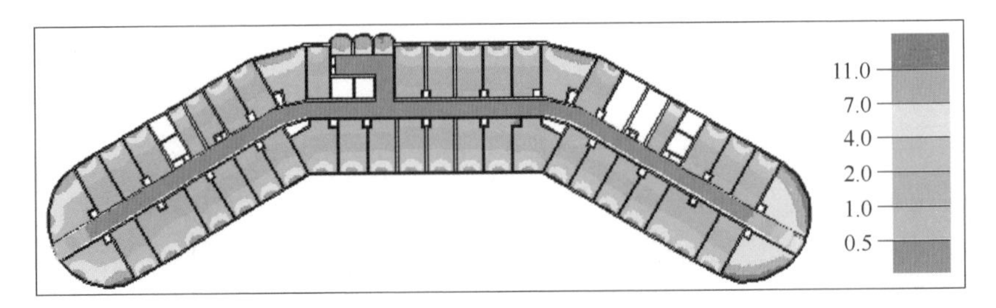

图 6.4　三至十层采光系数平面图

表 6.1　采光达标率汇总表

房间类型	采光类型	标准值		面积/m²		达标率（%）
		平均采光系数（%）	室内天然光设计照度/lx	总面积	达标面积	
走道	侧面采光	1.00	150	3771.73	73.19	2
餐厅	侧面采光	2.00	150	648.24	648.24	100
卫生间	侧面采光	1.00	150	31.63	20.32	64
客房	侧面采光	2.00	300	17468.23	16872.79	97
大堂	侧面采光	2.00	300	251.91	251.91	100
楼梯间	侧面采光	1.00	150	985.36	976.48	99
汇总				23157.10	18842.93	81.37
总计达标面积比例（%）				81.37		

6.2　哈尔滨松北院区联建项目

哈尔滨松北院区联建项目包括动力楼、儿童医院、妇女楼、行政办公楼、门诊医技楼（见图 6.5）。其中门诊医技楼 3 层、儿童住院部 9 层、妇产住院部 9 层、行政办公楼 3 层、动力楼 3 层。医疗建筑一般病房的采光不应低于采光等级Ⅳ级的采光标准值，侧面采光的采光系数不应低于 2.0%，室内天然光照度不应低于 300lx。

天然采光不仅有利于照明节能，而且有利于增加室内外的自然信息交流，改善空间卫生环境，调节使用者的心情。天然采光对于儿童医院来说，更加重要。经采光分析，采光分析结果如图 6.6、图 6.7 所示，儿童医院各层大部分区域的计算结果是达标的，且由表 6.2 的统计可知，儿童医院采光达标面积比例达到 89%。

图 6.5 哈尔滨松北院区联建项目鸟瞰图

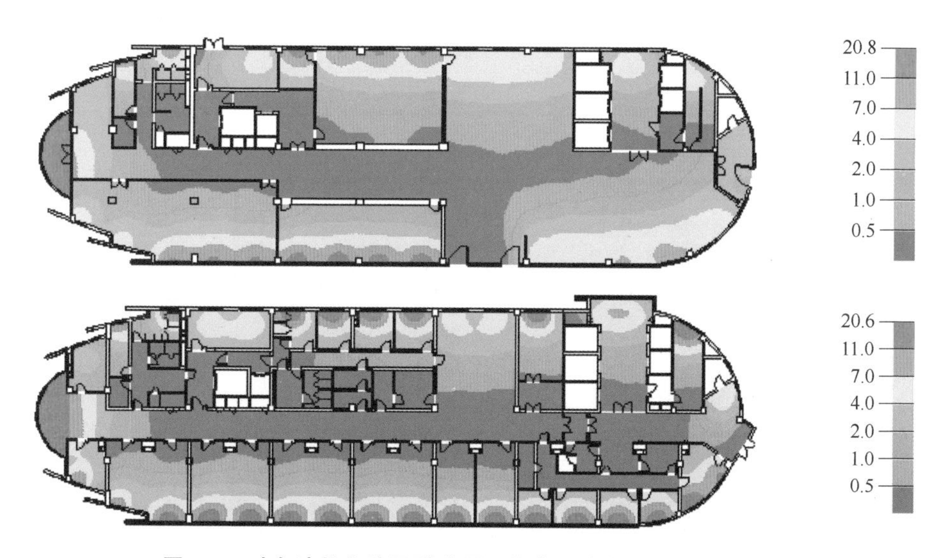

图 6.6 哈尔滨松北院区联建项目儿童医院各层采光分析结果

窗户除了有自然采光和自然通风的功能外，还起到了沟通室内外的作用，良好的视野率有助于使用者心情舒畅、提高效率。利用绿建采光软件可以对项目进行视野率模拟计算，经视野率分析，可以得到视野率计算结果，如图 6.8

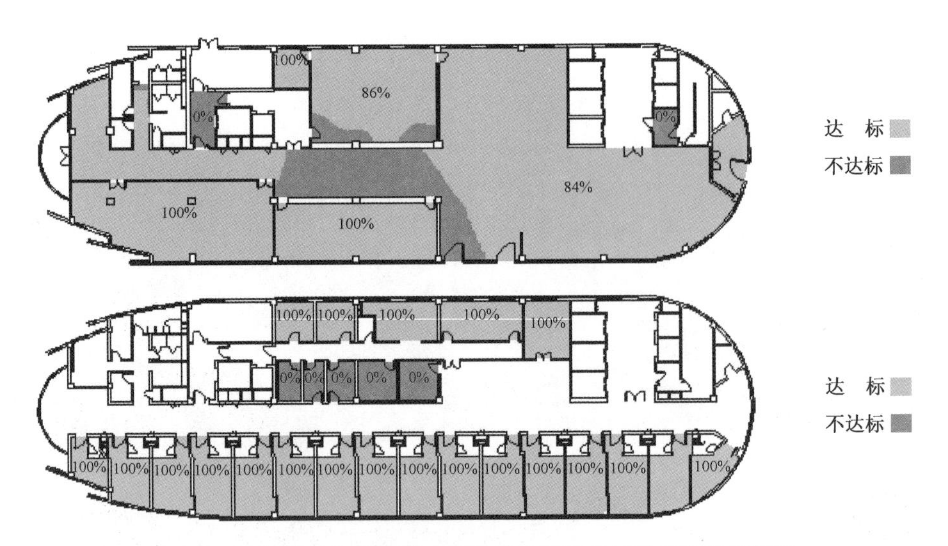

图 6.7 哈尔滨松北院区联建项目儿童医院各层采光达标率结果

所示。计算结果如表 6.3 所示，在主要功能房间，可以看到室外景观的面积比例达到 88%，整体视野率较好。

表 6.2 采光达标率汇总表

采光总面积/m^2	达标面积/m^2	面积比例 R_A（%）
5104.50	4521.94	89

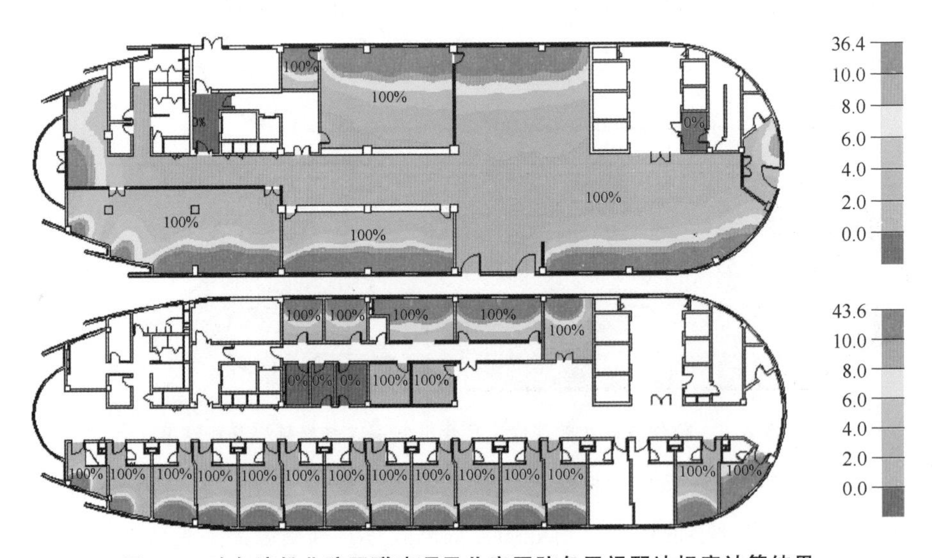

图 6.8 哈尔滨松北院区联建项目儿童医院各层视野达标率计算结果

表 6.3　　视野达标率统计表

主要功能房间总面积/m^2	可以看到室外景观的面积/m^2	面积比例 R_A（%）	得分
5056.20	4448.70	88	3

6.3　横岗中心小学项目

横岗中心小学占地面积为 28158m^3，现办学规模为 36 个班，学位 1620 个，学校现有建筑面积 13463.03m^3；现拟扩建为 54 个班，扩建建筑面积为 9326m^3，其中教学综合楼 7500m^3、连廊 426m^3、地下室面积（不计容积率面积）1400m^3；扩建后的总建筑面积将达到 22789.03m^3，新增学位 810 个，总学位 2430 个，容积率为 0.76，建筑覆盖率 30%，绿地覆盖率 35%，停车位 20（地上）/30（地下）。如图 6.9、图 6.10 所示。

图 6.9　横岗中心小学项目鸟瞰图

该项目位于深圳市，根据我国光气候分区图，属于Ⅳ类地区，由此查得光气候系数 K 取 1.10，室外临界照度值取 14850lx。经采光分析，采光分析结果如图 6.11 所示，横岗中心小学项目各层大部分区域的计算结果是达标的，且根据统计结果，横岗中心小学项目采光达标面积比例达到 100%，因此，项目的理工科教学楼主要功能房间区域均能满足自然采光要求，项目自然采光效果满足现行《建筑采光设计标准》（GB 50033—2013）的要求。

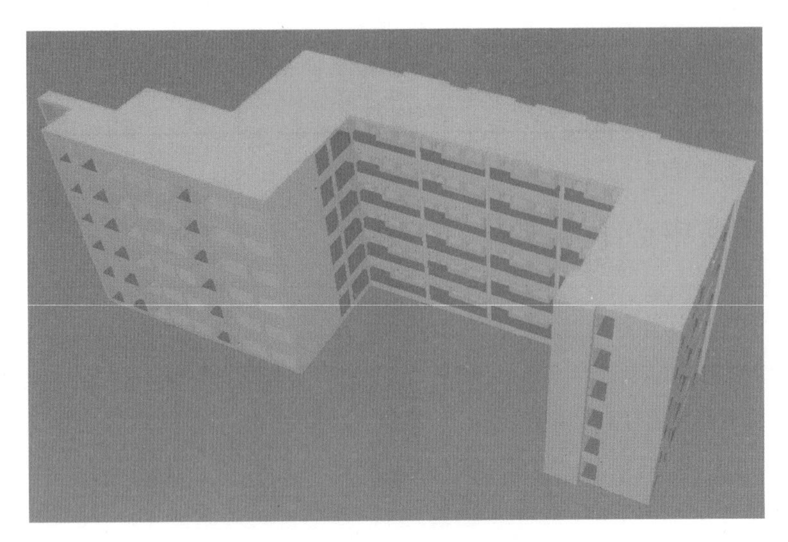

图 6.10　信息中心楼模型立面图

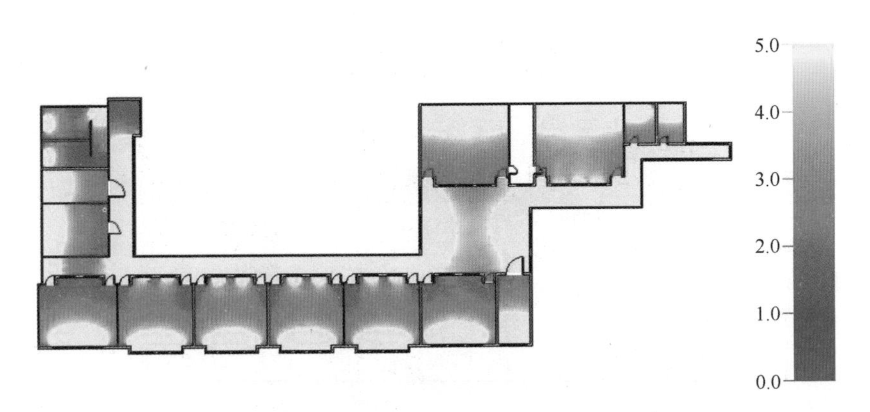

图 6.11　标准层采光系数结果

6.4　梦泽山庄改造工程

湘潭市梦泽山庄酒店位于湖南省湘潭市岳塘区。梦泽山庄体质改造工程由原建筑 A、B 座及新建 C、D 座组成，其中 C 座是在原建筑 C 座拆除的位置重建。考虑新建 D 座的施工，原建筑 A 座与 C 座之间连廊地面部分拆除重建。项目用地东侧临湖湘东路，南侧为湖湘南路，均为城市次干道，北侧为湖湘公园，西侧为湖湘公园湖景，如图 6.12、图 6.13 所示。

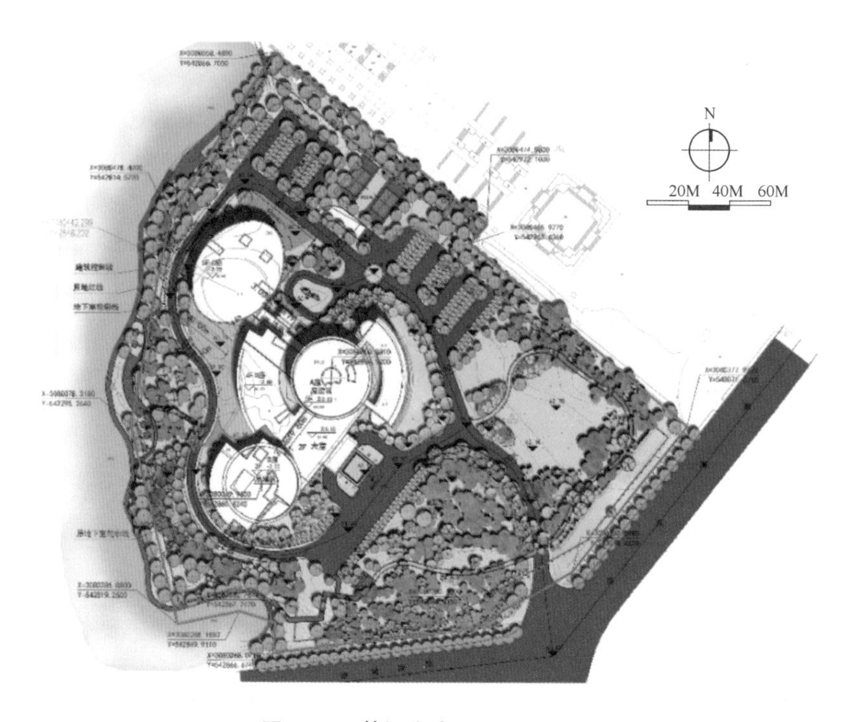

图 6.12 梦泽山庄项目总平面图

图 6.13 梦泽山庄项目鸟瞰图

建设项目的主要功能房间需要满足采光要求。经采光分析，采光分析结果如图 6.14 所示，项目 D 座各层大部分区域的计算结果是达标的，且由表 6.4 的统计结果可知，梦泽山庄项目 D 座采光达标面积比例达到 88%。

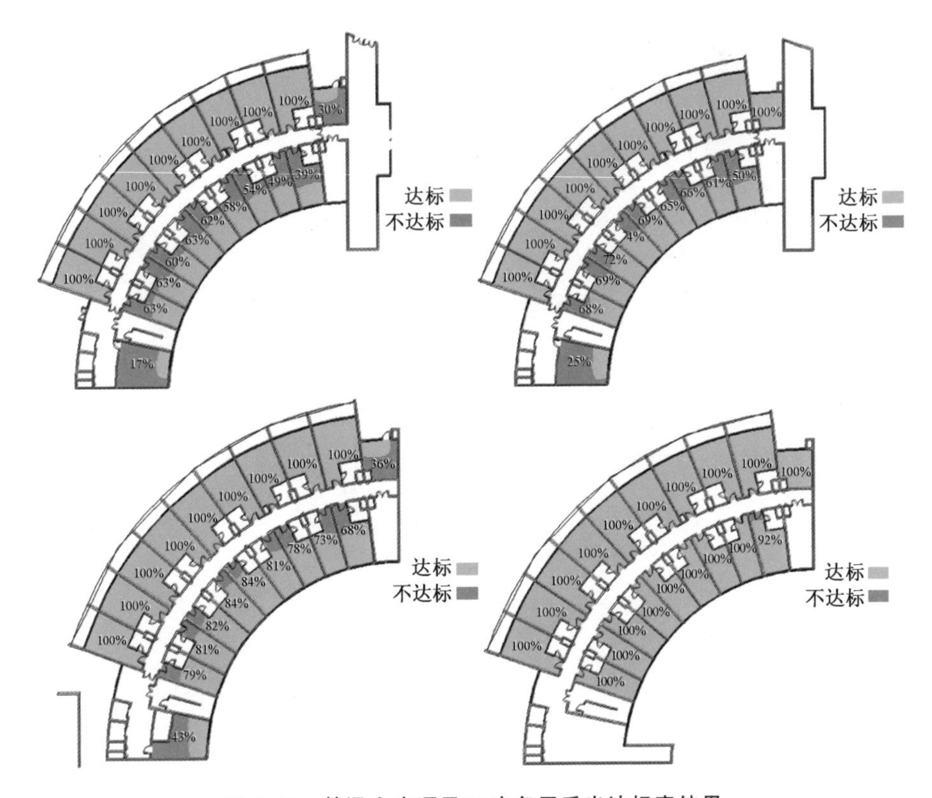

图 6.14　梦泽山庄项目 D 座各层采光达标率结果

表 6.4　　　　项目 D 座采光达标率汇总表

采光总面积/m^2	达标面积/m^2	面积比例 R_A（%）	得分
2790.78	2464.80	88	8

窗的不舒适眩光是评价采光质量的重要指标，绿色建筑评价中也要求对主要功能房间有合理的控制眩光的措施。使用 DALI 软件对项目 D 座的眩光进行分析，结果如表 6.5 所示。经应用 DALI 软件依据《建筑采光设计标准》（GB 50033—2013）对本项目的 98 个主要功能房间进行眩光分析计算，其中 0 个房间不满足标准限值要求，根据《绿色建筑评价标准》（GB/T 50378—2014）的 8.2.7 条款进行评价，本项目主要功能房间的眩光，得到了合理的控制。

表 6.5　项目 D 座眩光分析结果统计

楼层	房间编号	房间类型	采光等级	采光类型	房间面积/m^2	眩光指数 *DGI*	*DGI* 限值	结论
1	1003	客房	Ⅳ	侧面	37.23	13.7	27	满足
	1005	健身房	Ⅳ	侧面	41.44	9.6	27	满足
	1006	客房	Ⅳ	侧面	33.21	15.2	27	满足
	1007	客房	Ⅳ	侧面	33.20	15.2	27	满足
	1008	客房	Ⅳ	侧面	33.19	13.9	27	满足
	1009	客房	Ⅳ	侧面	33.18	15.0	27	满足
	1010	客房	Ⅳ	侧面	33.16	15.3	27	满足
	1011	客房	Ⅳ	侧面	33.15	15.2	27	满足
	1012	客房	Ⅳ	侧面	33.15	15.3	27	满足
	1013	客房	Ⅳ	侧面	32.51	15.2	27	满足
	1015	客房	Ⅳ	侧面	25.97	8.2	27	满足
	1016	客房	Ⅳ	侧面	23.16	8.3	27	满足
	1017	客房	Ⅳ	侧面	23.13	8.0	27	满足
	1018	客房	Ⅳ	侧面	23.33	7.9	27	满足
	1019	客房	Ⅳ	侧面	23.30	8.0	27	满足
	1020	客房	Ⅳ	侧面	23.27	8.3	27	满足
	1021	客房	Ⅳ	侧面	23.24	8.4	27	满足
	1022	客房	Ⅳ	侧面	23.22	8.1	27	满足
	1023	客房	Ⅳ	侧面	23.11	7.9	27	满足
	1024	健身房	Ⅳ	侧面	21.53	13.0	27	满足
2	2003	客房	Ⅳ	侧面	37.23	13.7	27	满足
	2005	健身房	Ⅳ	侧面	41.44	10.8	27	满足
	2006	客房	Ⅳ	侧面	33.21	15.2	27	满足
	2007	客房	Ⅳ	侧面	33.20	15.1	27	满足
	2008	客房	Ⅳ	侧面	33.19	13.9	27	满足
	2009	客房	Ⅳ	侧面	33.18	15.0	27	满足
	2010	客房	Ⅳ	侧面	33.16	15.2	27	满足
	2011	客房	Ⅳ	侧面	33.15	15.2	27	满足
	2012	客房	Ⅳ	侧面	33.15	15.2	27	满足
	2013	客房	Ⅳ	侧面	32.51	15.2	27	满足
	2016	客房	Ⅳ	侧面	25.97	9.3	27	满足

续表

楼层	房间编号	房间类型	采光等级	采光类型	房间面积/m^2	眩光指数 *DGI*	*DGI* 限值	结论
2	2017	客房	Ⅳ	侧面	23.16	9.0	27	满足
	2018	客房	Ⅳ	侧面	23.13	8.8	27	满足
	2019	客房	Ⅳ	侧面	23.33	8.7	27	满足
	2020	客房	Ⅳ	侧面	23.30	8.6	27	满足
	2021	客房	Ⅳ	侧面	23.27	8.9	27	满足
	2022	客房	Ⅳ	侧面	23.24	9.1	27	满足
	2023	客房	Ⅳ	侧面	23.22	8.9	27	满足
	2024	客房	Ⅳ	侧面	23.11	8.6	27	满足
	2025	健身房	Ⅳ	侧面	21.53	12.4	27	满足
3	3002	客房	Ⅳ	侧面	37.23	13.7	27	满足
	3004	客房	Ⅳ	侧面	33.21	15.1	27	满足
	3005	客房	Ⅳ	侧面	33.20	15.1	27	满足
	3006	客房	Ⅳ	侧面	33.19	14.0	27	满足
	3007	客房	Ⅳ	侧面	33.18	15.0	27	满足
	3008	客房	Ⅳ	侧面	33.16	15.2	27	满足
	3009	客房	Ⅳ	侧面	33.15	15.2	27	满足
	3010	客房	Ⅳ	侧面	33.15	15.2	27	满足
	3011	客房	Ⅳ	侧面	32.51	15.2	27	满足
	3012	客房	Ⅳ	侧面	31.64	11.6	27	满足
	3014	客房	Ⅳ	侧面	25.97	10.5	27	满足
	3015	客房	Ⅳ	侧面	23.16	10.1	27	满足
	3016	客房	Ⅳ	侧面	23.13	9.9	27	满足
	3017	客房	Ⅳ	侧面	23.33	9.8	27	满足
	3018	客房	Ⅳ	侧面	23.30	9.9	27	满足
	3019	客房	Ⅳ	侧面	23.27	10.0	27	满足
	3020	客房	Ⅳ	侧面	23.24	10.3	27	满足
	3021	客房	Ⅳ	侧面	23.22	10.0	27	满足
	3022	客房	Ⅳ	侧面	23.11	9.8	27	满足
	3023	健身房	Ⅳ	侧面	21.53	13.7	27	满足
4～5	4002	客房	Ⅳ	侧面	37.23	13.8	27	满足
	4003	客房	Ⅳ	侧面	33.21	15.2	27	满足

续表

楼层	房间编号	房间类型	采光等级	采光类型	房间面积/m²	眩光指数 *DGI*	*DGI* 限值	结论
4～5	4004	客房	Ⅳ	侧面	33.20	15.2	27	满足
	4005	客房	Ⅳ	侧面	33.19	14.1	27	满足
	4006	客房	Ⅳ	侧面	33.18	15.0	27	满足
	4007	客房	Ⅳ	侧面	33.16	15.3	27	满足
	4008	客房	Ⅳ	侧面	33.15	15.3	27	满足
	4009	客房	Ⅳ	侧面	33.15	15.3	27	满足
	4010	客房	Ⅳ	侧面	32.51	15.3	27	满足
	4012	客房	Ⅳ	侧面	25.97	11.5	27	满足
	4013	客房	Ⅳ	侧面	23.16	11.3	27	满足
	4014	客房	Ⅳ	侧面	23.13	11.2	27	满足
	4015	客房	Ⅳ	侧面	23.33	11.2	27	满足
	4016	客房	Ⅳ	侧面	23.30	11.2	27	满足
	4017	客房	Ⅳ	侧面	23.27	11.2	27	满足
	4018	客房	Ⅳ	侧面	23.24	11.3	27	满足
	4019	客房	Ⅳ	侧面	23.22	11.3	27	满足
	4020	客房	Ⅳ	侧面	23.11	11.2	27	满足
	4021	健身房	Ⅳ	侧面	21.53	13.0	27	满足

6.5 湘潭市第一人民医院临床培养基地

湘潭市第一人民医院位于湘潭市岳塘区书院西路，交通便利，周边环境较安静、卫生状况良好、无污染。该项目用地位于医院用地范围内的西侧。项目基地西边为现有医院围墙边界线，东侧为现有医院主要交通干道，南边是多层的高压氧舱，北边为多层感染科用房。基地在建设之前是医院的室外停车场及绿化庭院。如图 6.15 所示。

天然采光不仅有利于照明节能，而且有利于增加室内外的自然信息交流，改善空间卫生环境，调节使用者的心情。经采光分析，临床培养基地各层的计算结果如图 6.16 所示。

窗户除了有自然采光和自然通风的功能外，还起到了沟通室内外的作用。

图 6.15 湘潭市第一人民医院临床培养基地鸟瞰图

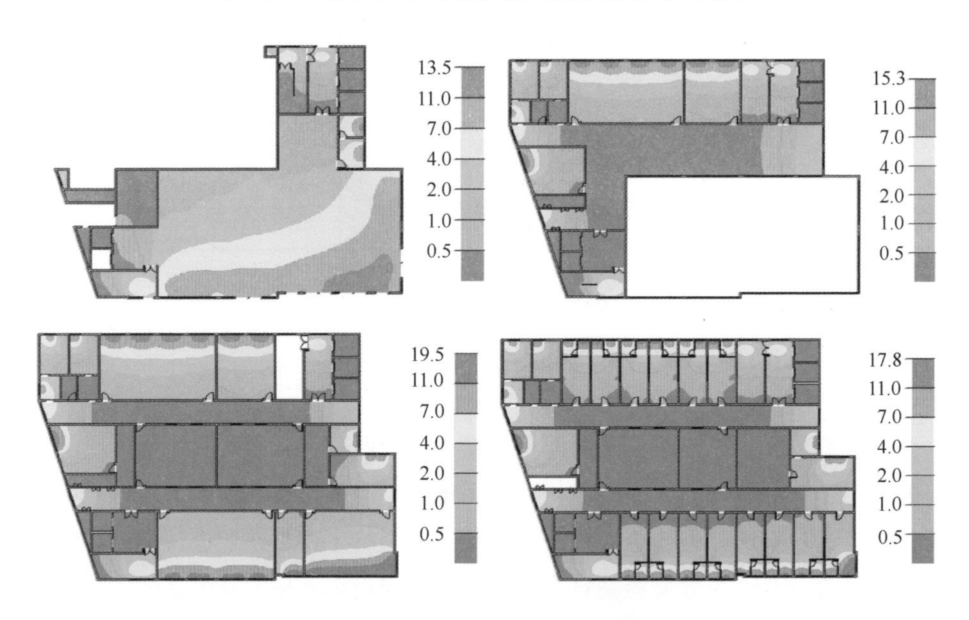

图 6.16 临床培训基地各层采光分析结果

良好的视野率有助于使用者或使用者心情舒畅，提高效率。利用绿建采光软件可以对项目进行视野率模拟计算，经视野率分析，可以得到视野率计算结果如图 6.17 所示。计算统计结果如表 6.6 所示，在主要功能房间，可以看到室外景观的面积比例达到 80%，整体视野率较好。

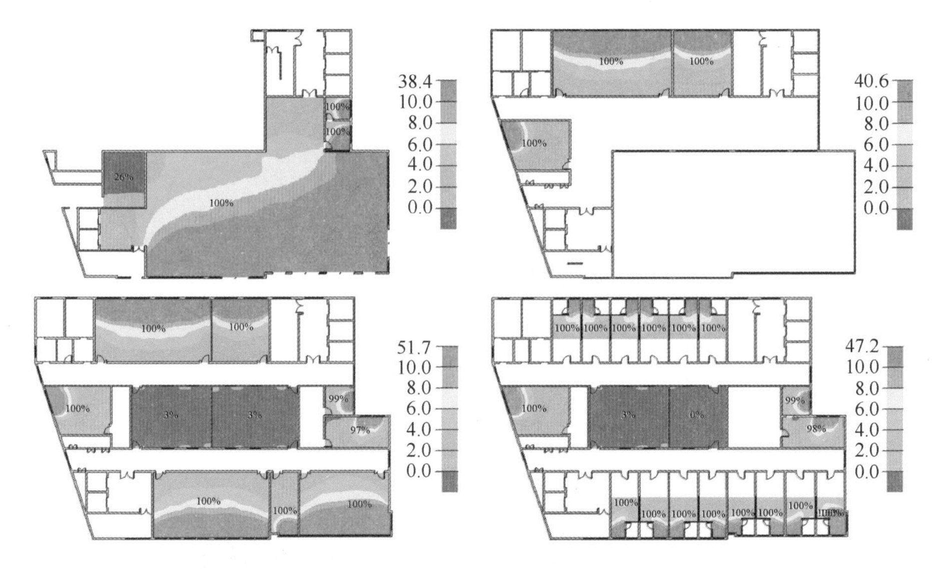

图 6.17 临床培训基地各层视野率分析结果

表 6.6 临床培训基地视野率结果统计

主要功能房间总面积/m^2	可以看到室外景观的面积/m^2	面积比例 R_A（%）
7761.22	6215.48	80

6.6 深圳大学建筑与城市规划学院教学实验楼扩建项目

深圳大学建筑与城市规划学院教学实验楼扩建项目位于深圳大学后海北校区内，靠近深圳大学北门，北邻深南大道，东邻深圳大学建规学院，西邻规划待建的深圳大学艺术综合楼，南侧为网球馆。项目用地西南方向为荔枝林，景色优美；北侧临近深南大道，有很强的标示性。项目用地面积 49933.24m^2，总建筑面积 10000.00 m^2，建筑高 9 层，如图 6.18 所示。教学建筑的自然采光是常见的采光问题，教室光线充足与否，直接影响学生的视力、听课效果和作业能力。教室自然采光的要求主要是使各课桌面和黑板面不仅有足够的照度，而且照度的分布比较均匀，避免出现眩光（耀眼）现象。因此，需要对教学实验楼进行采光分析。

由于校园建筑对自然采光有较高的需求，使用 DALI 对本项目进行采光分析，分析结果如图 6.19 所示。根据软件的计算结果，本项目主要室内空间的采光优良，扩建楼主要功能房间的采光系数达标率例为73%，满足《建筑采光设计标准》(GB 50033—2013) 中的相关要求。

图 6.18　深圳大学建筑与城市规划学院教学实验楼扩建项目效果图

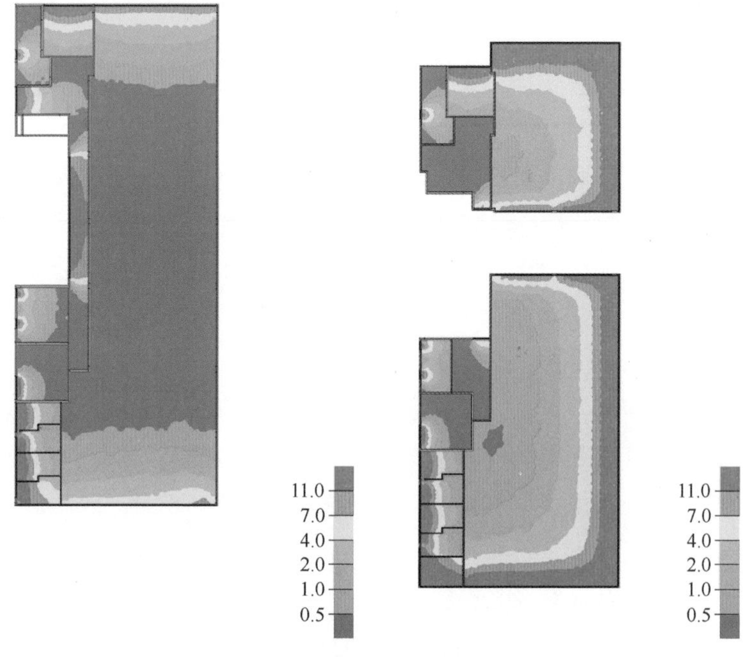

图 6.19　各层采光分析结果（一）

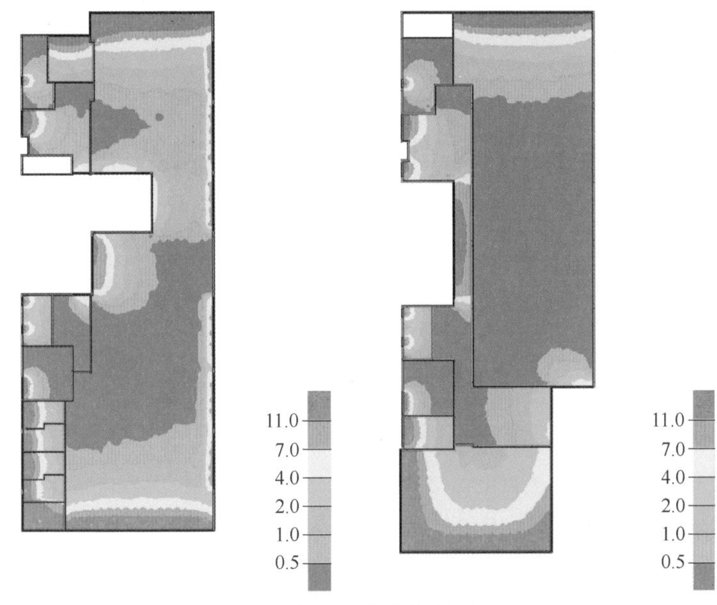

图 6.19　各层采光分析结果（二）

由于部分教室的进深较大，且多为单侧开窗，为了测试整体采光效果，会进行内区采光分析。内区是针对外区而言的区域，外区定义为距离外围护结构5m范围内的区域，5m范围外的区域定义为内区。通过DALI软件的计算，内区采光的计算结果如图6.20所示，大部分面积的内区达不到采光要求。

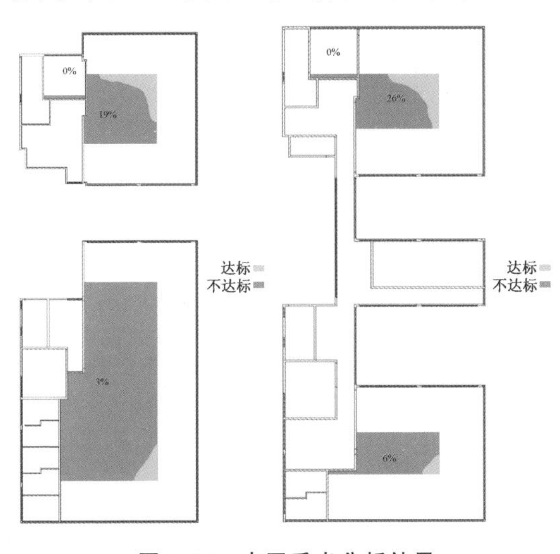

图 6.20　内区采光分析结果

附录A　CIE1931标准色度观察者光谱三刺激值

波长/nm	$\bar{x}(\lambda)$	$\bar{y}(\lambda)$	$\bar{z}(\lambda)$	波长/nm	$\bar{x}(\lambda)$	$\bar{y}(\lambda)$	$\bar{z}(\lambda)$
380	0.0014	0.0000	0.0065	580	0.9163	0.8700	0.0017
385	0.0022	0.0001	0.0105	585	0.9786	0.8163	0.0014
390	0.0042	0.0001	0.0201	590	1.0263	0.7570	0.0011
395	0.0076	0.0002	0.0362	595	1.0567	0.6949	0.0010
400	0.0143	0.0004	0.0679	600	1.0622	0.6310	0.0008
405	0.0232	0.0006	0.1102	605	1.0456	0.5668	0.0006
410	0.0435	0.0012	0.2074	610	1.0026	0.5030	0.0003
415	0.0776	0.0022	0.3713	615	0.9384	0.4412	0.0002
420	0.1344	0.0040	0.8456	620	0.8544	0.3810	0.0002
425	0.2148	0.0073	1.0391	625	0.7514	0.3210	0.0001
430	0.2839	0.0116	1.3856	630	0.6424	0.2650	0.0000
435	0.3285	0.0168	1.6230	635	0.5419	0.2170	0.0000
440	0.3483	0.0230	1.7471	640	0.4479	0.1750	0.0000
445	0.3481	0.0298	1.7826	645	0.3608	0.1382	0.0000
450	0.3362	0.0380	1.7721	650	0.2835	0.1070	0.0000
455	0.3187	0.0480	1.7441	655	0.2187	0.0816	0.0000
460	0.2908	0.0600	1.6692	660	0.1649	0.0610	0.0000
465	0.2511	0.0739	1.5281	665	0.1212	0.0446	0.0000
470	0.1954	0.0910	1.2876	670	0.0871	0.0320	0.0000
475	0.1421	0.1126	1.0419	675	0.0636	0.0232	0.0000
480	0.0956	0.1390	0.8130	680	0.0468	0.0170	0.0000
485	0.0580	0.1693	0.6162	685	0.0329	0.0119	0.0000
490	0.0320	0.2080	0.4652	690	0.0227	0.0082	0.0000
495	0.0147	0.2586	0.3533	695	0.0158	0.0057	0.0000
500	0.0049	0.3230	0.2720	700	0.0114	0.0041	0.0000
505	0.0024	0.4073	0.2123	705	0.0081	0.0029	0.0000
510	0.0093	0.5030	0.1582	710	0.0058	0.0021	0.0000
515	0.0291	0.6082	0.1117	715	0.0041	0.0015	0.0000
520	0.0633	0.7100	0.0782	720	0.0029	0.0010	0.0000
525	0.1096	0.7932	0.0573	725	0.0020	0.0007	0.0000
530	0.1655	0.8620	0.0422	730	0.0014	0.0005	0.0000
535	0.2257	0.9149	0.0298	735	0.0010	0.0004	0.0000
540	0.2904	0.9540	0.0203	740	0.0007	0.0002	0.0000
545	0.3597	0.9803	0.0134	745	0.0005	0.0002	0.0000
550	0.4334	0.9950	0.0087	750	0.0003	0.0001	0.0000
555	0.5121	1.0000	0.0057	755	0.0002	0.0001	0.0000
560	0.5945	0.9950	0.0039	760	0.0002	0.0001	0.0000
565	0.6784	0.9786	0.0027	765	0.0001	0.0000	0.0000
570	0.7621	0.9520	0.0021	770	0.0001	0.0000	0.0000
575	0.8425	0.9154	0.0018	775	0.0001	0.0000	0.0000
580	0.9163	0.8700	0.0017	780	0.0000	0.0000	0.0000

附录B　建筑采光检测

B.1　建筑门窗采光性能检测

建筑门窗采光性能检测主要测量建筑外窗透光折减系数和颜色透射指数，适用于各种材料制作的建筑外窗，包括天窗和阳台门上部的透光部分，同时可以检测玻璃幕墙。

B.1.1　检测原理

1. 执行标准

建筑门窗采光性能检测主要执行《建筑外窗采光性能分级及检测方法》(GB/T 11976—2015)。

2. 检测项目

建筑门窗采光性能检测的主要检测项目为透光折减系数 T 和颜色透射指数 R。

检测装置主要由光源室、光源、接收室、试件框和光接收器五部分组成(见附图B.1和附图B.2)。

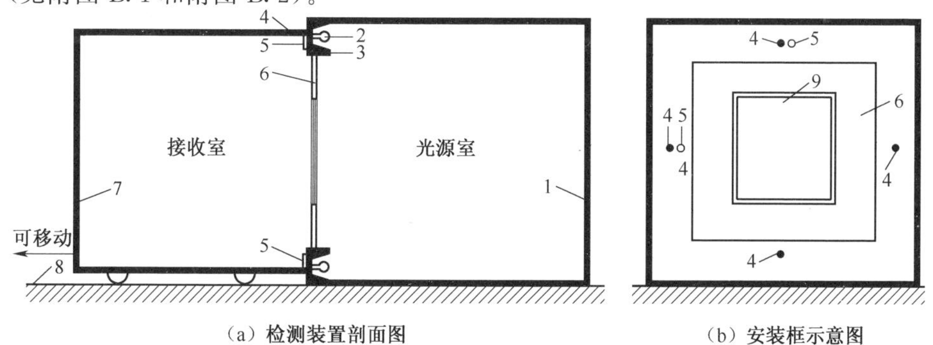

附图B.1　检测装置示意

1—光源室漫反射层；2—光源；3—灯槽；4—光接收器；5—光谱仪探头；

6—试件洞口；7—接收室漫反射层；8—地面；9—试件

附图 B.2　CABR－MCG 建筑门窗采光性能检测设备

（1）光源室。

1）内表面采用漫反射，光谱选择性小的涂料，反射比大于 0.8。

2）试件表面上的照度大于 1000lx，各点的照度差小于 1%。

3）光源室应采用正方体，开口面积小于室内表面积的 10%。

（2）光源。

1）采用具有连续光谱的电光源，且对称布置，并有控光装置。

2）光源由稳压电源供电，其电压波动不大于 0.5%。

3）光源按《总光通量标准白炽灯标定规程》（JJG 247—2008）附录 1 所述方法稳定性检查合格。

4）光源安装位置特殊设计，保证没有直射光落到试件表面。

（3）接收室。

1）内表面采用漫反射，光谱选择性小的涂料，反射比大于 0.8。

2）接收室为正方体，开口面积小于室内表面积的 10%。

（4）试件框。

1）试件框厚度等于实际墙厚度。

2）试件框与两室开口连接部分严格密封，确保不漏光。

（5）光接收器。

1）光接收器应具有 V（λ）修正，其光谱响应与国际照明委员会的明视觉光谱光视效率一致。

2）光接收器具有余弦修正器，光接收器符合《光照度计检定规程》（JJG 245—2005）规定的一级照度计要求。

3）光接收器均匀设置在接收室开口周边内侧，根据尺寸大小设置数量。

B.1.2　检测步骤

（1）按标准规定安装试件，合拢光源室和接收室，打开光源。

（2）打开电脑，右键点击“我的电脑”选择“设备管理器”。

（3）将 Z—10 主机通电，连接其与电脑之间的 USB 通讯线并开机。

（4）连接 USB 通讯线后，电脑会发出硬件连接声音并在设备管理器中出现“General 1768 Driver（COM1）”（COM1 为举例使用，具体端口号以实际为准）。

（5）左键单击“General 1768 Driver（COM1）”后，双击图标打开设备采集软件。

（6）打开软件后，软件会显示 3 秒“软件介绍界面”，而后进入“检验条件设定”页面（见附图 B.3）。

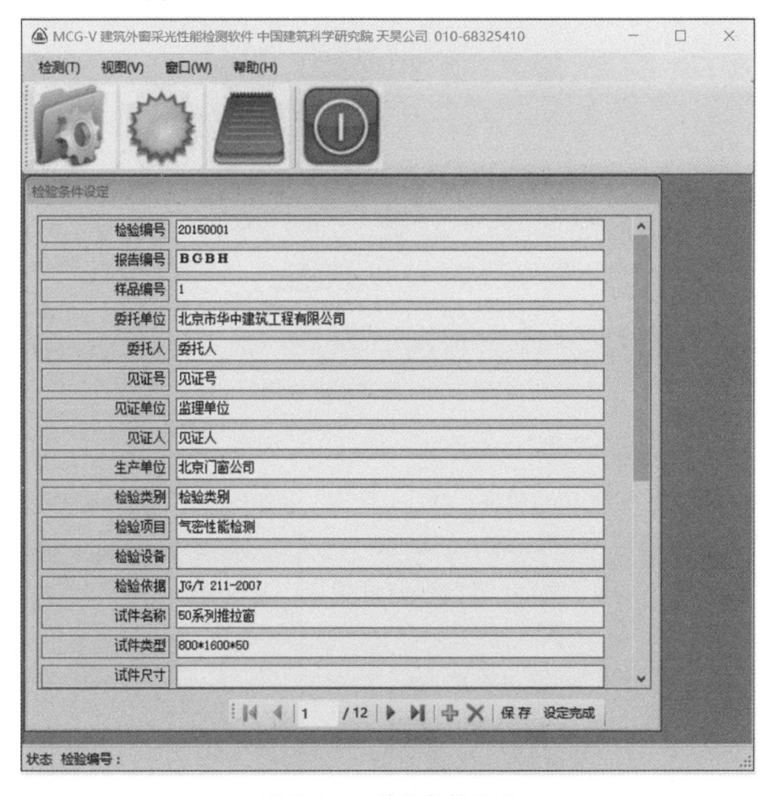

附图 B.3　检验条件设定

(7) 可点击按钮，新设检测，或点击按钮，删除检测。

(8) 新设检测后，填写“检验编号”。其他信息可在此填写，也可在稍后的报告里填写。

(9) 填写完门窗和报告的基本信息后，点击“设定完成”。然后点击图标，进入采光检测界面（见附图 B.4）。

(10) 填写串口号 1，点击“通讯设置”，软件会弹出“OK”字样，则表示采光设备主机 Z－10 与电脑通讯连接成功。

(11) 按照标准要求，装/拆试件，同时选取软件上的“有无试件”选项，进行相应检测。

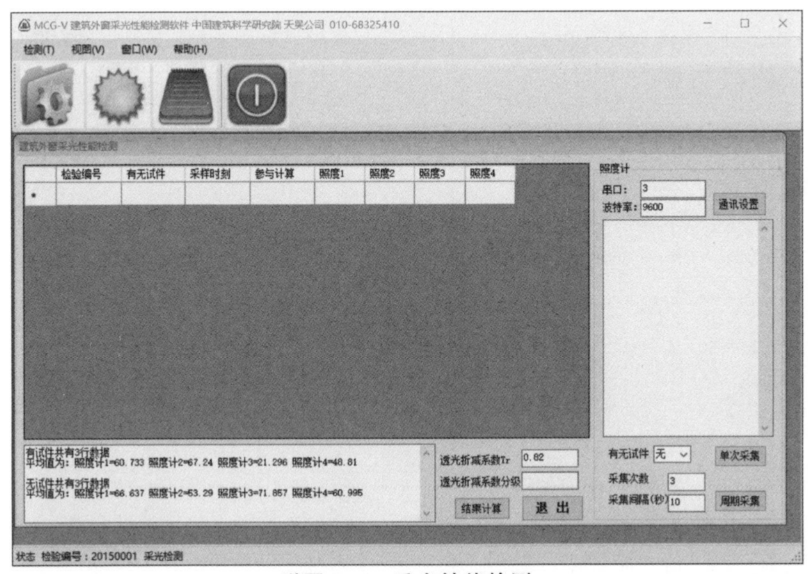

附图 B.4　采光性能检测

(12) 点击“周期采集”，软件会自动以 10s 间隔采集 3 次进行计算。

(13) 选择参与计算的数据，将“参与计算”列中的“否”双击更改为“是”。

(14) 点击“结果计算”，软件则会自动计算出试验结果。

(15) 点击“退出”，退出检测窗口。

(16) 点击图标，选择报告模版（见附图 B.5），然后“生成报告”。

(17) 生成的报告格式如附图 B.6 所示。

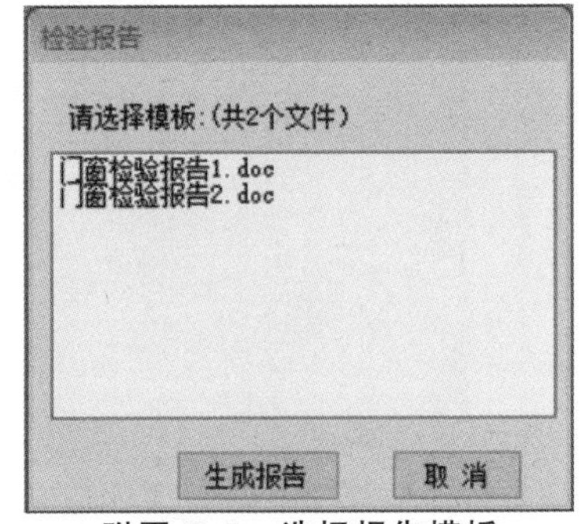

附图 B.5　选择报告模板

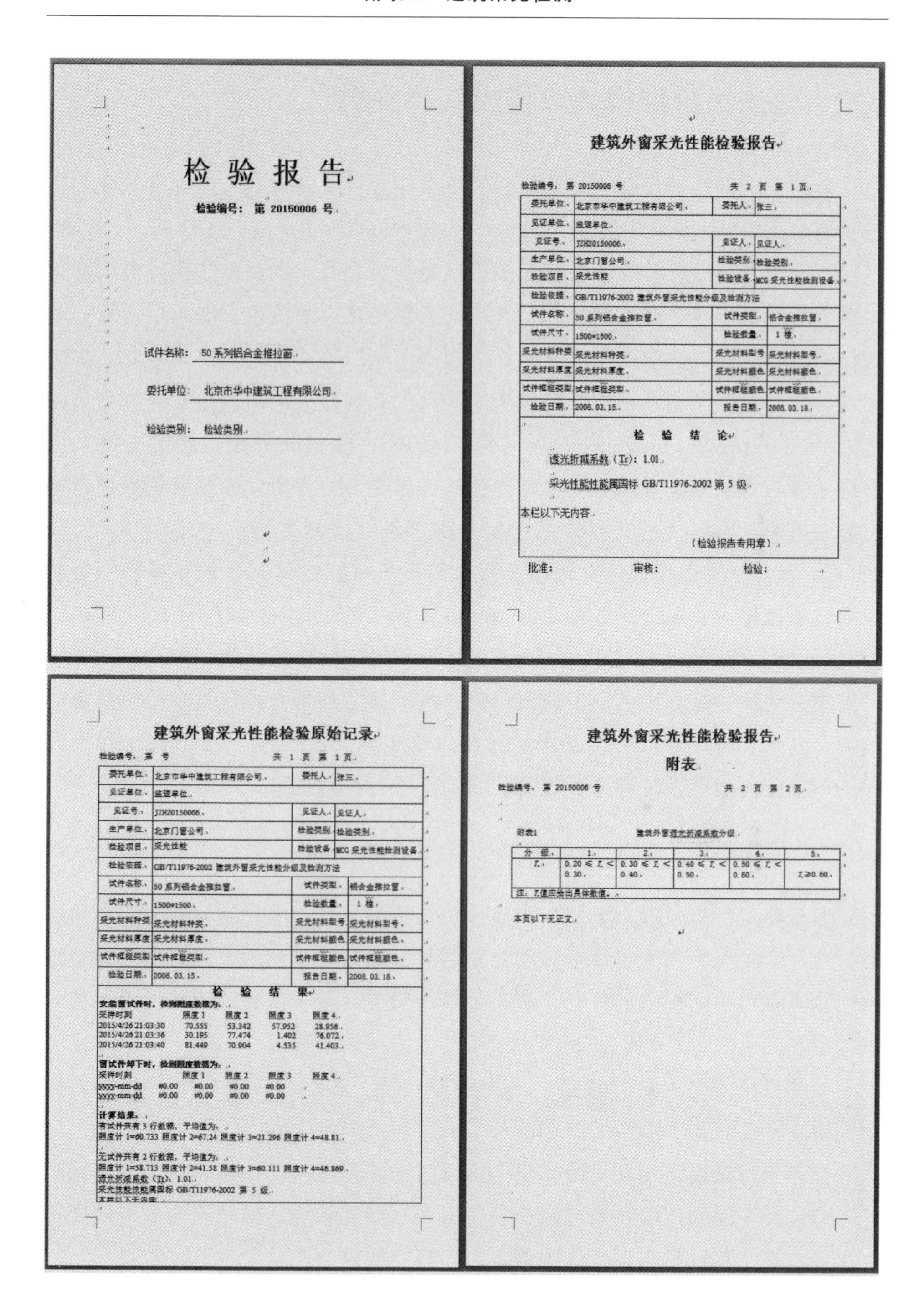

检 验 报 告

检验编号：第 20150006 号

试件名称：50 系列铝合金推拉窗

委托单位：北京市华中建筑工程有限公司

检验类别：检验类别

建筑外窗采光性能检验报告

检验编号：第 20150006 号　　　　共 2 页 第 1 页

委托单位	北京市华中建筑工程有限公司	委托人	张三
见证单位	监理单位		
见证号	JZH20150006	见证人	见证人
生产单位	北京门窗公司	检验类别	检验类别
检验项目	采光性能	检验设备	MCG 采光性能检测设备
检验依据	GB/T11976-2002 建筑外窗采光性能分级及检测方法		
试件名称	50 系列铝合金推拉窗	试件类型	铝合金推拉窗
试件尺寸	1500*1500	检验数量	1 樘
采光材料种类	采光材料种类	采光材料型号	采光材料型号
采光材料厚度	采光材料厚度	采光材料颜色	采光材料颜色
试件框樘类型	试件框樘类型	试件框樘颜色	试件框樘颜色
检验日期	2008. 03. 15.	报告日期	2008. 03. 18.

检 验 结 论

透光折减系数（Tr）：1.01

采光性能性能属国标 GB/T11976-2002 第 5 级

本栏以下无内容

（检验报告专用章）

批准：　　　　审核：　　　　检验：

建筑外窗采光性能检验原始记录

检验编号：第　号　　　　共 1 页 第 1 页

委托单位	北京市华中建筑工程有限公司	委托人	张三
见证单位	监理单位		
见证号	JZH20150006	见证人	见证人
生产单位	北京门窗公司	检验类别	检验类别
检验项目	采光性能	检验设备	MCG 采光性能检测设备
检验依据	GB/T11976-2002 建筑外窗采光性能分级及检测方法		
试件名称	50 系列铝合金推拉窗	试件类型	铝合金推拉窗
试件尺寸	1500*1500	检验数量	1 樘
采光材料种类	采光材料种类	采光材料型号	采光材料型号
采光材料厚度	采光材料厚度	采光材料颜色	采光材料颜色
试件框樘类型	试件框樘类型	试件框樘颜色	试件框樘颜色
检验日期	2008. 03. 15.	报告日期	2008. 03. 18.

检 验 结 果

安装窗试件时，检测照度数据为：

采样时刻	照度 1	照度 2	照度 3	照度 4
2015/4/26 21:03:30	70.555	53.342	57.952	28.956
2015/4/26 21:03:36	30.195	77.474	1.402	76.072
2015/4/26 21:03:40	81.449	70.904	4.535	41.403

窗试件卸下时，检测照度数据为：

采样时刻	照度 1	照度 2	照度 3	照度 4
yyyy-mm-dd	#0.00	#0.00	#0.00	#0.00
yyyy-mm-dd	#0.00	#0.00	#0.00	#0.00

计算结果：

有试件共有 3 行数据，平均值为：

照度计 1=60.733 照度计 2=67.24 照度计 3=21.296 照度计 4=48.81

无试件共有 2 行数据，平均值为：

照度计 1=58.713 照度计 2=41.58 照度计 3=60.111 照度计 4=46.869

透光折减系数（Tr）：1.01

采光性能性能属国标 GB/T11976-2002 第 5 级

本栏以下无内容

建筑外窗采光性能检验报告

附表

检验编号：第 20150006 号　　　　共 2 页 第 2 页

附表1　　建筑外窗透光折减系数分级

分　级	1	2	3	4	5
T_r	$0.20 \leqslant T_r < 0.30$	$0.30 \leqslant T_r < 0.40$	$0.40 \leqslant T_r < 0.50$	$0.50 \leqslant T_r < 0.60$	$T_r \geqslant 0.60$
注：T_r值应给出具体数值。					

本页以下无正文

附图 B.6　检验报告样式

B.2 透光围护结构太阳得热系数检测

窗的太阳得热量是影响建筑能耗的一个非常重要的因素。评价窗的太阳得热性能的指标是太阳得热系数（Solar Heat Gain Coefficient，SHGC）。然而，目前我国国内并没有能够测量窗太阳得热系数的设备，也就无法获得窗太阳得热系数的实验检测数据，要得到某种窗的太阳得热系数值也只能通过国外一些软件的模拟计算，这就给窗的节能评价带来了实践上的很大障碍。为此，中国建筑科学研究院在国外现有研究成果的基础上，根据美国门窗热效评级委员会（National Fenestration Rating Council，NFRC）的相关规定，提出了窗太阳得热系数的实验测量方法——标定热箱法。根据这一方法，中国建筑科学研究院编制了国家标准《透光围护结构太阳得热系数检测方法》（GB/T 30592—2014），设计开发出了国内首台测量窗太阳得热系数的实验设备并得到了实验数据。通过将实验测得的数据与用 WINDOW 和 THERM 软件模拟计算的结果进行对比，两者基本一致，从而验证了所开发的设备用于实际测量工作的可行性和有效性。该方法适用于建筑门窗、玻璃幕墙和采光顶的太阳得热系数的检测，其他有隔热要求的透光围护结构（如 ETFE 膜结构、附带窗帘和百叶等遮阳设施的玻璃系统等），可根据工程实际情况参照执行。

B.2.1 检测原理

基于稳定传热原理，采用标定热计量箱法检测透光围护结构的太阳得热系数。在一个采用人工光源模拟太阳光辐射热量的热计量箱内，将通过透光围护结构进入箱内的太阳得热进行计量，计算太阳得热量与投射到该试件表面的太阳辐射热总量之比，得到透光围护结构的太阳得热系数值。

检测系统主要由热计量箱、人工模拟光源、热箱及环境空间等组成，如附图 B.7～附图 B.10 所示。

（1）热计量箱。热计量箱提供一个可控的热环境（模拟建筑内部的空间），并且收集外来的太阳能。通过热交换装置和水循环系统，保持箱内的环境处于要求的状态。热计量箱设计为跟踪式，即可以跟踪太阳从天空经过的位置。热计量箱开口尺寸不宜小于 3800mm×935mm×2200mm（长×宽×高）。热计量箱箱壁由均质材料组成，其热阻值不宜小于 10.0（m^2·K）/ W。

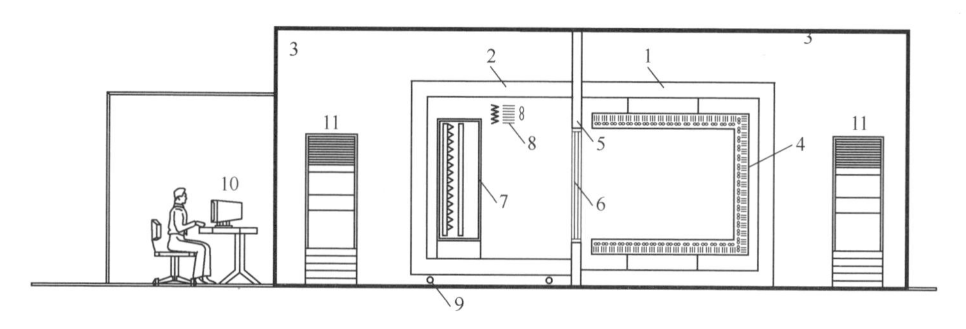

附图 B.7　太阳得热系数检测系统

1—热计量箱；2—热箱；3—环境空间；4—集热器 ；5—试件安装框；

6—试件；7—人工模拟光源；8—空调器；9—滑轮；10—控制系统；11—空调设施

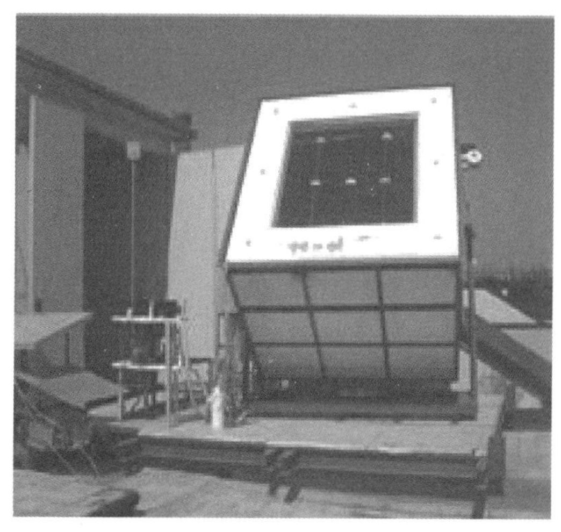

附图 B.8　CABR－ZY1 建筑遮阳系数测试系统（单试件）

附图 B.9　CABR－ZY2 建筑遮阳系数测试系统（双试件，双轴跟踪太阳）

附图 B.10　CABR－ZY2 建筑遮阳系数测试系统（人造光源）

（2）水循环及制冷系统。水循环系统流量的测量采用涡轮流量计。热计量箱内装有风机盘管机组，用于完成箱内空气与循环水的热交换。集热器表面的太阳辐射吸收系数不应低于 0.95；为保证集热器的集热效率，可适当增加风扇，但试件表面风速小于 1m/s。热计量箱内装有冷却盘管和电加热器，通过自动控制系统完成箱内空气与循环水的热交换，保证箱内的空气温度为 25.0±0.5℃。冷却盘管交换的热量（即太阳辐射热量），通过自动控制系统调节循环水进口温度，保证箱内的空气温度为 25±0.5℃，其温度波动应小于 0.1℃。电磁流量计的精度为 0.5 级，进出口温度传感器的精度为±0.1K。

（3）人工模拟光源。人工模拟光源由照射系统、电源及控制系统组成。模拟光源照射系统采用氙气灯及氙气短弧光灯（镝灯）和滤光镜模拟太阳光（AM1.5）相近的光谱，通过自动控制系统调节照射强度模拟太阳光（AM1.5）的分光分布，人工光源有效尺寸不应小于试件尺寸。通过调节电源的电流改变光源照射强度；照射方向为试件的法线方向，照射角度应稳定。光源的辐照度应进行标定。光源的照射面均匀分布。将照射面纵横 5 等份分割，在其各中心测定照射面的照射强度。照射强度分布不均匀度在±5%以内。光源的稳定度宜控制在 2%以内。模拟光源宜可移动。

（4）热箱。热计量箱在进行标定时，必须要求一个稳定、可控的外部环境条件，也就是说，标定工作必须在室内完成。同时，为了满足测量窗太阳得热系数时装置必须暴露于室外的要求，实验室是可以移动的。热箱箱壁由均质材料组成，其热阻值不宜小于 5.0（m^2·K／W）。热箱外表面总的太阳辐射吸收系数值宜大于 0.95。热箱开口尺寸与热计量箱相同，进深不宜小于 3m。热箱宜可移动。距试件表面 200mm 垂直平面设置可以透过全波长辐射的透光薄膜，保证试件正面的 3.0m/s 风速要求。热箱内部设置空调设施，保证箱内空气温度稳定在 25±0.5℃范围。

（5）环境空间。实验室装有空调设备，室内温度与热计量箱内温度差小于 1.0K。

B.2.2　测试步骤

1. 试件准备

被检试件为一件。试件的尺寸及构造应符合生产厂家提供的产品设计和组装要求，不得附加任何多余配件或特殊组装工艺。

2. 试件安装

幕墙试件安装在试件框上后，将幕墙试件与箱体洞口间空隙聚苯乙烯泡沫塑料条填塞并密封。试件开启缝应采用透明塑料胶带双面密封。

3. 试验条件

热箱内空气平均温度设定范围为 29.5～30.5℃，温度波动幅度不应大于 0.3K。热计量箱箱内空气平均温度设定为 24.5～25.5℃范围内某一个温度值，温度波动幅度不应大于 0.3K。人工模拟光源辐射强度控制范围为 500～700 W/m^2。控制系统核心部件采用智能调节仪。采用模糊 PID 控制方式，控制过程响应快、超调小、稳态精度高。

4. 试验

（1）安装试件。启动环境空间和热计量箱设备及控制系统。检查光源与试件的距离，启动人工模拟光源和热箱空调设备。5 分钟后，启动风扇、制冷水循环系统等相关设备。当热箱及热计量箱内空气温度分别稳定后，每隔 10 分钟测量各控温点温度，检查判断是否稳定。稳定后记录相关测试数据，2 小时后结束测量。

（2）数据采集。所有的测量信号都使用专用数据采集仪进行采集，该仪器最多可一次性存储 5 万个数据，并能将数据输出为 Excel 表格，便于数据的后期处理。

5. 数据处理

热计量箱壁板、标定板和传热标准件材料的导热系数由检测部门测得。计算采用最后 1 小时的 6 次数据的平均值进行计算。将各参数测试数据代入式(B. 1)，计算得到试件的太阳得热系数：

$$SHGC=\frac{Q_{\tau}}{IA} \tag{B. 1}$$

其中

$$Q_{\tau}=G\times C\times \rho\times (t_{c}-t_{j})+Q_{b}-A\times K_{s}\times \Delta T_{s} \tag{B. 2}$$

$$Q_{b}=(t_{jln}-t_{jlw})M_{1}+(t_{kn}-t_{kw})M_{2} \tag{B. 3}$$

式中 $SHGC$ ——试件的太阳得热系数；

Q_{τ} ——通过试件进入热计量箱内的模拟太阳得热量，W；

I ——试件表面入射人工模拟太阳光源发生的辐射热量，W/m^2；

A ——试件的有效面积，m^2；

G ——循环水流量，m^3/s；

C——循环水比热，J/ (kg · K)；

ρ ——循环水密度，kg/m^3；

t_c ——热计量箱循环水进口水温度，K；

t_j ——热计量箱循环水出口水温度，K；

Q_b ——热计量箱外壁及试件框传热量，W；

K_s ——试件的导热系数,℃；

ΔT_s——试件两侧的空气温差，K；

t_{jln} ——热计量箱外壁内表面平均温度，K ；

t_{jlw} ——热计量箱外壁外表面平均温度，K；

t_{kn} ——试件框内表面平均温度，K；

t_{kw} ——试件框外表面平均温度，K；

M_1 ——热计量箱热流系数，W/K；

M_2 ——试件框热流系数，W/K。

6. 太阳得热系数检测软件

太阳得热系数检测软件系统在中文 Windows 98/ 2K/XP/8/10 下运行，包括外部设备环境检测、数据库处理、系数设定、采样设置、读数据入库、数据库管理、数据管理及打印（见附图 B. 11)，使用者可根据当前工程进度，选择所需的操作，例如，读入被检测工程基本数据、进行检测、数据保存扣整理及文件打印等功能。

7. 设备整体技术参数

测试精度：≤5%。

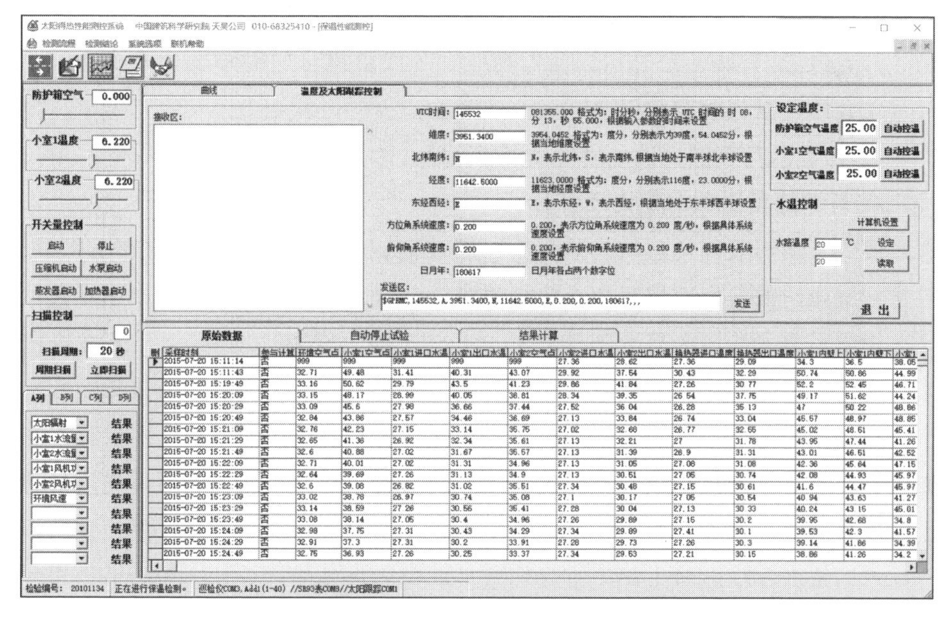

附图 B.11　太阳得热系数检测软件

测试窗户尺寸：1.5×1.5m。

测试时间：每天 11 时至 13 时（自然光源）。

测试周期：每个试件 2～3 天（依当地太阳日照情况定）。

工作环境：温度为－20～60℃ 相对湿度小于 90％。

系统安装条件：装置需承载重 1000kg。

安装平台尺寸：长 50mm×宽 30m。

B.3　建筑玻璃可见光透射比及遮阳系数检测

B.3.1　检测原理

最常使用的检测玻璃遮阳系数的方法是通过实验室测量光谱数据进行计算得出。这种方法是最准确的，但很难测量门窗遮阳系数和综合遮阳系数，还是要通过计算得出；或者采用上一节的设备直接测量门窗整体的遮阳系数。

1. 检测执行标准

（1）《建筑玻璃　可见光透射比、太阳光直接透射比、太阳能总透射比、紫外线透射比以及有关窗玻璃参数的测定》(GB/T 2680—1994)。

(2)《建筑玻璃　光透率、日光直射率、太阳能总透射率及紫外线透射率及有关光泽系数的测定》(ISO 9050—2003)。

(3)《建筑门窗玻璃幕墙热工计算规程》(JGJ/T 151—2008)。

2. 玻璃遮阳系数的定义及计算

建筑上使用三种类型的遮阳系数，即玻璃（单片、中空等）的遮阳系数、包含框材在内的门窗遮阳系数、包括外遮阳装置或百叶影响的综合遮阳系数。

遮阳系数所检测的是太阳辐射的全光谱能量，包括 300～2500nm 波段的紫外光、可见光和近红外光，这些光射进入室内后都能产生热量。遮阳系数越小，进入室内的太阳光越少，能够产生的热量越小。遮阳系数低并不直接意味着可见光透过率也低，因为在保持可见光透过率不变时，降低近红外光透过率也可以降低遮阳系数。

遮阳系数不仅包括太阳光直接穿透玻璃进入室内的部分，还包括玻璃二次热传递的能量。玻璃本体会吸收一部分太阳光的能量，使自身温度升高，此时玻璃会通过辐射和对流的方式向室内进行第二次热传递（见附图 B.12)。例如，某种类型的茶玻太阳光直接透射比为 50%，而它的太阳能总透射比为 63%，多出来的 13%能就是茶玻吸收热量后向室内二次传递的部分，越是着色深易吸收热量的玻璃，二次传递的热量越多。

玻璃的太阳光直接透射比：

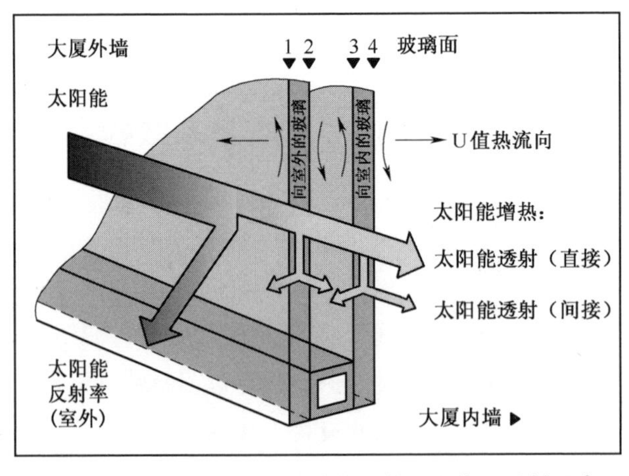

附图 B.12　太阳光入射玻璃的反射、吸收、透射示意

$$\tau_e = \frac{\int_{300}^{2500} S_\lambda \tau(\lambda) d\lambda}{\int_{300}^{2500} S_\lambda d\lambda} \approx \frac{\sum_{300}^{2500} S_\lambda \tau(\lambda) \Delta\lambda}{\sum_{300}^{2500} S_\lambda \Delta\lambda}$$

式中　τ_e——试样的太阳光直接透射比，%；

$\tau(\lambda)$——试样的光谱透射比，%；

S_λ——太阳光辐射相对光谱分布；

$\Delta\lambda$——波长间隔，此处为10nm。

玻璃的太阳光直接反射比：

$$\rho_e = \frac{\int_{300}^{2500} S_\lambda \rho(\lambda) d\lambda}{\int_{300}^{2500} S_\lambda d\lambda} \approx \frac{\sum_{300}^{2500} S_\lambda \rho(\lambda) \Delta\lambda}{\sum_{300}^{2500} S_\lambda \Delta\lambda}$$

式中　ρ_e——试样的太阳光直接反射比，%；

$\rho(\lambda)$——试样的光谱反射比，%；

S_λ——太阳光辐射相对光谱分布；

$\Delta\lambda$——波长间隔，此处为10nm。

玻璃的太阳光直接吸收比：

$$\rho_e + \tau_e + \alpha_e = 1$$

玻璃的太阳光总透射比：

$$g = \tau_e + q_i$$

$$q_i = \alpha_e \times \frac{h_i}{h_i + h_e}$$

$$h_i = 3.6 + \frac{4.4\varepsilon_i}{0.83}$$

式中　ε_i——半球辐射率，普通透明玻璃取0.83；

h_i——试样内侧表面的传热系数；

h_e——试样外侧表面的传热系数，23W/（m^2·K）。

玻璃的遮蔽系数：

$$S_e = \frac{g}{\tau_S}$$

式中　S_e——试样的遮蔽系数；

τ_S——3mm 厚的普通透明玻璃的太阳能总透射比，理论值为 0.889。

遮阳系数是一个与 3nm 透明玻璃的比例值，不等于样品玻璃的太阳光总透射比。例如，当玻璃的遮阳系数为 0.5 时，不能认为此块玻璃能让 50%的太阳辐射热量进入室内，应理解为此玻璃能透过的太阳热量是标准 3nm 白玻透过热量的 50%。当玻璃的遮阳系数为 1 时，表示此样品的太阳光总航向比等于标准 3nm 白玻的太阳光总航向比。当遮阳系数为 0 时，表示样品既不能直接透过太阳光，又不能吸收后二次传递太阳光能量。

遮阳系数控制的热量与传热系数控制的热量不是同一种热量。后者是指由温度差引起的热量传递，前者主要针对的是太阳辐射。

3. 注意事项

在使用 GB/T 2680 标准确定玻璃遮阳系数时，必须注意几个问题：

（1）作为基准使用的 3nm 透明玻璃太阳能总航向比取值为 0.889，而国际上一般采用 0.87。这意味着同样一块玻璃国外提供的数据会和国内不一样。例如，一块太阳能总航向比为 0.82 的玻璃，按国外标准计算遮阳系数为 0.94，按国内标准计算为 0.92。因此，在精确使用遮阳系数数据时，要清楚采用的是哪一个标准。

（2）该标准中需要测量的光谱范围是从 350～1800nm，而国际上采用的是 300～2500nm，后者是公认的太阳标准范围。造成此差别的原因是早期国内的分光光度计覆盖波长范围窄，而使用这两种波长范围计算出的遮阳系数会有轻微的差异。

（3）该标准中使用的表述词语是“遮蔽系数”，缩写为 S_e，而不是遮阳系数，缩写为 SC。二者在实际使用时简单看作是相同的，现在人们更习惯使用遮阳系数。如果特别标出是“遮蔽系数”时，应仅限于使用 GB/T 2680 中的标准玻璃基数 0.889 和 350～1800nm 光谱范围得出的数值。

B.3.2 检测步骤

（1）打开分光光度计进行实验，先测量标准白板的反射，然后测量玻璃的透射、反射、反向反射。实验时设置以下参数。

波长范围：297.50～1800.00nm。

扫描速度：高速或中速。

采样间隔：0.5nm。

自动采样间隔：停用。

扫描模式：单个。

遮阳系数测试系统如附图 B.13 所示。

附图 B.13 CABR－KJZY 玻璃遮阳系数测试系统

（2）打开“建筑玻璃遮阳系数数据处理软件”，选择执行的标准和玻璃层数，点击“新建”按钮创建数据处理文件，文件以当时的日期和时间命名（见附图 B.14）。

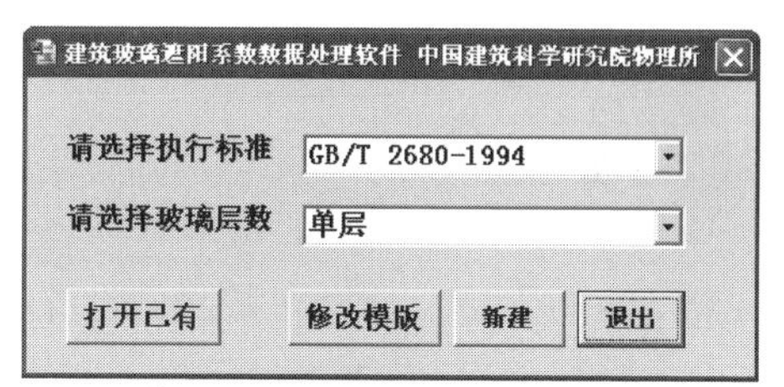

附图 B.14 创建数据处理文件

（3）在岛津 UVProbe 软件数据打印窗口点击右键，选择属性（见附图 B.15）。

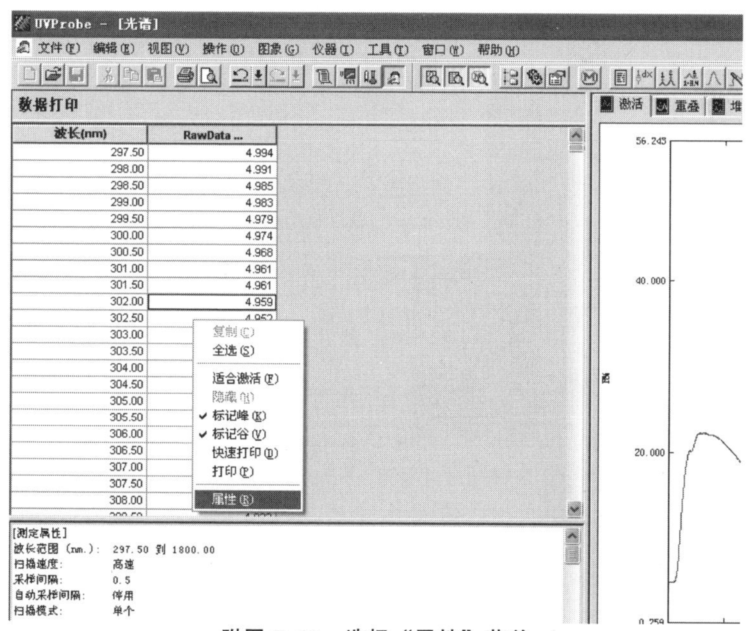

附图 B.15 选择“属性”菜单

(4) 按附图 B.16 设置属性窗口。

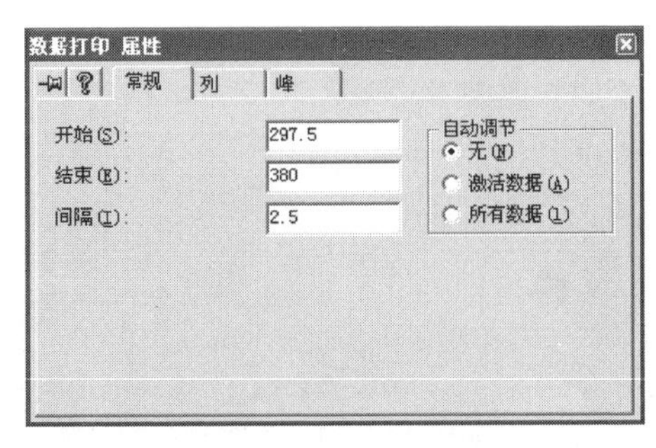

附图 B.16 属性设置

(5) 左键点击“RawData”列中第一行，按住 shift 键同时左键点击列中最下面一行，选中整列数据；鼠标移到选中的列上，点击右键，选择复制（见附图 B.17）。

(6) 打开“建筑玻璃遮阳系数数据处理软件”，点中“原始数据”表中 F3 单元格，点击右键，选择粘贴（见附图 B.18）。

(7)“原始数据”表其他黄色区域各个数据都照此复制。

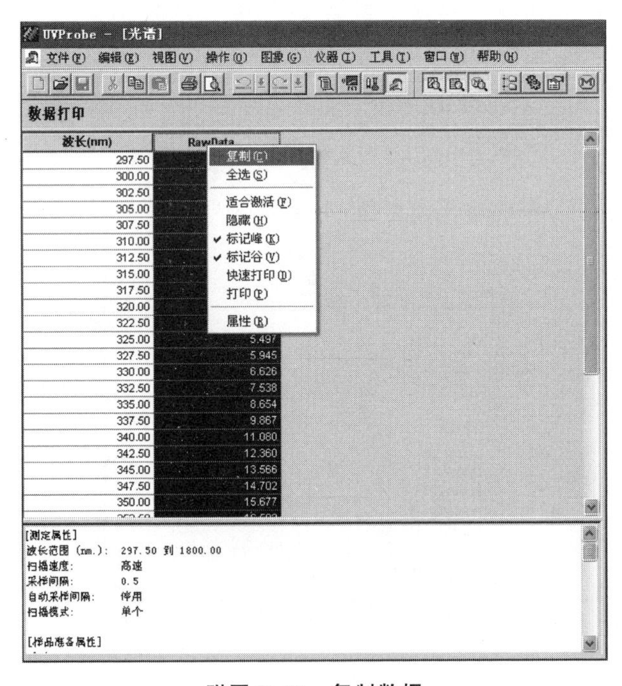

附图 B.17 复制数据

建筑玻璃光学数据处理系统 - 20120713 212415.xls

F3　4.994

	A	B	C	D	E	F	G	H
1	白板工作基准参数			材料	τ	ρ	ρ'	
2	波长(nm)	绝对反射比	测量值	Wavelength nm.		RawData .	RawData ...	
3	297.5	97.5	106.7735	297.5	0.018	4.994	4.80375	
4	300	97.5	106.8157	300	0.03			
5	302.5	97.6	106.8578	302.5	0.042			
6	305	97.6	106.9	305	0.054			
7	307.5	97.7	106.9198	307.5	0.14575			
8	310	97.7	106.9397	310	0.2375			
9	312.5	97.8	106.9073	312.5	0.651			
10	315	97.8	106.875	315	1.0645			
11	317.5	97.9	106.8182	317.5	2.31175			
12	320	97.9	106.7613	320	3.559			
13	322.5	97.9	106.6943	322.5	6.26625			
14	325	98.0	106.6273	325	8.9735			
15	327.5	98.0	106.554	327.5	13.462			
16	330	98.0	106.4807	330	17.9505			
17	332.5	98.1	106.4042	332.5	23.893			
18	335	98.1	106.3277	335	29.8355			
19	337.5	98.2	106.2195	337.5	36.34125			
20	340	98.2	106.1113	340	42.847	11.08	5.876	
21	342.5	98.2	106.0272	342.5	48.9355	12.36	6.1935	

剪切(T)
复制(C)
粘贴(P)
选择性粘贴(S)...
插入(I)...
删除(D)...
清除内容(N)
设置单元格格式(F)...
从下拉列表中选择(K)...
添加监视点(W)
创建列表(C)...
超链接(H)...
查阅(L)...

附图 B.18　粘贴数据

(8) 点击“计算结果列表”，按标准计算输入或选择所需数据（黄色区域标明的数据）。

(9) 点击“检测报告”，确认并出具检测报告。试验结束。

(10) 点击“打开已有”按钮，可以选择和打开已经做过的试验报告（见附图 B.19）。

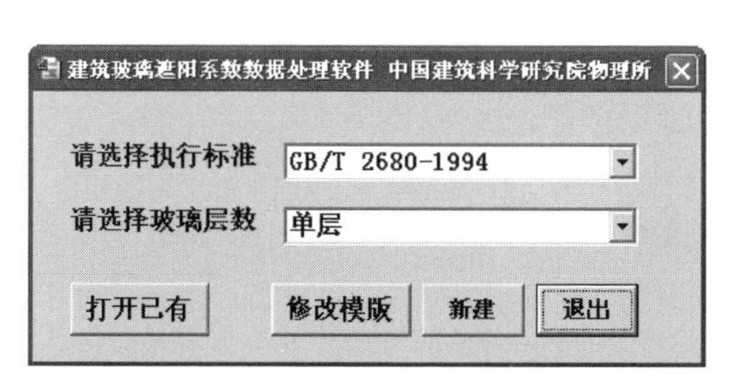

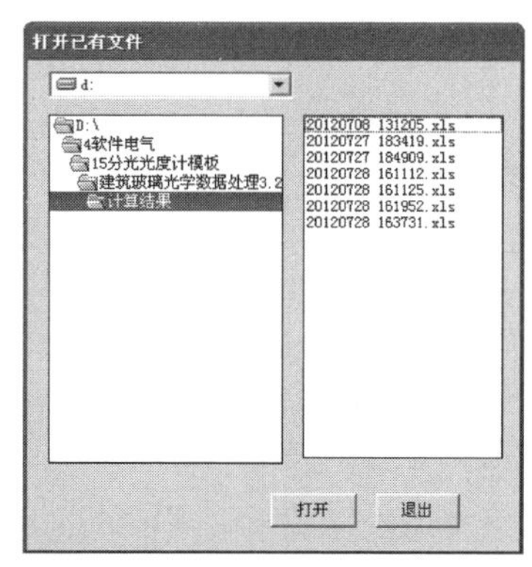

附图 B.19　选择和打开报告

(11) 选择执行标准和玻璃层数后，点击“修改模版”，可以修改相应的数据处理模版。修改完成后保存，以后新建时即可使用新的模版。

参 考 文 献

1. Norbert Lechner. Heating，Cooling，Lighting：Design Methods for Architects. John Wiley & Sons，inc.，2000.

2. 今井与藏. 图解建筑物理学概论［M］. 吴启哲，译. 台北：建筑情报杂志社，1994.

3. 柳孝图，林其标，沈天行. 人与物理环境［M］. 北京：中国建筑工业出版社，1996.

4. 陈仲林，唐鸣放. 建筑物理（图解版）［M］. 北京：中国建筑工业出版社，2009.

5. 刘加平. 建筑物理［M］. 4 版. 北京：中国建筑工业出版社，2009.

6. 柳孝图. 建筑物理［M］. 3 版. 北京：中国建筑工业出版社，2010.

7. 刘加平. 城市物理环境［M］. 北京：中国建筑工业出版社，2011.

8. 林宪德. 绿色建筑［M］. 台北：詹氏书局，2006.

9. 宋德萱. 建筑环境控制学［M］. 南京：东南大学出版社，2003.

10. 杨公侠. 视觉与视觉环境［M］. 修订版. 上海：同济大学出版社，2002.

11. 詹庆璇. 建筑光环境［M］. 北京：清华大学出版社，1988.

12. Robbins，Claude L. Daylighting［M］. Van Nostrand Reinhold Co.，1986.

13. William M C Lam. Sunlighting as Formgiver for Architecture［M］. Van Norstrand Rein-hold Co.，1986.

14. David Egan. Concepts in Architectural Lighting［M］. McGraw-Hill Book Company，1983.

15. 日本建筑学会. 采光设计［M］. 东京：彰国社，1972.

16. 肖辉乾，等. 日光与建筑译文集［M］. 北京：中国建筑工业出版社，1988.

17. CIE. Guide On Interior Lighting（Draft）. Publication CIE N029/2（TC—4.1）［S］，1983.

18. IES. IES Lighting Hand book. 1982.

19. 日本照明学会. 照明手册［M］. 2 版. 李农，杨燕，译. 北京：科学出版社，2005.

20. 詹庆璇，等. 建筑光学译文集——电气照明［M］. 北京：中国建筑工业出版社，1982.

21. Philips D. Lighting in Architecture Design［M］. Mc Graw-Hill Book Co.，1964.

22. J. R. 柯顿，A. M. 马斯登. 光源与照明［M］. 陈大华，等，译. 上海：复旦大学出版社，2000.

23. 北京电光源研究所，北京照明学会. 电光源实用手册［M］. 北京：中国物资出版社，2005.

24. 朱小清. 照明技术手册［M］. 北京：机械工业出版社，1995.

25. 荆其诚，等. 色度学［M］. 北京：科学出版社，1979.

26. 束越新. 颜色光学基础理论［M］. 济南：山东科学出版社，1981.

27. 建筑采光设计标准：GB/T 50033—2001 [S]. 北京：中国建筑工业出版社，2001.

28. Mardaljevic，J. Daylight，indoor illumination and human behavior. IN：Meyers，R. A. (ed.) Encyclopedia of Sustainability Science and Technology [C] . New York：Springer，2012：2804－2846.

29. Andersen M，Michel L，Roecker C，Scartezzini JL Experimental assessment of bi-directional transmission distribution functions using digital imaging techniques [J] . Energ Buildings 2001，33 (5)：417－431.

30. 中华人民共和国住房和城乡建设部．建筑采光设计标准：GB 50033—2013 [S]．北京：中国建筑工业出版社，2012.

31. 吴蔚，刘坤鹏．浅析可取代采光系数的新天然采光评价参数 [J]．照明工程学报，2012，23 (02)：1－7，24.

32. 林若慈，赵建平．新版《建筑采光设计标准》主要技术特点解析 [J]．照明工程学报，2013，24 (01)：5－11.

33. Kjeld Johnsen ，Richard Watkins. Daylighting in buildings [R]，International Energy Agency，2000.

34. Serraglaze daylight redirecting films [EB/OL]. https：//serraluxinc. com，2018. 4.

35. High performance translucent building systems [EB/OL]. https：//www. kalwall. com/wp－content/uploads/2016/09/Kalwall _ facade-brochure－1. pdf，2018. 4.